"十三五"职业教育部委级规划教材

普通高等教育"十一五"国家级规划教材(高职高专)

染整技术实验

（第2版）

蔡苏英　主　编

岳仕芳　副主编

U0189764

中国纺织出版社

内 容 提 要

全书较系统地介绍了染整试化验人员必备的安全常识、溶液配制、配方计算及常用试化验仪器设备的操作规程；纺织材料、染整助剂、染料的分析测试方法；常用纺织品的前处理、染色、印花、后整理工艺操作及产品质量评价方法；生态纺织品检测与印染车间快速测定方法等。

本书具有较强的实用性和可操作性，既可作为高等职业院校染整技术专业及相关学科的教科书，也可供纺织、染整、助剂、染料等行业技术人员学习与参考。

图书在版编目（CIP）数据

染整技术实验/蔡苏英主编. -- 2 版. -- 北京：中国纺织出版社,2016.6（2025.1重印）

"十三五"职业教育部委级规划教材　普通高等教育"十一五"国家级规划教材：高职高专

ISBN 978-7-5180-2606-7

Ⅰ.①染…　Ⅱ.①蔡…　Ⅲ.①染整—实验—高等职业教育—教材　Ⅳ.①TS190.92

中国版本图书馆 CIP 数据核字（2016）第 093822 号

策划编辑：秦丹红　　责任校对：寇晨晨
责任设计：何　建　　责任印制：何　建

中国纺织出版社出版发行
地址：北京市朝阳区百子湾东里 A407 号楼　邮政编码：100124
销售电话：010—67004422　传真：010—87155801
http://www.c-textilep.com
中国纺织出版社天猫旗舰店
官方微博 http://weibo.com/2119887771
北京虎彩文化传播有限公司印刷　各地新华书店经销
2025 年 1 月第 14 次印刷
开本：787×1092　1/16　印张：19
字数：403 千字　定价：49.80 元

依据染整技术专业培养目标与岗位能力要求,为顺应行业的技术发展,对接企业生产与文化,培养能适应行业企业发展需求的高素质、高技能型人才,《染整技术实验(第2版)》在第1版的基础上作了如下修订:

1. 删除了原第九模块配色与打样。配色打样是染整技术专业学生的核心技能之一,需要系统培训,原教材中只作简单介绍,远不能满足教学要求,且市场上已有多个版本的打样培训教参书可供选择。

2. 增加了模块九生态纺织品检测。重视纺织品生态安全检测已成为我国纺织行业应对挑战、增强竞争能力的必然选择。让学生系统掌握生态纺织品检测技术,有利于他们更好地适应未来纺织品的生产与贸易要求。

3. 增加了模块十印染车间快速测定。学生在掌握染化助剂、产品质量标准测定方法的基础上,了解与学习企业高效、便捷、实用的快速测试方法,能使他们更好、更快地适应岗位需求。

4. 更新了各种测试方法。及时跟踪行业企业的产品标准、方法标准等,保证学生在校就能学到最新的技术,掌握最实用的技能。

修订后的教材共分十大模块,其中,模块一由常州纺织服装职业技术学院吴燕萍老师编写,模块二由常州纺织服装职业技术学院黄艳丽老师编写,模块三、四、九由常州纺织服装职业技术学院蔡苏英老师编写,模块五由常州纺织服装职业技术学院岳仕芳老师编写,模块六由蔡苏英老师和安徽职业技术学院陈秀芳老师共同完成,模块七、八由浙江工业职业技术学院项伟老师改编,模块十由岳仕芳老师和蔡苏英老师共同完成。全书由原常州国泰东南印染有限公司蔡如月高级工程师和原江苏省技术监督纺织染料助剂产品质量检验站、常州印染研究所刘国良高级工程师审核。

该教材在编写过程中,得到了许多纺织、印染、助剂行业专家们的指导,还得到了各高职院校老师们的大力支持,在此表示诚挚的感谢。

由于编者水平有限,且各院校专业方向及课程设置有差异,使得本教材中存在许多疏漏之处,恳请读者谅解并指正。随着印染行业技术水平的提升以及各院校教育教学改革的不断深入,该教材还需不断修正与完善,敬请读者多提宝贵意见。

编者

2016 年 5 月

新版《染整技术实验》是在原全国纺织高职高专规划教材基础上，根据"任务驱动""项目课程"的课改理念，以"染整试化验"工作任务为载体，以常用产品工艺与测试为主线，根据染整技术岗位知识与技能的要求编写的。编写过程充分考虑职业教育的特点和学生职业成长的规律，坚持"够用、实用、能用"的原则，优化、整合教学内容。在训练项目的编排上，注意将工作任务与要求有效地转化为学习与训练项目，注重培养学生正确计算、独立操作、综合运用、计划协调的能力，并用先进的、成熟的工艺方法和试化验手段充实教材内容，充分体现了职业性、实用性、可操作性。该教材是院校、企业、检测部门等专家、教授合作的成果，既可作为高等职业院校染整技术及相关专业学生的实验教材，也可供纺织、印染、助剂、染料等行业技术人员学习与工作参考。

本教材共分九个模块，其中第一模块染整实验安全常识与操作规程由常州纺织服装职业技术学院吴燕萍老师编写，第三模块纺织材料性能测试由常州纺织服装职业技术学院黄艳丽老师编写，第五模块前处理工艺实验由常州纺织服装职业技术学院（原常州勤益染织有限公司）岳仕芳老师编写，第六模块染色工艺实验由安徽职业技术学院陈秀芳老师编写，第七模块印花工艺实验、第八模块后整理工艺实验由河南纺织高等专科学校许志忠老师编写，第二模块表面活性剂性能测试、第四模块染料性能测试、第九模块配色与打样由常州纺织服装职业技术学院蔡苏英老师编写。常州纺织服装职业技术学院刘建平高级工程师（原常州印染研究所）参与了第二、第五模块的编写。全书由江苏省技术监督纺织染料助剂产品质量检验站、常州印染研究所刘国良高级工程师主审，蔡苏英、岳仕芳老师统稿。

该教材在编写过程中，得到了全国纺织教育学会高职高专染整专业教学指导委员会全体委员的指导，此外，还得到了各高职院校以及纺织、印染、助剂行业专家与教授们的支持，在此表示感谢。

由于编者水平有限，且各院校专业方向及课程设置的差异性，肯定会有许多疏漏之处，恳请读者谅解并指正。随着印染行业的发展与技术的提升以及各院校教育教学改革的不断深入，该教材还需不断修正与完善，敬请读者多提宝贵意见。

编者

2008 年 8 月

课程名称：染整技术实验

适用专业：轻化工类（染整技术）

总 学 时：100～140

课程性质：本课程是高职高专轻化工类染整专业必修的专业主干课程，是与印染前处理、染色、印花、后整理及生态纺织品检测等专业课程配套的实践教学课程。

教学目标：本课程的主要任务是通过对纺织材料与染料助剂的分析测试、染整工艺小样试验与质量评价等，使学生加深对染整工艺理论知识的理解，规范染化实验基本操作，掌握染整试化验基本技能，学会分析问题和解决问题，增强工艺应用与动手能力，做到能基本胜任染整试化验岗位，并为学生毕业后较快地适应染整生产技术岗位打下良好的基础。

教学基本要求：本课程以现场教学为主，教学环节包括实验、作业、过程及课外辅导、考核等。

1. 实验：共46个项目，建议140学时（其中选做项目40学时）。将单项技能与综合技能训练相结合，采用行动导向教学法，边学边练，做到理论与实践相互联系、交叉渗透。

2. 辅导：采用集中训练、个别指导。学生自主学习，独立操作，部分项目可采用团队合作的方式，教师有效引导、全程指导。

3. 作业：每次实验后需同步完成实验报告，内容要求有实验目的、方法原理、实验方案、操作步骤、实验结果与分析等。

4. 考试：采用过程考核和结果考核相结合，笔试与操作考核相结合的方式。

教学学时分配：

模块	项目	教学内容	学时分配	
			必修	选修
一	项目一	染整实验安全操作应知应会	1	
	项目二	标准溶液的配制与配方计算	1	
	项目三	常用仪器设备的使用与操作规程	2	
二	项目一	分析纺织材料的纤维成分	2	
	项目二	分析混纺制品的纤维含量	4	
	项目三	测定织物的耐用性能	4	2
三	项目一	分析表面活性剂的基本性能	2	
	项目二	测定表面活性剂的应用性能	4	
	项目三	测定表面活性剂的稳定性	2	2
	项目四	综合测评印染助剂的应用性能	2	
四	项目一	测试并分析染料的色泽特征	4	
	项目二	测试并分析染料的应用性能	6	
	项目三	测试并分析染料的染色牢度	4	
	项目四	分析鉴别染料的类别	2	2
五	项目一	分析坯布上的杂质	2	2
	项目二	棉（或麻）机织物的练漂	4	
	项目三	棉针织物（或纱线）的练漂	2	
	项目四	棉与化学纤维混纺或交织物的练漂	2	
	项目五	棉及其混纺织物的丝光	2	2
	项目六	蚕丝织物的精练	2	
	项目七	印染半制品质量考核	2	
六	项目一	纤维素纤维制品的染色	8	
	项目二	蛋白质纤维制品的染色	4	
	项目三	合成纤维制品的染色	2	
	项目四	混纺及交织物的染色	2	2
七	项目一	常用原糊的制备及其应用性能测试	2	2
	项目二	纤维素纤维制品的直接印花	2	2
	项目三	蛋白质纤维制品的直接印花		2
	项目四	化学纤维及其混纺织物的直接印花	2	2

续表

模块	项目	教学内容	学时分配	
			必修	选修
七	项目五	防染(印)印花	2	
	项目六	拔染印花	2	
	项目七	艺术印染		2
八	项目一	柔软整理		2
	项目二	免烫与抗皱整理	2	2
	项目三	拒水拒油整理	2	1
	项目四	阻燃整理	2	1
	项目五	抗静电整理		2
	项目六	涂层整理		2
九	项目一	测定纺织品的 pH	2	
	项目二	测定纺织品上的甲醛含量	2	2
	项目三	测定纺织品上的重金属离子		2
	项目四	测定纺织品的色牢度	2	2
	项目五	分析纺织品上的禁用染料		2
十	项目一	快速测定前处理工作液的浓度	2	
	项目二	快速测定染色工作液的浓度	2	
	项目三	快速测定生产现场的前处理半制品	2	
合计			100	40

模块一　染整实验安全常识与仪器操作规程

染整实验中染化料用量大、品种多,既有无机和有机化学品,又有各类染料及表面活性剂;同时还需借助各种仪器设备才能完成各项工艺实验与测试任务。所以操作人员应具备必要的化学品使用常识、安全操作基本技能,尤其必须强化实验过程中的安全意识,以确保实验的顺利进行。

本模块的教学任务是使学生充分认识安全实验的重要性和必要性,掌握必要的安全常识、操作规范与基本技能。

项目一　染整实验安全操作应知应会

染整实验常用的化学品如酸、碱、盐、氧化剂、还原剂等,有些具有一定的毒性和腐蚀性,有些易燃、易爆等,在一定条件下会对人体造成危害。

本项目的教学任务是使学生了解常用化学危险品的性能、安全使用与管理方法及常见事故的应急处理方法。

任务一　正确认知并安全使用各类化学品

实验人员应认知下列化学品的危害性,掌握自我防范措施与安全使用方法。

一、毒害品

1. 毒害品的分类　凡少量进入人体能破坏机体致病或致死的物品都属有毒物品,包装标志为骷髅图案。我国国家标准 GB 12268—2012《危险货物品名表》中把有毒物品分成四类:

有机剧毒品,如硫酸二甲酯、磷酸三甲苯酯等;

无机剧毒品,如氰化钾、三氧化二砷、二氯化汞、亚砷酸等;

有机有毒品,如四氯化碳、糠醛等;

无机有毒品,如氯化钡、氟化钠等。

凡经口 $LD_{50} \leqslant 50mg/kg$,经皮 $LD_{50} \leqslant 200mg/kg$,吸入 $LC_{50} \leqslant 500mg/kg$(气体)或 $2.0mg/L$(蒸汽)或 $0.5mg/L$(尘、雾),能造成死亡者均属剧毒品。

LD_{50} 为生物试验致死中量,又称半数致死量,指能使一群试样(如人、动物)死亡一半时,每千克体重的毒物用量(mg/kg 体重)作为急性毒性的指数。但它不适用于衡量慢性毒性(如积蓄性)。

2. 毒害品的特性

(1)水中溶解度越大,毒性越大,如氯化钡大于硫酸钡。

(2)同系物中碳原子数越大,毒性越大,如丁醇毒性比丙醇大,但甲醇例外(毒性超过乙醇)。

(3)固体粒子越细,越易吸入肺泡中,中毒越深。

(4)沸点越低,挥发性越大,空气中浓度越高,越易中毒。如甲醛、硫化氢、煤油等均属此类。

3. 防毒措施

(1)试剂、药品瓶要有标签,毒品的标签要醒目,并专橱保存,分类、分级排列,相互抵触者需隔离存放。健全领用制度,专人负责,定期检查。

(2)毒物撒落时,应立即清理和打扫附近的场所。

(3)取用有毒液体时,严禁口吸,应采用洗耳球、移液管等。

(4)不明成分的物品不要随便使用;实验时气体的辨别应以手扇瓶口远嗅;称取试样时应站立在上风向。

(5)将有强烈刺激性气体和有毒气体放出的操作放在通风橱内进行,头部不要伸进通风橱内,并应配备防毒面具。使用前还应检查通风橱是否有效。

(6)使用或实验中可能产生的有毒物质,操作者应亲自将所有与有毒物质接触过的仪器和器皿加以清理。

(7)严禁随意将有毒物品倾入水槽,以免污染环境。如含氰化物的废液,应先将 CN^- 转化成 $Fe(CN)_6^{4-}$ 后,再倒入废水槽。

(8)严禁将餐具带入实验室,离开实验室前必须洗手。

二、腐蚀品

1. 腐蚀品的分类　凡对人体、动植物体、纤维制品或金属等造成腐蚀的物品均属腐蚀品。我国 GB 12268—2012《危险货物品名表》将其分成八类:

(1)一级无机酸性腐蚀品,如硝酸、硫酸、五氯化磷、二氧化硫等;

(2)一级有机酸性腐蚀品,如甲酸、三氯化醛等;

(3)二级无机酸性腐蚀品,如盐酸、磷酸、四氯化铅等;

(4)二级有机酸性腐蚀品,如冰醋酸、醋酐等;

(5)无机碱性腐蚀品,如氢氧化钠、氧化钙、硫化钠等;

(6)有机碱性腐蚀品,如甲醇钠、二乙醇胺等;

(7)无机其他腐蚀品,如次氯酸钠、三氯化锑、三氯化铁等;

(8)有机其他腐蚀品,如甲醛、苯酚等。

2. 防腐蚀措施

(1)对人体皮肤、黏膜、眼睛、呼吸道以及金属有强烈腐蚀作用的药品,如浓硫酸、浓硝酸、氢氟酸、冰醋酸、液溴等,应置于阴凉通风处,并与其他药品隔离存放,其药品架应选用耐腐蚀材料。

(2)操作腐蚀品应戴防护用品(如橡皮手套、眼镜等)。取用时不得用口吸,而应用洗耳球、移液管吸取。不能在一般烘箱内烘干腐蚀品。

(3)稀释浓硫酸时应严格按规范操作,即浓酸缓缓倾入水中,并不断搅拌,并注意容器应具有良好的耐热性和耐腐蚀性。

(4)稀释固体烧碱时也应如上操作。尽量避免浓酸和浓碱中和,最好在稀释后调和。研碎固体烧碱时,应避免碎块溅及人体,特别是眼睛,以免造成严重的化学灼伤。

(5)取下加热溶液(尤其是沸腾溶液)时,应先用烧杯夹摇一下,才能使用,以防沸腾液突然溅出伤人。

(6)严禁随意将腐蚀品倾入水槽,以免污染环境,腐蚀下水道。

三、易燃物与爆炸品

1. 易燃物的分类

(1)自燃物。凡不需外界火源,本身受空气氧化或受外界温度变化影响而引起发热以致自燃的物品统称为自燃物,如硝化纤维素、网印型纸材料等。

(2)易燃液体。燃点在45℃以下,常温呈液态的统称易燃液体,如甲醇、乙醇、乙醚、石油醚、乙烯等。

(3)易燃固体。凡燃点较低,在火、热、撞击、摩擦或与氧化剂等接触后直接起火的固体,如赤磷、二硝基甲苯、硝化纤维素、萘及铝、镁粉、硫黄、生松香等。

(4)遇水燃烧物。保险粉、雕白粉虽然不至自燃,但受潮发热,尤其当遇到强氧化剂,如氯酸钾等,会引起燃烧。

2. 爆炸品的分类 一般在受到摩擦、撞击、震动或高热等影响时,能快速进行化学反应,能在极短时间内放出大量热能和气体产物,同时伴同光、声效应的物品统称爆炸品。常见爆炸品有:

(1)易爆炸固体。如金属钠、电石等,它们与水和空气反应十分猛烈,以致燃烧爆炸。

(2)易爆炸气体。如乙炔等炔类和炔化物。

(3)气体混合爆炸物。此类爆炸物不同于其他爆炸品,未混合的气体本非爆炸物,一旦在合适的条件下以一定比例混合,就会发生爆炸。如一氧化碳、氢等与空气混合发生爆炸。

(4)强氧化剂类。此类物质若在空气中受潮、遇酸、高温或与其他还原性物质、易燃物接触,会分解而引起燃烧或爆炸。如氟、三价钴盐、过硫酸盐、过氧化物、高锰酸盐、氯酸盐、溴酸盐、重铬酸盐等。某些强氧化剂本身就是爆炸品,如硝酸铵、高氯酸盐等。

(5)有机溶剂类。如乙醚,它具有燃点低、在室温时的蒸气压高、相对密度大(比空气重2.6倍)的特点,着火危险性远远超过汽油,储存过久或长期与空气接触,会逐渐形成过氧化物,极易爆炸。且若每升空气含1g乙醚蒸汽即能燃烧。

3. 防燃、防爆措施

(1)实验室内不得无限制储放易燃易爆物,应根据各种易燃物性质规定一个最高存放量。

应加强通风,严格执行安全操作规程,切实做好设备、管道和钢瓶的密封工作。对于易燃、易爆等危险性较大的设施要专人操作,定期检修,并备有急救箱。

(2)易燃品如汽油、乙醚、二硫化碳、苯、酒精和其他低沸点物品,应远离热源、可燃物和易产生火花的器物,应存放在阴凉通风处,适宜的存放温度为 $-4 \sim 4\,℃$,最高室温不得超过 $30\,℃$,若需加热,则应在水浴锅上操作,严禁用明火及电炉。

(3)遇水易燃物应保存在密闭防潮的地方,存放理想温度在 $20\,℃$ 以下,最好置于用砖和水泥砌成防爆架的消防用沙中,并加盖。不可使用水、酸、碱或泡沫灭火机灭火,而应用干沙覆盖灭火。

(4)某些易燃易爆品,如金属钠不能离开煤油;苦味酸不能离开水溶液。相应的盛器应保持不渗漏,并定期检查,置于平时容易看到的场所。

(5)装封易挥发物及易燃物品时,不能用蜡封。蜡封口打不开时,不能用火烤或敲击等方法。

(6)开启挥发性试剂瓶时(特别是夏季),应先将瓶浸在冷水中一定时间后方可开启。同时不可使瓶口朝向自己或别人的脸部。

(7)操作一切易燃易爆品,不能将仪器口(如试管口)面向人脸,特别在加热时,应戴面罩或用防护挡板。

(8)不能在纸上称量过氧化物等易燃品,并且严禁将氧化剂和可燃物一起研磨。

(9)身上或手上沾上易燃物时,应立即洗净后方可靠近热源或火源,特别是沾有氧化剂的衣服应立即更换。

(10)不得将废弃的易燃液体倾倒在下水道中,应倒入专用器具中,并定期(如每天)清除。

任务二 常见事故的类别与应急处理

实验室常见的事故有火灾、触电、中毒和外伤等,实验人员必须了解常规的预防措施与急救处理常识,掌握应急处理基本技能,一旦发生事故,应沉着冷静,用科学的方法及时抢救。

一、火灾

(1)首先应在适当场所安置消防器械和沙袋、沙箱,并定期检查及换药(包括做盛器耐压试验)。操作人员应学会正确使用消防器械,以防万一。

(2)意外起火时应保持镇静,首先切断电路、煤气,然后根据火情采用合适的消防措施,灭火器类型及适用范围见表1-1。必要时应立即与有关部门联系,请求援救。

(3)沙可用于扑灭各种类型的火灾,消防用沙应清洁干燥,用较小的木箱分装存放在固定地方,以便于使用。

(4)水是常用的灭火剂,但在扑救实验室发生的火灾时,一定要慎用。大多数易燃物比水轻,易浮于水面,到处流动,扩大火势。故宜用消火沙、干粉灭火器或泡沫灭火器来扑灭。有的药品还能与水起化学反应。

(5)水和泡沫灭火器不能用于扑灭电器的燃烧,以防发生触电事故。

(6)四氯化碳灭火器不能用于二硫化碳的燃烧,否则会产生光气类有毒气体,可用水、沙、

4

泡沫、二氧化碳等灭火剂扑救。

表1-1 灭火器类型及适用范围

类　型	药　液　成　分	适　用　范　围
酸碱式	H_2SO_4、$NaHCO_3$	非油类、电器的一般火灾
泡沫式	$Al_2(SO_4)_3$、$NaHCO_3$	油类火灾
高倍泡沫	脂肪醇、硫酸钠、稳定剂、抗烧剂	火源集中、大型油库、木材类火灾
二氧化碳	液体 CO_2	电器失火
干粉灭火	$NaHCO_3$ 盐粉、润滑剂、防潮剂	油类、可燃气体、电器、精密仪器、档案
四氯化碳	液体 CCl_4	电器火灾
1211	CF_2ClBr	油类、溶剂、高压电器、精密仪器的高效灭火器

二、触电

(1)实验室仪器设备应妥善接地,使用前,先检查开关等是否完好。停用时,必须彻底关闭电路。

(2)室内不应有裸露线头,切忌私拉电线。更换保险丝时,要按负荷量选用,不得加大或代用。

(3)不能用湿手操作带电的仪器设备,严禁用金属器具、湿布清理电门。

(4)遇停电,应及时切断电源并关机,避免突然来电运行损坏仪器设备。

(5)高温电炉要加罩安全设施并接上地线,炉座台上应铺石棉板。

(6)遇触电,首先要使触电者脱离电源,可拉下电源或用绝缘物将电源线拨开,然后把人移往室外进行人工呼吸,并通知医务室。千万不能徒手去拉触电者,以免救助者自己触电。

三、中毒

(1)对于那些能通过呼吸道进入人体的气体、蒸汽、烟雾、粉尘及挥发物等,如 CO、HCN、Cl_2、酸雾、NH_3、甲醛等,应规范操作,且不宜站在其下风向。

(2)实验后要养成随时洗手的良好习惯,切忌将食品带进实验场所,避免饮水、进食时有毒物质经消化道进入体内。

(3)有些毒物对人体的毒害可能是慢性的、积累性的,如苯、酚等,当它们初进入人体时,如果量很少,症状不明显,往往被忽视,长期接触后才出现中毒症状,因此必须引起足够的重视。

(4)对于急性中毒者的抢救,首先应立即将中毒者从中毒区域救出或设法排除其体内的毒物,然后送往医院救治。

四、外伤

实验室常见的外伤有割伤,加热灼烧引起烧伤,爆炸引起的炸伤,化学药品引起的腐蚀、灼烧性伤害等。

1. 割伤 切割引起的外伤,应将伤口清理干净,用3.5%的碘酒涂抹伤口四周。伤口消毒后可用创可贴外敷。对外伤引起的出血,关键是保持创面清洁,进行压迫止血。应注意破损隐伤在装配或拆卸仪器时,因仪器各部沾有药剂而沾染伤口,使伤情复杂化。

2. 烧伤 烧伤包括烫伤和火伤。烧伤面积大时，主要危险是患者身体损失大量水分，因此要口服大量温热的烧伤饮料（100mL 开水中加食盐 0.3g，小苏打 0.15g，糖精 0.04g）或盐开水，以防休克。如烧伤面积大于人体表面积的三分之一时，必须立即送医院治疗。

烫伤或烧伤按其伤势的轻重可以分为三级：

一级烧伤，皮肤红痛或红肿；

二级烧伤，皮肤起泡；

三级烧伤，皮肤组织破坏，呈现棕色或黑色。

对烫伤面积不大，皮肤不破者应立即用大量的清水冲洗 10～15min 降温，然后擦干创面，涂上烫伤膏。

3. 炸伤 炸伤的处理方法与烧伤的基本相同，但炸伤时常伴有大量出血，应进行压迫止血。伤口若在四肢，可用止血带包扎伤口，每隔 0.5～1h 应放松 1～2min。放松时可用指压法止血。

4. 化学灼伤 常见的化学灼伤是由强酸、强碱或高浓度弱碱类造成的，这可以从皮肤变色情况来辨别，如硝酸灼伤呈黄色，硫酸、盐酸呈黑色，烧碱和苯酚灼伤呈白色。化学灼伤的救治方法与烧伤不同，应首先迅速解脱衣服，及时用大量水冲洗（切忌用手擦），除去皮肤上的化学药品，进入皮肤深层。受伤后，应根据伤情作适当处理或送医院救治。

酸、碱不慎溅入眼内，常采用的急救方法是：

（1）立即用大量的水冲，或面部浸入水中做睁、闭眼动作，同时拉开眼皮并摇头，但遇电石、生石灰之类则禁用水冲，而应用石蜡油或植物油清洗。

（2）按溅入眼睛的药剂性能选用适当温和中和剂，如酸灼伤则用 3% 小苏打溶液淋洗；碱灼伤则用 3% 硼酸冲洗。对不明物质的灼伤先用生理食盐水洗，洗液不得少于 1L。

（3）发现有异物应及时清除，然后送医院。

氯、氨气体灼伤会严重发生黏膜肿胀、充血甚至肺水肿，严重的会引起窒息及反射性心跳停止而突然死亡。急救时，先立即离开现场至空气新鲜处，及时送医院。

常见化学灼伤急救处理见表 1-2。

表1-2 常见化学灼伤急救处理

化 学 物 质	急 救 处 理
酸类（硫酸、盐酸、硝酸、醋酸、甲酸）	立即用大量水冲洗，再用 5% 小苏打液中和，最后用清水冲洗
碱（氢氧化钠或钾、碳酸钠）	先用大量冷水冲洗，再以 2% 硼酸中和或湿敷，最后用清水冲洗
氯气、氨气	分别按酸、碱类急救方法处理
溴、酚	立即用大量清水冲洗，再用 30%～50% 酒精洗，然后用 5% 小苏打液冲洗，最后用清水冲洗
焦油沥青	先以棉花蘸二甲苯，清除黏在皮肤上的残物，然后涂上羊毛脂
铬酸	先用大量水冲洗，然后用硫化铵液淋洗，最后用清水洗

项目二　标准溶液的配制与配方计算

实验中所用的试剂溶液一般有两种,一种是用来控制反应条件的,其准确度要求不高,称为非标准溶液;另一种是用来测定物质的组成含量的,应具有精确的浓度和一定的纯度,称为标准溶液。前者通常用质量分数浓度、质量浓度表示,后者常用物质的量浓度表示。

本项目的教学目标是使学生掌握各种浓度的正确表示方法与计算技巧,及常用标准溶液的配制与标定基本技能。

任务一　溶液浓度的表示与计算方法

浓度表示方法有很多种,它们分别适用于不同的情况与要求。染整生产与试化验中,常用的浓度表示方法与换算关系如下:

一、物质的量浓度

物质的量浓度常用于标准溶液的配制与标定,指 1L 溶液中所含有溶质的物质的量,单位为 mol/L。定义为:

$$物质的量浓度(c) = \frac{溶质的物质的量(n)}{溶液的体积(V)}$$

而溶质的物质的量(即摩尔数)又可以通过质量(m)和摩尔质量(M)求得:

$$n = \frac{m}{M}$$

物质的量浓度溶液的稀释公式为:

$$c_1 V_1 = c_2 V_2$$

式中:c_1、c_2 分别表示稀释前后溶液的物质的量浓度(mol/L);V_1、V_2 为稀释前后溶液的体积(L)。

例:如何将 12mol/L 的浓盐酸配成 0.3mol/L 盐酸 5L?

解:设需要 12mol/L 盐酸 V_1,则:

$$V_1 = \frac{c_2 V_2}{c_1} = \frac{0.3 \times 5}{12} = 0.125(\text{L})$$

所以,取 12mol/L 浓盐酸 0.125L,加水稀释至总体积 5L,搅匀后即得 0.3mol/L 的盐酸溶液。

二、质量浓度

质量浓度在染整加工中应用极为广泛,如前处理、染色及后整理工作液配方等。质量浓度

指 1L 溶液中所含溶质的质量,单位常以 g/L 表示,即:

$$质量浓度(C) = \frac{溶质质量(m)}{溶液体积(V)}$$

三、质量分数

质量分数最常用,如溶液浓度、印花色浆等。它是用 100g 溶液中所含溶质的质量来表示的,即:

$$质量分数(w) = \frac{溶质质量}{溶液质量} \times 100\%$$

质量分数(w)与物质的量浓度(c)(mol/L)之间的互换关系:

$$c = \frac{1000d \cdot w}{M}$$

$$w = \frac{c \cdot M}{1000d}$$

式中:d 为溶液的密度(g/cm³);M 为溶质的摩尔质量(g/mol)。

在用已知质量分数(或质量浓度)的溶液配制另一质量分数(或质量浓度)的水溶液时,可采用一种较简便的计算方法,即十字交叉法(也称对角线法)。

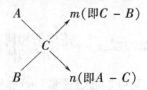

式中:A 为已知浓溶液的质量分数(或质量浓度);B 为已知稀溶液的质量分数(或质量浓度);C 为欲配制溶液的质量分数(或质量浓度);m 为浓溶液的质量份数;n 为稀溶液的质量份数。

例:怎样把 95% 的酒精稀释成 50% 的酒精?

解:用十字交叉法计算结果为:

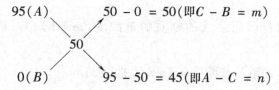

所以,所需浓溶液 95% 的酒精重量与水重量之比为 50:45,即为 10:9,混合可得到 50% 的酒精溶液。

使用十字交叉法应注意:只适用于 A、B 为同类性质的溶液,或其中之一为水的情况;此法也可应用于质量浓度(g/L)的计算,但需再进行一次正比例计算。举例如下:

例:已知浓漂液的有效氯为 31.5g/L,计 200L,要求配成含有效氯为 3.5g/L 的漂液,应添加水多少升?

解:先按十字交叉法求出 m、n 值:

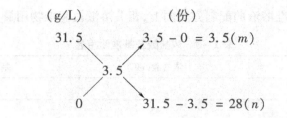

再按正比例计算出实际应加水的体积(V)：

$$3.5 : 28 = 200 : V$$

$$V = \frac{28 \times 200}{3.5} = 1600(\text{L})$$

四、质量分数和体积分数

质量分数与体积分数适用于表示极稀溶液的浓度以及微量物质的量,如水的总硬度、重金属离子含量等。单位为 mg/kg 或 mL/m³;过去也有采用 ppm(parts per million)表示的,指某一物质 100 万份质量中,所含另一物质质量的份数。

五、比例浓度

比例浓度常用来表示原装浓试剂与溶剂的比例,单位以体积表示,为印染厂实际生产中常用的表示方法。如染色车间的印染助剂常预配成一定浓度的溶液,在临用时运用此法量取方便、加料均匀,例如 1:1HAc 即取 1 份浓醋酸用一份水来稀释。

任务二 常用标准溶液的配制及标定

一、$c(\text{HCl}) = 1\text{mol/L}$ 盐酸标准溶液

1. 配制 将 90mL 浓盐酸(分析纯,相对密度为 1.18)缓缓倒入 1L 冷却的无二氧化碳的蒸馏水中,存放于耐酸磨口瓶内,待标定。

2. 标定 称取 1.6g(精确至 0.0001g)于 270~300℃灼烧至恒重的基准无水碳酸钠,用 50mL 蒸馏水溶解至 250mL 锥形瓶内。加 10 滴溴甲酚酞—甲基红混合指示剂,用待标定的盐酸溶液滴定至溶液由绿色变为暗红色。沸煮 2min,冷却后继续用盐酸溶液滴定至溶液呈暗红色。同时做空白试验,分别记录耗用盐酸溶液的毫升数(V),用下式计算盐酸标准溶液的浓度,单位为 mol/L。

$$c(\text{HCl}) = \frac{m}{(V_1 - V_2) \times 0.05299}$$

式中:m 为无水碳酸钠的质量(g);V_1 为盐酸溶液的用量(mL);V_2 为空白试验盐酸溶液的用量(mL);0.05299 为与 1.00mL 盐酸标准溶液[$c(\text{HCl}) = 1.000\text{mol/L}$]相当的,以克数表示的无水碳酸钠的质量。

3. 说明

(1)重复标定两次,双样的相对误差不得超过 0.2% 。

（2）其他浓度盐酸标准溶液的配制方法同上，相关溶液及基准物用量见表1-3。

表1-3 浓盐酸及基准物用量

$c(\mathrm{HCl})(\mathrm{mol/L})$	浓盐酸(mL)	基准无水碳酸钠(g)
1	90	1.6
0.5	45	0.8
0.1	9	0.2

（3）车间用1.000mol/L的HCl可用1.000mol/L NaOH直接标定，用酚酞作指示剂。

二、$c\left(\dfrac{1}{2}\mathrm{H_2SO_4}\right)=1\mathrm{mol/L}$ 硫酸标准溶液

1. 配制 将30mL浓硫酸(分析纯，相对密度为1.84)缓缓倒入1L冷却的无二氧化碳的蒸馏水中，存放于耐酸磨口瓶内，待标定。

2. 标定 称取1.6g(精确至0.0001g)于270~300℃灼烧至恒重的基准无水碳酸钠，用50mL蒸馏水溶解至250mL锥形瓶内。加10滴溴甲酚绿—甲基红混合指示剂，用待标定的硫酸溶液滴定至溶液由绿色变为暗红色。沸煮2min，冷却后继续用硫酸溶液滴定至溶液呈暗红色。同时做空白试验，分别记录耗用硫酸溶液的毫升数(V)，用下式计算硫酸标准溶液的浓度(mol/L)。

$$c\left(\frac{1}{2}\mathrm{H_2SO_4}\right)=\frac{m}{(V_1-V_2)\times0.05299}$$

式中：m 为无水碳酸钠的质量(g)；V_1 为硫酸溶液的用量(mL)；V_2 为空白试验硫酸溶液的用量(mL)；0.05299 为与1.00mL硫酸标准溶液 $\left[c\left(\dfrac{1}{2}\mathrm{H_2SO_4}\right)=1.000\mathrm{mol/L}\right]$ 相当的，以克数表示的无水碳酸钠的质量。

3. 说明

（1）重复标定两次，双样的相对误差不得超过0.2%。

（2）其他浓度硫酸标准溶液的配制方法同上，相关溶液及基准物用量见表1-4。

表1-4 浓硫酸及基准物用量

$c\left(\dfrac{1}{2}\mathrm{H_2SO_4}\right)(\mathrm{mol/L})$	浓硫酸(mL)	基准无水碳酸钠(g)
1	30	1.6
0.5	15	0.8
0.1	3	0.2

（3）车间用1.000mol/L的 $\mathrm{H_2SO_4}$ 可用1.000mol/L的NaOH直接标定，用酚酞作指示剂。

三、$c(\mathrm{NaOH})=1\mathrm{mol/L}$ 氢氧化钠标准溶液

1. 配制 称取100g氢氧化钠(化学纯)溶于100mL的蒸馏水中，摇匀后注入聚乙烯容器

中,密闭放置至溶液澄清。用塑料管吸取上层澄清液52mL,注入1L无二氧化碳的蒸馏水中,摇匀,待标定。

2. 标定 称取4g(精确至0.0001g)于105～110℃烘至恒重的基准邻苯二甲酸氢钾,置于250mL锥形瓶中,加80mL无二氧化碳的水使其溶解。加入2滴酚酞指示剂(10g/L),用待标定的氢氧化钠溶液滴定至粉红色。同时做空白试验,分别记录耗用氢氧化钠溶液的毫升数,用下式计算氢氧化钠标准溶液的浓度(mol/L)。

$$c(\text{NaOH}) = \frac{m}{(V_1 - V_2) \times 0.2042}$$

式中:m为邻苯二甲酸氢钾的质量(g);V_1为氢氧化钠溶液的用量(mL);V_2为空白试验氢氧化钠溶液的用量(mL);

0.2042为与1.00mL氢氧化钠标准溶液[$c(\text{NaOH}) = 1.000\text{mol/L}$]相当的,以克数表示的邻苯二甲酸氢钾的质量。

3. 说明

(1)重复标定两次,双样的相对误差不得超过0.2%。

(2)其他浓度氢氧化钠标准溶液的配制方法同上,相关溶液及基准物用量见表1-5。

表1-5 氢氧化钠饱和溶液及基准物用量

$c(\text{NaOH})$(mol/L)	氢氧化钠饱和溶液(mL)	基准邻苯二甲酸氢钾(g)	无二氧化碳的水(mL)
1	52	4	80
0.5	26	2	80
0.1	5	0.4	50

四、$c(\text{Na}_2\text{S}_2\text{O}_3) = 0.1\text{mol/L}$ 硫代硫酸钠标准溶液

1. 配制 称取26g硫代硫酸钠($\text{Na}_2\text{S}_2\text{O}_3 \cdot 5\text{H}_2\text{O}$)(或16g无水硫代硫酸钠),溶于1L蒸馏水中,缓慢沸煮10min,冷却。将溶液保存在棕色磨口试剂瓶中,两周后标定。

2. 标定 称取0.15g(精确至0.0001g)于120℃烘至恒重的基准重铬酸钾,放入500mL碘量瓶中,注入25mL蒸馏水溶解。加2g碘化钾和20mL硫酸溶液(20%),摇匀后置于暗处放置10min。取出后,加冷蒸馏水150mL。然后用待标定的硫代硫酸钠溶液滴定。当滴至溶液呈黄绿色时,加3mL淀粉指示剂(5g/L),继续滴至溶液由蓝色变成亮绿色。同时做空白试验,分别记录硫代硫酸钠溶液耗用毫升数,按下式计算硫代硫酸钠标准溶液的浓度(mol/L)。

$$c(\text{Na}_2\text{S}_2\text{O}_3) = \frac{m}{(V_1 - V_2) \times 0.04903}$$

式中:m为重铬酸钾的质量(g);V_1为硫代硫酸钠溶液的用量(mL);V_2为空白试验硫代硫酸钠溶液的用量(mL);0.04903为与1.00mL硫代硫酸钠标准溶液[$c(\text{Na}_2\text{S}_2\text{O}_3) = 1.000\text{mol/L}$]相当的,以克数表示的重铬酸钾的质量。

五、$c\left(\frac{1}{2}I_2\right) = 0.1\text{mol/L}$ 碘标准溶液

1. 配制 称取 13g 碘(化学纯)及 35g 碘化钾(化学纯),溶于 100mL 蒸馏水中,稀释至 1L,摇匀,保存于棕色试剂瓶中,待标定。

2. 标定 称取 0.15g(精确至 0.0001g)预先在硫酸干燥器中干燥至恒重的基准三氧化二砷,置于碘量瓶中,加 4mL 氢氧化钠溶液$[c(\text{NaOH}) = 1\text{mol/L}]$溶解,加 50mL 水,加 2 滴酚酞指示剂(10/L),用硫酸溶液$\left[c\left(\frac{1}{2}\text{H}_2\text{SO}_4\right) = 1\text{mol/L}\right]$中和,加 3g 碳酸氢钠及 3mL 淀粉指示剂(5/L),用待标定的碘溶液滴定至溶液呈浅蓝色。同时做空白试验,分别记录耗用碘溶液的毫升数,按下式计算碘标准溶液的浓度(mol/L)。

$$c\left(\frac{1}{2}I_2\right) = \frac{m}{(V_1 - V_2) \times 0.04946}$$

式中:m 为三氧化二砷的质量(g);V_1 为碘溶液的用量(mL);V_2 为空白试验碘溶液的用量(mL);0.04946 为与 1.00mL 碘标准溶液$\left[c\left(\frac{1}{2}I_2\right) = 1.000\text{mol/L}\right]$相当的,以克数表示的三氧化二砷的质量。

任务三 配方的规范表示及物料用量的正确计算

染整加工方式不同,配方的表示形式也不同。实验人员应根据生产实际,学会采用通用且规范的表示方法。

一、竭染(包括浸染、卷染)

竭染配方中的染料或助剂常用对纤维(织物)重(%,owf)表示,助剂有时也用 g/L 表示。为了减少实验时的称量误差,染料常配制成一定浓度的母液使用,所以配制染液前,需要根据配方要求对母液用量进行计算。染料、助剂实际用量计算公式如下:

$$染料母液体积(\text{mL}) = \frac{染料浓度(\%) \times 织物质量(\text{g})}{母液浓度(\text{g/L})} \times 1000$$

$$染料用量(\text{g}) = 织物质量(\text{g}) \times 染料浓度(\%)$$

$$助剂用量(\text{g}) = 助剂浓度(\text{g/L}) \times 染液体积(\text{L})$$

例:活性染料浸染实验时,配制的染料母液浓度为 2g/L,织物重 2g,浴比 1:50,请根据下列染色配方,分别计算实验时染料和助剂的用量。

活性深蓝 M – 2GE	1%(owf)
食盐	30g/L
纯碱	20g/L

解:分别设需活性深蓝 M – 2GE 用量为 X,食盐用量为 Y,纯碱用量为 Z,则:

$$X = \frac{0.01 \times 2(\text{g})}{2(\text{g/L})} \times 1000 = 10(\text{mL}) \quad 或 \quad X = 2(\text{g}) \times 0.01 = 0.02(\text{g})$$

$$Y = 30(\text{g/L}) \times \frac{2 \times 50}{1000}(\text{L}) = 3(\text{g})$$

$$Z = 20(\text{g/L}) \times \frac{2 \times 50}{1000}(\text{L}) = 2(\text{g})$$

二、轧染

轧染配方中的染料或助剂常用 g/L 表示。实验时,染深浓色一般直接称取固体染料,染浅淡色可以配制适当浓度的染料母液。染料、助剂实际用量计算公式如下:

$$助剂或染料用量(\text{g}) = 助剂或染料浓度(\text{g/L}) \times 染液体积(\text{L})$$

$$染料母液体积(\text{mL}) = \frac{染料浓度(\text{g/L}) \times 染液体积(\text{mL})}{母液浓度(\text{g/L})} \times 1000$$

例:请根据下列配方,计算配制 100mL 染液的染料和助剂的实际用量,若染料母液浓度为 20g/L,需吸取多少体积?

活性红 M – 3BE	10g/L
尿素	20g/L
小苏打	10g/L

解:分别设活性红 M – 3BE 用量 X,尿素用量 Y,小苏打用量 Z,则:

$$X = 100(\text{g/L}) \times 0.1(\text{L}) = 1(\text{g}) \quad 或 \quad X = \frac{10(\text{g/L}) \times 0.1(\text{L})}{20(\text{g/L})} \times 1000 = 50(\text{mL})$$

$$Y = 20(\text{g/L}) \times 0.1(\text{L}) = 2(\text{g})$$

$$Z = 10(\text{g/L}) \times 0.1(\text{L}) = 1(\text{g})$$

项目三　常用仪器设备的使用与操作规程

染整实验涉及的仪器设备种类很多,本项目重点介绍染整实验中常用的仪器设备,对某些专用仪器设备在其他模块相关测试项目中分述。

本项目的教学目标是使学生了解常用仪器设备的工作原理与操作规程,掌握操作要点,能正确、安全使用。

任务一　正确使用电子天平

试化验室常用的、较为精确的称量天平有电光天平和电子天平(electronic balance)两种,根据不同的型号,称量精度可从 0.001 ~ 0.0001g(1 ~ 0.1mg),可根据要求选择。由于电子天平称量精确,使用便捷,故应用较为广泛。

一、仪器结构

FA/JA 系列电子天平,是采用 MCS – 51 系列单片机的多功能电子天平,配有数据接口,能与电子计算机和各种打印机相连。FA 系列电子天平称量范围可由 0 ~ 30g 至 0 ~ 210g。JA 系列电子天平称量范围可由 0 ~ 120g 至 0 ~ 260g,读数精度有 0.1mg 和 1mg 两种,JA2003 电子天平外形结构如图1-1所示。

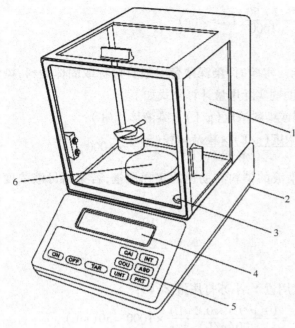

图1-1 JA2003 电子天平外形图
1—侧窗 2—水平调节脚 3—水平仪
4—显示器 5—功能键 6—秤盘

二、操作规程

（1）观察水平仪，如水平仪水泡偏移，则调整水平调节脚，使水泡位于水平仪中心。

（2）接通电源，此时显示器并未工作，当预热1h后按功能键"ON"开启显示器进行操作使用。

（3）当进入称量模式 0.0000g 或 0.000g 后，方可进行称量。

（4）将需称量的物质置于秤盘上，待显示数据稳定后，直接读数。

（5）若称量物质需置于容器中称量时，应首先将容器置于秤盘上，显示出容器的质量后，轻按"TAR"键（称消零、去皮键），显示消隐，随即出现全零状态，容器质量显示值已去除，即已去皮重。然后将需称量的物质置于容器中，待显示数据稳定后，便可读数。当拿去容器，此时出现容器质量的负值，再按"TAR"键，显示器恢复全零状态，即天平清零。

（6）若有其他特殊要求，可按下列功能键，使用方法详见产品说明书。

（7）称量完毕，轻按"OFF"键，显示器熄灭。若长时间不使用，应拔掉电源线。

三、注意事项

（1）仪器水平调整好后，不要随意搬动位置，否则将重新调整。

（2）连续称量时，不要忘记按"TAR"键，做到每次称量前消零或去皮。

（3）为了保证精密仪器的精确度和灵敏度，使用时，称盘上称量的总质量不要超过仪器的最大称量范围。

任务二 正确使用分光光度计

分光光度计（spectrophotometer）是一种进行定量比色分析用的仪器，在染整实验中，常用来测定染液和整理液浓度，然后通过计算，获得染料的上染百分率、固色率、游离甲醛含量等重要数值。分光光度计有721型、722型、723型、751型等，目前染整实验中使用较广泛的是722型。

一、仪器结构

722型光栅分光光度计是目前使用较普遍的可见光分光光度计。它的工作波长范围为330～800nm。其外形结构见图1-2，它是由光源室、单色器、试样室、光电管暗盒、电子系统及数字显示器等部件组成。722 型光栅分光光度计外形示意图见图 1-2,结构方框图见图1-3。

二、工作原理

分光光度计的工作原理是基于物质在光照射时,产生对光的吸收效应。当某单色光通过溶液时,光能被吸收而减弱,其减弱程度与溶液的浓度、光径有一定的比例关系。即符合朗伯—比尔定律:

$$\lg \frac{I_0}{I} = KcL$$

式中:K 为吸光系数(常数);L 为溶液的光径长度(即液层厚度);c 为溶液的浓度;I_0 为入射光强度;I 为通过溶液后光的强度;$\lg \dfrac{I_0}{I}$ 表示光线通过溶液时被吸收的程度,为方便起见用吸光度(A)表示,也可用光密度(D)表示。

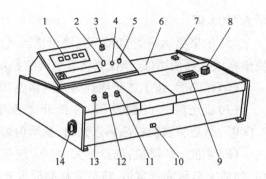

图 1-2　722 型光栅分光光度计外形示意图

1—数字显示器　2—吸光度调零旋钮　3—选择开关
4—吸光度调斜率电位器　5—浓度旋钮
6—光源室　7—电源开关　8—波长手轮
9—波长刻度窗　10—试样架拉手
11—100%T 旋钮　12—0T 旋钮
13—灵敏度调节旋钮　14—干燥器

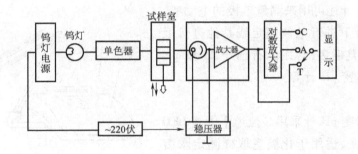

图 1-3　722 型光栅分光光度计仪器结构方框图

由朗伯—比尔定律可知,当 L 一定时,吸光度与溶液的浓度成正比。因此,可以通过对染料溶液吸光度的测定,求得染料溶液的浓度。由于吸光系数(K)与入射光波长、物质的性质和溶液的温度等因素有关,因此测定时,必须使入射光的波长及溶液温度保持一定。

物质对光的吸收具有选择性,各种不同的物质具有其自身的吸收光谱。用比色法进行浓度测定时,应选用最大吸收波长。

三、操作规程

(1)检查电源线、接线是否正常,各个调节旋钮的起始位置是否正确。

(2)将灵敏度旋钮调至"1"挡(放大倍率最小)。

(3)开启电源,指示灯亮,将选择开关置于"T",波长调至测试用波长。仪器预热 20min。

(4)打开试样室盖(光门自动关闭),调节"0"旋钮,使数字显示为"00.0";盖上试样室盖,将吸收池处于蒸馏水(或空白液)校正位置,使光电管受光,调节透过率"100%"旋钮,使数字显示为"100.0"。

(5)如果显示不到"100.0",则可适当增加微电流放大器的倍率挡数(即灵敏度),但尽可能使倍率置低挡使用,这样仪器将有更高的稳定性。改变倍率后必须重新校正"0"和"100%"。

(6)预热后,按上述步骤连续几次调整"0"和"100%",仪器即可进行正常测定。

(7)吸光度 A 的测量:将选择开关置于"A",调节吸光度调零旋钮,使得数字显示为".000",然后将被测样品移入光路,显示值即为被测样品的吸光度值。

(8)浓度 c 的测量:选择开关由"A"旋至"C",将已标定浓度的样品放入光路,调节浓度旋钮,使数字显示为标定值,将被测样品放入光路,即可读出被测样品的浓度值。

(9)测量完毕,关闭电源,并将比色皿清洗干净,擦干后存放回原处。

四、注意事项

(1)每台仪器所配套的吸收池应专用,不能与其他仪器上的比色皿混用。

(2)如果大幅度改变测试波长时,在调整"0"和"100%"后稍等片刻,因光能量变化急剧,使光电管受光后响应缓慢,需一段光响应平衡时间。当稳定后,重新调整"0"和"100%"即可工作。

任务三　正确使用 pH 计

pH 计即酸度计(acid-meter)是测定水溶液酸碱度的仪器,染整实验中常用它来测定各种溶液的 pH。有些 pH 计还可用来测量电极的电动势,以及在搅拌器配合下进行电位滴定或其他毫伏值测定。pH 计的种类很多,常用的有国产 25 型 pH 计和PHS – 3C 型精密 pH 计等。

一、仪器结构

PHS – 3C 型精密 pH 计采用3 位半十进制 LED 数字显示,测量精密,适用于化验室取样测定水溶液的 pH 和电位(mV)值,此外,还可配上离子选择性电极,测定该电极的电极电位。其外形结构见图1 – 4～图1 – 6。

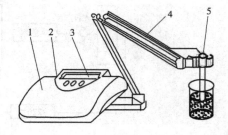

图 1 – 4　PHS – 3C 型精密 pH 计外形结构

1—机箱　2—键盘　3—显示屏
4—多功能电极架　5—电极

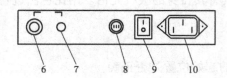

图 1 – 5　PHS – 3C 型精密 pH 计后面板

6—测量电极插座　7—参比电极接口　8—保险丝
9—电源开关　10—电源插座

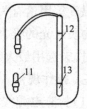

图 1 – 6　PHS – 3C 型精密 pH 计附件

11—Q9 短路插　12—E – 201 – C 型 pH 复合电极
13—电极保护套

二、操作规程

1. 准备

（1）将多功能电极架 4 插入插座中。

（2）将 pH 复合电极 12 安装在电极架 4 上。

（3）将 pH 复合电极下端的电极保护套 13 拨下，并且拉下电极上端的橡皮套，使其露出上端小孔。

（4）用蒸馏水清洗电极。

2. 标定

（1）在测量电极插座 6 处拔掉 Q9 短路插头 11，插入复合电极 12。

（2）如不用复合电极，则在测量电极插座 6 处插入玻璃电极插头，参比电极接入参比电极接口 7 处。

（3）打开电源开关，按"pH/mV"按钮，使仪器进入 pH 测量状态。

（4）按"温度"按钮，使其显示溶液温度值（此时温度指示灯亮），然后按"确认"键，仪器确定溶液温度后回到 pH 测量状态。

（5）把用蒸馏水清洗过的电极插入 pH＝6.86 的标准缓冲溶液中，待读数稳定后按"定位"键（此时 pH 指示灯慢闪烁，表明仪器在定位标定状态），使读数为该溶液当时温度下的 pH。然后按"确认"键，仪器进入 pH 测量状态，pH 指示灯停止闪烁。标准缓冲溶液的 pH 与温度关系对照表详见酸度计说明书。

（6）把用蒸馏水清洗过的电极插入 pH＝4.00 或 pH＝9.18 的标准缓冲溶液中（如被测溶液为酸性时，缓冲溶液应选 pH＝4.00；如被测溶液为碱性时则选 pH＝9.18 的缓冲溶液），待读数稳定后按"斜率"键（此时 pH 指示灯快闪烁，表明仪器在斜率标定状态），使读数为该溶液当时温度下的 pH。然后按"确认"键，仪器进入 pH 测量状态，pH 指示灯停止闪烁，标定完成。

（7）用蒸馏水清洗电极后即可对被测溶液进行测量。

3. 测量 pH

（1）用蒸馏水清洗电极头部，再用被测溶液清洗一次。

（2）若被测溶液和定位溶液温度不同，则用温度计测出被测溶液的温度值，按"温度"键，使仪器显示为被测溶液温度值，然后按"确认"键。

（3）把电极插入被测溶液内，用玻璃棒搅拌溶液，使之均匀后读出该溶液的 pH。

4. 测量电极电位（mV 值）

（1）把离子选择电极（或金属电极）和参比电极夹在电极架上。

（2）用蒸馏水清洗电极头部，再用被测溶液清洗一次。

（3）把离子电极的插头插入测量电极插座 6 处。

（4）把参比电极接入仪器后部的参比电极接口 7 处。

（5）把两种电极插在被测溶液内，将溶液搅拌均匀后，即可在显示屏上读出该离子选择电极的电极电位（mV 值），还可自动显示正负极性。

（6）如果被测信号超出仪器的测量范围，或测量端开路时，显示屏会不亮，发出超载报警。操作流程见图1-7。

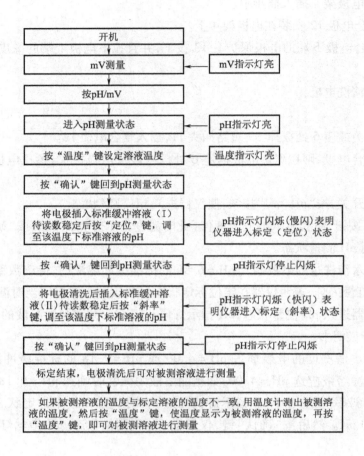

图1-7　PHS-3C型精密pH计操作流程图

三、注意事项

（1）经标定后，"定位"键及"斜率"键不能再按，如果触动此键，此时仪器pH指示灯闪烁，请不要按"确认"键，而是按"pH/mV"键，使仪器重新进入pH测量即可，而无须再进行标定。一般情况下，在24h内仪器不需再标定。

（2）更换缓冲液或样品萃取液前应充分洗涤电极，并吸干水分，避免误差。

任务四　规范操作小轧车

小轧车（padding mangle）主要用于压轧浸渍各种处理液后的织物，使其均匀带液。目前染整实验室常用的有立式和卧式两种。

一、仪器结构

由瑞比染色试验仪器公司生产的P-AO型立式轧车和P-BO型卧式轧车外形见图1-8。

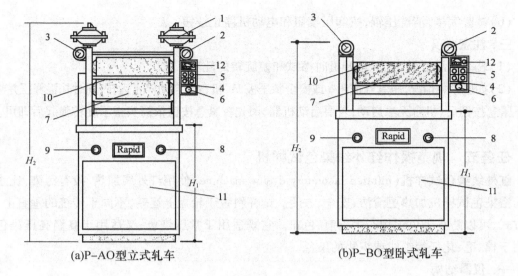

(a)P-AO型立式轧车　　　　　　(b)P-BO型卧式轧车

图1-8　立式和卧式轧车

1—膜阀　2,3—压力表　4—加压按钮　5—电动机启动按钮　6—紧急触摸开关　7—橡胶轧辊

8,9—压力调节阀　10—保险杠　11—安全膝压板　12—指定选购可变转速才有的装置

二、操作规程

(1)接通电源、气源及排液管。卧式轧车压紧端面密封板,关闭导液阀。

(2)按电动机启动按钮5及加压按钮4,轧辊旋转方向见图1-9和图1-10。

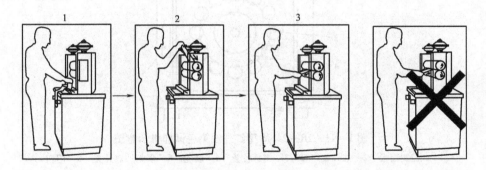

图1-9　P-AO型立式轧车轧辊旋转方向示意图

(3)分别调整左右压力阀8、9,顺时针方向为增加压力,逆时针方向为降低压力。调整后按卸压按钮,再按加压,重复2~3次,以确定所调压力无误后,向外轻拉调压阀到"LOCK"位置。

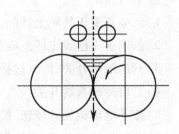

(4)用试验用布浸渍、压轧、称重,计算轧液率。重复上述操作,直至轧液率符合试验要求。

(5)准备好试验用浸轧液和织物、清洗轧辊、用浸轧液淋冲轧辊后浸轧织物。

图1-10　P-BO型卧式轧车轧辊旋转方向示意图

（6）试验完毕，清洗压辊，按卸压按钮和电动机停止按钮。

三、注意事项

（1）轧车切忌反转，且不宜开机时擦拭和摸旋转的轧辊。

（2）如遇紧急情况，压紧急按钮6或安全膝压板11，机台会自动停止运转，同时轧辊释压并响铃。按下紧急按钮后，机台无法启动，若要启动机器，请先将紧急按钮依箭头指示旋转弹起后即可。

任务五　规范操作红外线染色试样机

红外线染色试样机（infrared laboratory dyeing machine）使用红外线加热，没有污染，比水浴、甘油浴染色试样机加热更清洁、安全、方便。试杯斜置于轮盘上运转，不同于传统的垂直上下搅拌方式，可以防止染色织物产生折痕、色花。它既适用于常压染色，又适用于高温高压染色，广泛用于棉、毛、化纤等纱线或织物的染色。

一、仪器结构

以 IR－24SM 型红外线染色试样机为例，其结构示意图见图1－11。

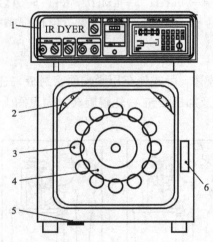

图1－11　IR－24SM 型红外线染色试样机示意图

1—控制面板　2—红外线灯管　3—钢杯位置　4—转轮　5—限制加热开关　6—门钮

二、操作规程

（1）将染杯置于转轮上，同时要将探针插入探针杯内。

（2）选用事先已设定的正确程序（编程方法详见设备使用说明书）。

（3）开启加热开关，同时选择适度的转速。

（4）开启冷却系统开关。

（5）按下电动机旋转按钮，机械将按预先设定的程序执行。程序执行完毕后会响铃。

（6）关闭加热开关，取出染杯，清洗染样及染杯。

三、注意事项

（1）必须先将染色流程设计好后，再输入计算机程序。

（2）每次试验必须更换探针杯中的水,水温与染杯内的温度相同。

（3）每个杯子(含探针杯)的水量不可超过±1.5%误差。

（4）在注射添加助剂时,每一杯注射后即旋转20s,然后再注射下一个杯子,以防产生色花。

（5）染色程序完毕后,染杯必须充分冷却,否则易烫伤或杯盖闭锁不易开启。

（6）红外线染色机是以红外线加热产生热能染色,并根据实际探测杯内温度回传计算机而决定加热与否,因此不可在中途加入染杯。

（7）红外线机因实际探测一只杯子内温度而控制温度,所以每杯重量须相同。

（8）应特别注意设定升温速度最高不可超过3℃/min,更不可设为0(0表示全速升温);降温速度可设为0(0表示全速降温);注意启动段的温度和时间设定,否则温度有漂动现象。

（9）探针请务必放入探测杯底。

任务六　规范操作计算机测色配色仪

计算机测色配色仪(computer color matching system)具有精度高、重现性好、速度快、资料便于保存、检索全面等特点,尤其适用于纺织品贸易中对颜色的仲裁,故在印染行业的应用越来越广泛。国内外常见的产品有美国麦克贝斯(Gretag Macbeth)公司、德塔颜色(Datacolor)公司、日本爱色丽(X－Rite)公司等企业生产的各种型号的计算机测色配色仪。现以Datacolor公司600型测色配色仪为例做简单介绍,见图1－12。

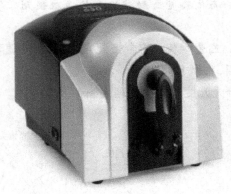

图1－12　Datacolor 600型电脑测色配色仪
外形结构图

一、系统组成

1.分光光度仪　双光束、闪光式,精度较高。

2.测色配色软件　多语言操作系统,建立在Windows操作平台上。

3.计算机　Datacolor系统电脑配置要求(建议)为CPU Intel i5－3450(3.10GHz,6MB,4C)以上;内存4GB;硬盘500GB;屏幕分辨率1280×1024真彩色;21英寸16:9宽屏;显卡内存1024MB;DVD光驱;端口为9针串口(RS－232串口);操作系统为Windows XP Pro、SP 2、Windows Vista、Windows 7。

4.打印机　激光或彩色喷墨打印机均可。

二、分光光度仪主要指标

（1）积分球式双光束分光光度计,硫酸钡涂层。

（2）测量几何状态:漫反射8°(d/8°)。

（3）测量多孔径:LAVφ30mm、MAVφ20mm、SAVφ9mm、USAVφ6.5mm。

（4）波长范围:360~700nm测量范围。

（5）波长精度：3nm 测量分辨率或更小，双 128 位阵列接收或以上（双 256 位）。

（6）反射率范围：0～200%。

（7）光源：脉冲氙灯，模拟 D_{65} 光源。

（8）测量时间：1s（包括数据处理）。

（9）仪器自身测量重现性：DE CIELAB 0.02 以下。

（10）仪器间数据交换性：最好 DE CIELAB 0.15 以下，一般 DE CIELAB 0.35 以下。

（11）使用环境：5～40℃、相对湿度 20%～80%（非凝结状态）。

三、软件主要功能

1. 染料基础资料的输入　为配色基础数据库的建立做准备。

2. 色差测量　测定标准样和批次样色差值，控制产品质量。

3. 配方计算　在配色数据库基础上，提供配方计算功能，为打样仿色提供配方，提高仿色效率。

4. 品质控制　可以测定织物白度、灰卡评级、变褪色评级等。

5. 快速修色　可以快速提供修色配方，提高生产效率。

6. 与化验室自动滴液系统连机使用　实施测色、配色与自动滴液连机使用，实现智能化生产。

7. 色号归档　将合格配方存档，方便随时调用。

四、工作原理

分光光度仪测色原理见图 1-13。

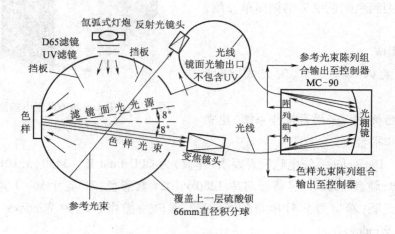

图 1-13　分光光度仪测色原理示意图

五、操作规程

主要介绍测色系统的操作，配色系统可参考仪器使用说明书。

1. 开机　打开电脑及分光光度仪→预热 15min →点击测色软件图标 →输入用户名和密码→点"OK"→打开测色系统主界面。

2. 测色条件设定 点"仪器"→点"仪器设定"→逐一设定测色条件[如镜面光泽、孔径、闪光次数、UV 值(%)等]→点"设定值保存"。

3. 光源及观测者设定 点"光源/观测者"→点"选择"→在"可用的组合"中选择需要的光源(D65 光源、A 光源、CWF 光源、U3000 光源等)→点"增加"。

4. 仪器校正 点"仪器校正"→按命令校正(一般顺序为黑色吸光肼→白瓷板→绿瓷板)→校正合格仪器显示"诊断测色结果"界面→点"确定"。

5. 测色 将样品置于测色孔,按下列程序操作:

(1)点"标准样 ±"→选"仪器平均值"→点"测色"(根据需要测定次数,仪器自动计算平均值)→点"接受"→标准样测色结果显示。

(2)点"批次样 ±"→选"仪器平均值"→点"测色"(根据需要测定次数,仪器自动计算平均值)→点"接受"→批次样测色结果显示。

(3)比较不同光源下标准样和批次样测色结果(DE^*、DH^*、DC^*、Da^*、Db^*等)。

6. 格式选择 根据需要选择格式,有屏幕格式、打印格式、绘图输出。

任务七 规范操作连续轧蒸试样机

连续轧蒸试样机(laboratory pad-steam range)主要用于实验室打轧染小样及其他加工,适用于饱和蒸汽固色的染料染色,如活性染料、还原染料轧染。织物压吸染液后进入蒸箱内,经短时间汽蒸而固色,可避免空气氧化等。它模拟大样生产工艺与操作,能获得较满意的再现性。现以 PS-JS 连续轧蒸试样机为例进行介绍。

一、仪器结构

连续轧蒸试样机主要包括一对卧式轧辊(NBR 橡胶材质,宽度 300mm,直径 125mm);一组染液槽(容量约 500mL,使用后可自动喷淋清洗);一组容布量为 6m 的蒸汽烘箱。样布滞留蒸箱内的时间可通过调整布速来改变,通过蒸箱的时间为 20~120s,并以数字显示;蒸箱出口以水封槽式密封,水封槽另附温度控制器自动给水调节水温。汽蒸温度为(102±2)℃,有数字和指针式双重显示。其外形正面主视图如图1-14 所示。

二、操作规程

(1)查看压缩空气是否正常供应(最高使用

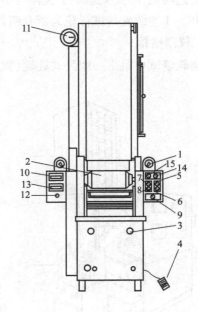

图 1-14 PS-JS 连续轧蒸试样机正面主视图

1—压力表 2—橡胶轧辊 3—调压阀 4—脚踏开关
5—加压按钮 6—释压按钮 7—电动机启动按钮
8—电动机停止按钮 9—紧急按钮
10—数位温度显示器 11—类比式温度指示表
12—调速旋钮 13—滞留时间指示
14—染槽清洗开关 15—染槽清洗指示灯

压力为0.6MPa),导布辊和轧辊是否清洁;机器是否穿妥导布,同时另外准备一份导布。

(2)依次开主电源系统、空压机、蒸汽系统,检查温度是否达到所需温度。

(3)调整所需轧液率,检查水封槽是否有水及温度设定。

(4)将染液或助剂倒入液槽,按电动机按钮及加压按钮。

(5)调整调速旋钮,并检查滞留时间表是否符合要求。

(6)织物经浸透、轧压,通过橡胶辊进入蒸箱后,将液槽升降开关拨到"ON"位置。

(7)当织物通过水封槽后,按卸压按钮及电动机停止按钮。

(8)取下织物,进行下道工序。

(9)试验结束,关闭蒸汽、水、压缩空气、电源等。

(10)开排水阀,清洁导布辊,将封口水排除。

任务八 规范操作连续轧焙试样机

连续轧焙试样机(laboratory pad-thermosol range)主要用于实验室打轧染小样及其他整理加工,适用于使用干热空气焙烘或定形的工艺,如分散染料热熔染色、树脂整理等。它模拟大样连续生产工艺与操作,大大缩小了大样与小样之间的差异。现以中国台湾瑞比染色试机有限公司生产的PT-J连续轧焙试样机为例介绍。

一、仪器结构

连续轧焙试样机由一组卧式轧辊(宽度300mm,直径125mm)、一组染液槽(内含4个液槽,每槽体积约100mL)、一组红外线、一室热风烘房和一室焙烘房组成。染色工艺流程为浸轧→红外线烘干→热风烘干→热熔焙烘。其外形结构如图1-15所示。

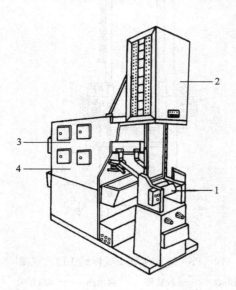

图1-15 PT-J连续轧焙试样机
1—二辊卧式轧车 2—红外线烘干
3—热风烘干 4—热熔焙烘

二、操作规程

(1)查看压缩空气是否正常供应,调整所需轧液率。

(2)清洗轧辊并擦干后,按电动机按钮及加压按钮。

(3)织物浸渍染液后,经过高精度的卧式轧辊轧压,即用两支夹布棒固定在连续运转中的链条上,夹布棒可由链条上的夹子固定。

(4)织物随链条运行,首先经过红外线烘干,再经中间烘干过程,即进入热熔烘箱中,最后自动退料到存放槽中。

(5)试验结束,清洗轧辊,按卸压按钮及电动机停止按钮。

☞ **复习指导**

1. 了解化学危险品使用和管理常识。

2. 掌握实验室安全防范守则及事故急救与处理的常用方法。

3. 掌握溶液浓度常用的表示与计算方法,学会常用标准溶液的配制与标定。

4. 掌握染整配方规范表示方法,能够正确计算染料与助剂用量。

5. 了解染整实验常用仪器设备的工作原理、基本构造,掌握安全操作规程。

☞ **思考题**

1. 火灾发生时,如何选用正确的灭火方法?

2. 已知某一水溶性染料的浓度为20g/L,体积为500mL,若配成浓度为2g/L的染液,应添加多少毫升水?

3. 实验室小轧车若遇紧急情况应如何正确操作?

4. 漂白配方中100%双氧水用量为6g/L,请问30%的双氧水用量应为多少?

5. 练漂配方中100%烧碱用量为20g/L,请问400g/L的烧碱用量应为多少?

参考文献

[1]徐昌华.化验员必读[M].南京:江苏科学技术出版社,1982.

[2]廖佐纳.印染化验与分析[M].成都:四川科学技术出版社,1985.

模块二 纺织材料分析与测试

纺织材料的性能是影响纺织和染整工艺的要素之一，又是判断和比较材料质量的依据，它关系到产品的使用效果及价值体现。不同用途的产品，有着不同的性能要求，因此运用现代测试手段，全面了解各种纤维及其制品的性能，对于纺织产品设计、染整工艺设计人员来说有着重要的意义。

织物的品种繁多，用途各异，它们在使用和加工过程中，受到各种外界因素的复杂作用，其性能的表现可以是简单的，也可以是复杂的，但具有一定共性，一般可以分为以下几类：

1. 力学性能 指纤维及其制品对各种外界作用力的适应能力。如：拉伸、撕裂、顶破、剪切、弯曲、磨损等性能。这些性能关系到纺织品的使用性能和寿命。

2. 化学性能 指纤维及其制品对各种化学品的适应能力。如：耐酸、碱、氧化剂、还原剂及有机溶剂等性能。

3. 外观性能 指纤维制品的颜色、光泽、保形性、悬垂感、挺括感、免烫性、起毛起球等性能。这些性能影响着纺织品的外观效果。

4. 组成性能 指组成纱线或织物的纤维原料及各组分混纺比例等。纺织材料的成分及各组分含量对纺织品的性能起着至关重要的作用。也是决定和影响染整工艺的重要因素。

本模块重点介绍纤维制品的主要力学性能和部分化学性能，及常见织物的原料分析与测试方法。通过本模块的学习，使学生掌握纺织材料的性能及其检测与评价方法，学会按不同的使用要求合理地选择和制订染整加工工艺。

项目一 分析纺织材料的纤维成分

随着化学纤维的发展，各种纤维原料及其制成的纯纺或混纺织物日益增多。不同的纤维制品不仅物理化学性能不同，染整加工方法及工艺条件也不相同。因此，分析与了解被加工纤维及其制品的组成，有助于染整工作者合理制订工艺，从而确保产品质量。

纺织材料成分分析（composition analysis）是根据各种纺织纤维在不同条件下所表现出的性质差异而区分鉴定的。纤维鉴别的方法很多，常用的有燃烧法、化学溶解法、显微镜观察法和药品着色法等。

本项目的教学目标是使学生了解各类纤维的燃烧特性、溶解性能及形态特征，掌握纺织材料成分分析的常用方法，并能综合运用各种方法，较准确、迅速地鉴别未知纤维及其制品的成分。

任务一 用燃烧法鉴别纤维成分

一、任务描述

取纤维素纤维(cellulose fiber)(如棉、麻、黏胶纤维等)、蛋白质纤维(protein fiber)(如羊毛、蚕丝等)、合成纤维(synthetic fiber)(如涤纶、锦纶、腈纶等)若干份作为未知纤维,标上编号,逐一进行燃烧实验,观察燃烧现象与特征。依据各种纤维的燃烧性能,推断纤维种类。

二、实验准备

1. 仪器设备 镊子、剪刀、酒精灯等。

2. 实验材料 各种纺织纤维、纱线或织物若干。

三、方法原理

利用各种纤维材料不同的燃烧特征,根据纤维在火焰下燃烧时的现象、气味以及燃烧后残留物状态来分辨纤维类别。

四、操作步骤

(1)将酒精灯点燃,取10mg左右的纤维用手捻成细束,试样若为纱线则剪成一小段,若为织物则分别抽取经纬纱数根。

(2)用镊子夹住一端,将另一端渐渐靠近火焰,观察纤维对热的反应情况。

(3)将纤维束移入火焰,观察纤维在火焰中和离开火焰后的燃烧现象,嗅闻火焰刚熄灭时的气味。

(4)待试样冷却后观察灰烬颜色、手感和形状。

(5)逐一观察各种纤维的燃烧现象,并记录下来,对照表2-1常见纤维燃烧特征,初步判断纤维的类别。

表2-1 常见纤维燃烧特征

纤维类别	燃烧状态	气味	灰烬颜色和形态
棉	靠近火焰不熔不缩,接触火焰即燃烧,离开火焰继续燃烧	燃纸味	呈细而软的灰黑絮状
麻	与棉相似	燃纸味	呈细而软的灰白絮状
黏胶纤维	与棉相似	燃纸味	灰烬很少,呈灰白色
天丝	与棉相似	燃纸味	为松散的青黑色絮状
醋纤	靠近火焰熔缩,接触火焰熔融燃烧,离开火焰熔化燃烧	醋味	呈硬而脆不规则黑色
羊毛	靠近火焰卷缩,接触火焰逐渐燃烧,边冒烟边起泡,离开火焰燃烧缓慢,有时自灭	燃毛发臭味	呈松脆、发亮的黑色焦炭状
蚕丝	与羊毛相似	燃毛发臭味	呈松而脆的黑色颗粒
大豆纤维	靠近火焰熔缩,接触火焰时燃烧缓慢有响声,离开火焰续燃,有时自灭	燃毛发臭味	呈脆而黑小珠状

纤维类别	燃 烧 状 态	气 味	灰烬颜色和形态
涤纶	靠近火焰熔融收缩,接触火焰燃烧,离开火焰继续燃烧,但易熄灭	有甜味	呈硬而光亮的深褐色圆珠状,不易捻碎
锦纶	靠近火焰熔融收缩,接触火焰熔融燃烧,离开火焰即熄灭	有特殊气味	呈硬淡棕色透明圆珠状
腈纶	靠近火焰即收缩,接触火焰熔融燃烧,离开火焰继续燃烧冒黑烟	有辛辣味	呈黑色不规则小珠,易碎
丙纶	靠近火焰边收缩边熔融,接触火焰熔融燃烧,离开火焰继续燃烧	轻微沥青味	硬而光亮的蜡状物

五、注意事项

(1)某些通过特殊整理的织物,如防火、抗菌、阻燃等织物不宜采用此种方法。

(2)该方法较适宜于纺织纤维、纯纺纱线、纯纺织物或纯纺纱交织物的原料鉴别。

(3)在用嗅觉闻燃烧时的气味时,应注意勿使鼻子距试样过近。正确的方法应该是:一手拿着刚离开火焰的试样,将试样轻轻吹熄,待冒出一股烟时,用另一只手将试样附近的气体扇向鼻子。

六、实验报告(表2-2)

表2-2 实验报告

试样编号	燃烧现象	气 味	灰烬颜色和形态	结 论
1#				
2#				
3#				
…				

任务二 用化学溶解法鉴别纤维成分

一、任务描述

取纤维素纤维(棉、麻、黏胶纤维等)、蛋白质纤维(羊毛、蚕丝等)、合成纤维(涤纶、锦纶、腈纶等)若干份作为未知纤维,标上编号。分别用不同溶剂进行溶解,观察纤维在溶剂中的溶解情况。依据各种纤维的溶解性能,推断纤维种类。

二、实验准备

1. 仪器设备 试管、试管架、试管夹、温度计(100℃)、恒温水浴锅、玻璃棒、电炉等。

2. 染化药品 氢氧化钠溶液、盐酸、硫酸、甲酸、二甲基甲酰胺溶液(均为化学纯)。

3. **实验材料**　各种纺织纤维、纱线或织物若干。

4. **溶液准备**　5%氢氧化钠溶液、20%盐酸、37%盐酸、75%硫酸、88%甲酸、二甲基甲酰胺溶液。

三、方法原理

利用各类纤维材料对酸、碱、有机溶剂等化学试剂的稳定性不同,通过不同化学试剂、不同温度的溶解试验鉴别纤维所属类别。

四、操作步骤

(1)将待测纤维(若试样为纱线则剪取一小段纱线;若为织物则抽出织物经纬纱少许)分别置于试管内。

(2)在各试管内分别注入某种溶剂,在常温或沸煮5min下并加以搅拌处理,观察溶剂对试样的溶解现象,并逐一记录观察结果。

(3)依次调换其他溶剂,观察溶解现象并记录结果。

(4)参照表2-3常见纤维的溶解性能,确定纤维的种类。

表2-3　常见纤维的溶解性能

纤维类别	5%氢氧化钠(沸)	20%盐酸	37%盐酸	75%硫酸	88%甲酸	二甲基甲酰胺
棉	I	I	I	S	I	I
麻	I	I	I	S	I	I
黏胶纤维	I	I	S	S	I	I
醋酯纤维	P	I	S	S	S	S
羊毛	S	I	I	I	I	I
蚕丝	S	I	P	S	I	I
涤纶	I	I	I	I	I	I
锦纶	I	S	S	S	S	I
腈纶	I	I	I	I	I	S(加热)
丙纶	I	I	I	I	I	I

注　S—溶解,I—不溶解,P—部分溶解。

五、注意事项

(1)由于溶剂的浓度和温度不同,纤维的可溶性表现不一样,所以应严格控制溶剂的浓度和温度。

(2)整理用剂对溶解法干扰很大,因此,如果处理的是织物,测试前必须经预处理,将织物上的整理剂去除。

(3)溶剂对纤维的作用可以分为溶解、部分溶解和不溶解等几种,而且溶解的速度也不同,所以在观察纤维溶解与否时,要有良好的照明,以避免观察误差。

六、实验报告(表2-4)

表2-4　实验报告

现象　　试样编号 处理条件	1#	2#	3#	4#	5#	6#	…
5% NaOH(沸)							
20% HCl(室温)							
37% HCl(室温)							
75% H$_2$SO$_4$(室温)							
88% 甲酸(室温)							
二甲基甲酰胺(沸)							
结论							

任务三　用显微镜观察法鉴别纤维成分

一、任务描述

取纤维素纤维(棉、麻、黏胶纤维等)、蛋白质纤维(羊毛、蚕丝等)、合成纤维(涤纶、锦纶、腈纶等)若干份作为未知纤维,标上编号。分别制作纵向和横截面切片,放置在显微镜下观察。依据各种纤维的纵向和横截面形态特征,推断纤维的种类。

二、实验准备

1. 仪器设备　显微镜、载玻片、盖玻片、哈氏切片器、剃须刀片、镊子。

2. 染化药品　甘油、火棉胶(均为工业品)。

3. 实验材料　各种纺织纤维、纱线或织物若干。

三、方法原理

利用显微镜观察未知纤维的纵向和横截面形态,对照纤维的标准显微照片,或依据各种纤维的纵向及横截面形态特征,鉴别未知纤维的类别,并初步确定属于纯纺还是混纺产品。

四、操作步骤

1. 纤维纵向观察

(1)将纤维并向排齐(若为纱线则剪取一小段退去捻度,若为织物则分别抽取织物经纱与纬纱并退去捻度,抽取纤维)置于载玻片上,滴一滴甘油,盖上盖玻片。

(2)将放有试样的载玻片放在载物台夹持器内,按规定步骤调节显微镜至呈现清晰图像。

(3)将在显微镜下观察到的纤维纵向形态描绘在纸上。取下试样,用滤纸擦去甘油,继续装上另一种纤维试样进行观察。

(4)对照各种纤维纵向的特征或标准照片,判断未知纤维的类别。

2. 纤维横截面观察　通常用哈氏切片器(图2-1)切片后观察,其操作过程如下:

(1)将切片器上匀给螺丝向上旋转,使螺杆下端升离狭缝,提起销子,将螺座转到与底板成垂直位置。将底板 2 从底板 1 中抽出。

（2）把整理好的一束纤维试样嵌入底板 2 中间的狭缝中，再把底板 1 的塞片插入底板 2 的狭缝，使试样压紧。

（3）用刀片切去露在底板正反两面的纤维，将螺座恢复到原来的位置并将其固定。此时匀给螺丝的螺杆下端正对准底板 2 中间的狭缝。

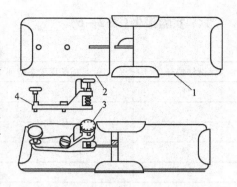

图 2－1 纤维切片器结构示意图
1,2—底板 3—匀给螺丝 4—销子

（4）旋转匀给螺丝，使螺杆下端与纤维试样接触，再顺螺丝方向旋转螺丝上刻度 2～3 格，使试样稍稍顶出板面，然后在顶出的纤维表面用玻璃棒薄薄涂上一层火棉胶。稍放片刻，用锋利的刀片沿底座平面切下切片。

（5）将第一片切片丢弃，再旋转螺丝上刻度一格半，涂上火棉胶稍等片刻切片。

（6）按此法切下所需片数试样。

（7）将切片放在载玻片上，滴上一滴甘油，盖上盖玻片。将盖玻片置于显微镜下，按纤维纵向观察操作方法进行观察，并将观察到的切片图形描绘在纸上。

（8）对照表 2－5 常见纤维的横截面、纵向形态特征，判断纤维的类别。

表 2－5 常见纤维横截面形态、纵向形态特征

纤维类别	横截面形态	纵向形态
棉	腰圆形，有中腔	扁平带状，有天然转曲
羊毛	圆形或近似圆形，有些有毛髓	表面有鳞片，有天然卷曲
蚕丝	不规则三角形	光滑平直，纵向有条纹
苎麻	腰圆形，有中腔，胞壁有裂纹	有横节，竖纹
亚麻	多角形，有中腔	有横节，竖纹
普通黏胶纤维	锯齿形，有皮芯结构	表面平滑，纵向有沟槽
天丝	圆形，有皮芯结构	表面光滑均匀无条痕
醋酯纤维	三叶形或不规则锯齿形	表面有纵向条纹
腈纶	圆形或哑铃形	平滑或有条纹
涤纶、锦纶、丙纶	圆形（除异形丝）	平滑

五、注意事项

（1）切片时，可将纤维束固定在羊毛或麻纤维中，使纤维保持平直，防止纤维倒伏而影响切片质量。

（2）盖玻片合上后，应注意尽量排除空气，不能有气泡，以免影响观察效果。

六、实验报告(表2-6)

表2-6 实验报告

试样编号	横截面形态特征	纵向形态特征	结 论
1#			
2#			
3#			
4#			
5#			
6#			
...			

项目二　分析混纺制品的纤维含量

为了发挥各种纤维的优良性能,取长补短,满足各种产品不同用途的要求,并降低成本,采用两种或两种以上的纤维进行混纺或交织的品种越来越多。但不同的混纺制品有着不同的染整加工性能,作为从事染整工艺的技术人员,掌握混纺织品纤维含量(mixture ratio)的分析方法,是合理制订染整工艺的基础。

本项目的教学目标是使学生了解常见混纺织品纤维含量分析的基本原理,掌握两组分、三组分及四组分纤维混纺产品定量化学分析的测试方法,学会测定常见混纺织品的混纺比例。

任务一　用化学分析法分析双组分混纺制品的纤维含量

一、任务描述

参照如下实验方案,用化学溶解法对已知涤棉混纺织物进行纤维含量分析,确定其混纺比例。

涤/棉试样(g)	1g
75%硫酸(mL)	100mL
温度(℃)	(50±5)℃
时间(min)	60min

二、实验准备

1. 仪器设备　电子天平、称量瓶、有塞锥形瓶(250mL)、玻璃坩埚、吸滤瓶、量筒(100mL)、烧杯(100mL、200mL)、干燥器、剪刀、温度计(100℃)、玻璃棒、恒温水浴锅。

2. 染化药品　硫酸、氨水(均为化学纯)。

3. 实验材料　涤/棉纱线或织物。

4. 溶液准备

(1)75%硫酸溶液。在冷却条件下,将1000mL浓硫酸(密度1.84g/mL)慢慢加入到570mL

水中。硫酸浓度在73%~77%。

（2）稀氨水溶液。将80mL浓氨水（密度0.880g/mL）用水稀释至1000mL。

三、方法原理

利用纤维素纤维与其他纤维耐酸稳定性的不同，选择合适浓度的硫酸，溶解涤/棉产品中的棉组分，以求得涤纶组分的净干重含量，并由差值求出棉的净干重量百分率。

四、操作步骤

1. 试样准备 如试样为纱线则剪成1cm长；如试样为织物，应将其剪成碎块或拆成纱线（注意每个试样应包含组成织物的各种纤维组成），并去除试样上的油脂、浆料等杂质。每种试样取两份，每份1g。

2. 烘干称重 将预先准备好的试样置于称量瓶内，放入烘箱中，同时将瓶盖放在旁边，在(105±3)℃温度下烘至恒重（指连续两次称得试样重量的差异不超过0.1%）。

3. 冷却 将烘干后的试样迅速移入干燥器中冷却，冷却时间以试样冷至室温为限（一般不能少于30min）。

4. 称重 试样冷却后，从干燥器中取出称量瓶，在电子天平上迅速（在2min内称完）并准确称取试样干重W（精确到0.001g）。

5. 溶解 将试样放入锥形瓶中，每克试样加100mL 75%硫酸，盖紧瓶塞，摇动烧瓶使试样浸湿。将烧瓶保持(50±5)℃、60min，并每隔10min用力摇动1次。

6. 过滤清洗 用已知干重的玻璃砂芯坩埚过滤，将不溶纤维移入玻璃砂芯坩埚，用少量75%硫酸溶液洗涤烧瓶。真空抽吸排液，再用75%硫酸溶液倒满玻璃砂芯坩埚，靠重力排液，或放置1min后用真空抽吸排液，再用冷水连续洗数次，用稀氨水洗2次，然后用冷水充分洗涤。每次洗液先靠重力排液，再以真空抽吸排液。

7. 称重 最后把玻璃砂芯坩埚及不溶纤维按烘燥试样同样要求烘干、冷却，并准确称取残留纤维的重量W_A。

8. 结果计算 按下式计算涤纶和棉纤维的净干含量百分率。

$$涤纶含量百分率 = \frac{W_A}{W} \times 100\%$$

$$棉纤维含量百分率 = 100\% - 涤纶含量百分率$$

式中：W_A为残留纤维的干重(g)；W为预处理后试样的干重(g)。

五、注意事项

（1）在干燥、冷却、称重操作中，不能用手直接接触玻璃砂芯坩埚、试样、称量瓶等，以免造成试验误差。

（2）称量时动作要快，以防止纤维吸潮后影响实验结果。

（3）被溶解纤维必须溶解完全，所以处理过程中应经常用力振荡。

（4）滤渣必须充分洗涤，并用指示剂检验是否呈中性，否则残留物在烘干时，溶剂浓缩，影响分析结果。

(5)此法适合于所有纤维素纤维与涤纶的混纺制品纤维含量的分析。其他常见的两组分混纺制品的纤维含量分析建议方案见表2-7。

表2-7 其他常见双组分混纺制品的纤维含量分析建议方案

序号	纤维组成	方法	操作步骤
1	涤纶与棉或麻	75%硫酸法	每克试样加入75%硫酸溶液100mL,在(50±5)℃保温1h,水洗,氨水洗,水洗,烘干。残留涤纶
2	大豆纤维与涤纶	75%硫酸法	同上。残留涤纶
3	羊毛与涤纶	碱性次氯酸钠法	每克试样加入1mol/L碱性次氯酸钠溶液100mL,在(20±2)℃保温40min,水洗,0.5%醋酸溶液洗,水洗,烘干。残留涤纶
4	Lyocell纤维或竹纤维与羊毛或蚕丝	碱性次氯酸钠法	同上。残留竹纤维
5	羊毛与腈纶	二甲基甲酰胺法	每克试样加入二甲基甲酰胺溶液100mL,在90~95℃保温1h,水洗,烘干。残留羊毛
6	Modal纤维与腈纶	二甲基甲酰胺法	同上。残留Modal纤维
7	棉、麻、蚕丝、毛与甲壳素纤维	5%乙酸法	每克试样加入5%乙酸溶液100mL,在(50±2)℃保温30min,水洗,烘干。溶解甲壳素纤维
8	Lyocell纤维与锦纶	80%甲酸法	每克试样加入80%甲酸溶液100mL,并在(25±5)℃保温15min,水洗,烘干。残留Lyocell纤维
9	黏胶纤维与棉或麻	甲酸/氯化锌法	每克试样加入甲酸/氯化锌溶液100mL,在(40±2)℃保温2.5h,水洗,烘干。残留棉或麻
10	大豆纤维与蚕丝或毛	3%氢氧化钠法	每克试样加入3%氢氧化钠溶液100mL,在90~95℃保温30min,水洗,烘干。残留大豆纤维
11	大豆纤维与黏胶纤维或Modal纤维	20%盐酸法	每克试样加入20%盐酸溶液100mL,在(25±2)℃保温30min,水洗,烘干。残留黏胶纤维或Modal纤维
12	锦纶与涤纶或丙纶	20%盐酸法	同上。残留涤纶或丙纶

六、实验报告(表2-8)

表2-8 实验报告

试样名称 实验结果	涤棉混纺制品	
	试样1	试样2
试样干重 W(g)		
残留纤维干重 W_A(g)		
混纺比例(涤:棉)		
平均混纺比例(涤:棉)		

任务二　用 CU 纤维细度仪法分析双组分混纺制品的纤维含量

一、任务描述

用 CU 纤维细度仪对已知棉/麻织物进行纤维含量分析,确定其混纺比例。

二、实验准备

1. 仪器设备　CU 纤维细度仪(包括摄像头、光学显微镜、计算机、打印机)、哈氏切片器、镊子、刀片、载玻片、盖玻片。

2. 染化药品　甘油或石蜡油。

3. 实验材料　棉/麻织物(10cm×10cm,将经纱和纬纱抽出后分别称重,有浆试样需经退浆处理)。

三、方法原理

将棉/麻制品制成纤维的纵向或横截面切片,利用 CU 纤维细度仪分辨和测量一定数量的纤维的直径或横截面,从而计算出各种纤维的质量百分含量。本实验采用纤维纵向切片,测量纤维直径。

四、操作步骤

(1)使用哈氏切片器制样。在载玻片上滴一滴甘油或石蜡油,然后将截取的纤维倒入其中再充分搅拌,截取纤维的长度控制在 0.2～0.36mm。

(2)在桌面上双击 CU 纤维细度仪,点击采集图像,按"确定"按钮。

(3)点击纤维细度测量,选择"纤维含量",按"启用宏",屏幕上出现空白的专用"纤维含量实验"数据表窗口。

(4)最小化数据表窗口后可看到屏幕左边是采集窗口,右边是操作控制台。点击控制台"输入操作者"按钮,输入操作人名称;点击控制台"选择纤维种类"框,选出棉和麻纤维;点击控制台"经纱/纬纱"按钮,输入对应的试样重量。

(5)在图像采集窗口中点击鼠标右键,可使窗口中的图像在动态和冻结状态间转换。在冻结状态下测量纤维直径:移动光标到待测纤维的一侧,点击左键;移动光标到待测纤维的另一侧,再点击左键,此时,测出的纤维直径值已显示在控制台的"直径"栏中,在键盘上按下与纤维种类对应的数字键即可将此纤维的直径输出至数据表中。在活动状态下,在键盘上按下与纤维种类对应的数字键可直接输出纤维的种类记数。

(6)重复上一步骤操作,至测量完棉和麻各 200 根的纤维直径,且测试根数达 1000 根为止。

(7)最大化数据表窗口,即可得到棉和麻纤维的含量。

五、注意事项

(1)此方法也可用于其他动物毛纤维混纺制品纤维含量的分析,如山羊绒/羊毛织品等。

(2)试样若为纱线,在操作步骤中,不需输入试样的重量。

(3)载玻片与盖玻片要洁净,尽量不要有与纤维片段近似尺寸的灰尘杂质。

(4)切片取样前,应将拆分的纱线混合均匀。

六、实验报告(表2-9)

表2-9 实验报告

实验结果	试样名称	经 向	纬 向
	纤维名称		
	测量根数		
	总根数		
	直径(μm)		
	$CV(\%)$		
	纤维含量(%)		
	混纺比		

任务三 用化学分析法分析三组分混纺制品的纤维含量

一、任务描述

参照表2-10实验方案,用化学溶解法对已知毛黏涤混纺织物进行纤维含量分析,确定其混纺比例。

表2-10 实验方案

实验条件	第一阶段	第二阶段
毛/黏/涤试样(g)	x	y
次氯酸钠溶液(mL/g 试样)	100	—
75%硫酸(mL/g 试样)	—	100
温度(℃)	20±2	50±5
时间(min)	40	60

二、实验准备

1. 仪器设备 电子天平、称量瓶、有塞锥形瓶(250mL)、玻璃砂芯坩埚、吸滤瓶、量筒(100mL)、烧杯、干燥器、剪刀、温度计(100℃)、玻璃棒、恒温水浴锅、烘箱。

2. 染化药品 氢氧化钠、硫酸、冰醋酸、氨水、次氯酸钠(均为化学纯)。

3. 实验材料 毛/黏/涤纱线或织物。如试样为纱线则剪成1cm 长;如试样为织物,应将其拆成纱线或剪成碎块(注意每个试样应包含组成织物的各种纤维组成);每个试样取两份,每份试样 1g。

4. 溶液准备

(1)碱性次氯酸钠溶液。在 1000mL 浓度为 1mol/L 的次氯酸钠溶液中加入氢氧化钠 5g。

(2)0.5%醋酸溶液。吸取 5mL 冰醋酸用 1000mL 水稀释。

(3)75%硫酸溶液(详见本项目任务一)。

(4)稀氨水溶液(详见本项目任务一)。

三、方法原理

利用羊毛、黏胶、涤纶三种纤维对化学试剂的稳定性差异,选择合适浓度的碱性次氯酸钠溶解羊毛纤维,硫酸溶解黏胶纤维,最终保留涤纶。通过逐个溶解、称重,由不溶解纤维的重量分别算出各组分纤维的百分含量。

四、操作步骤

1. 试样准备 同本项目任务一。

2. 烘干称重 将制备好的试样放入称量瓶内,在(105 ± 3)℃下烘至恒重,冷却后准确称取试样干重M。

3. 第一阶段溶解 将已称重的试样放入烧杯中,每克试样加入100mL碱性次氯酸钠溶液,在不断搅拌下,于(20 ± 2)℃左右处理40min。待羊毛充分溶解后,用已知干重的玻璃砂芯坩埚过滤。然后用少量次氯酸钠溶液洗3次,蒸馏水洗3次,再用0.5%醋酸溶液洗2次,用蒸馏水洗至中性。

4. 烘干称重 将玻璃砂芯坩埚及不溶纤维于(105 ± 3)℃烘至恒重,移入干燥器冷却、称重,可得不溶纤维重量R_1。

5. 第二阶段溶解 将上述不溶试样放入锥形瓶中,每克试样加75%硫酸溶液100mL,盖紧瓶塞,摇动锥形瓶使试样浸湿。将锥形瓶保持(50 ± 5)℃、60min,并每隔10min用力摇动1次。待试样溶解后经过滤、清洗、烘干后称取干重R_2。

6. 结果计算 按下式计算各组分纤维净干重含量百分率。

$$涤纶含量百分率 = \frac{R_2}{M} \times 100\%$$

$$黏胶纤维含量百分率 = \frac{R_1}{M} \times 100\% - 涤纶含量百分率$$

$$羊毛含量百分率 = 100\% - 黏胶含量百分率 - 涤纶含量百分率$$

五、说明

此法也适用于毛/棉/涤、丝/黏/涤、毛/麻/涤产品的纤维含量分析。其他三组分及四组分混纺制品的纤维含量分析建议方案见表2-11和表2-12。

表2-11 常见三组分混纺制品的纤维含量分析建议方案

第一组分	第二组分	第三组分	应用方法与步骤
羊毛、蚕丝	黏胶纤维	棉、麻	(1)碱性次氯酸钠溶解羊毛或蚕丝 (2)甲酸/氯化锌溶解黏胶纤维
羊毛、蚕丝	锦纶	棉、麻、黏胶纤维	(1)碱性次氯酸钠溶解羊毛或蚕丝 (2)80%甲酸溶解锦纶
羊毛	棉、麻、黏胶纤维	涤纶	(1)碱性次氯酸钠溶解羊毛 (2)75%硫酸溶解棉、麻、粘
羊毛	蚕丝	涤纶	(1)75%硫酸溶解蚕丝 (2)碱性次氯酸钠溶解羊毛

纤 维 组 成			应用方法与步骤
第一组分	第二组分	第三组分	
羊毛	蚕丝	棉	(1)碱性次氯酸钠溶解羊毛、蚕丝 (2)75%硫酸溶解蚕丝、棉
羊毛	锦纶	涤纶	(1)碱性次氯酸钠溶解羊毛 (2)80%甲酸溶解锦纶
锦纶	腈纶	棉、麻、黏胶纤维	(1)80%甲酸溶解锦纶 (2)二甲基甲酰胺溶解腈纶
锦纶	棉、麻、黏胶纤维	涤纶	(1)80%甲酸溶解锦纶 (2)75%硫酸溶解锦、棉、麻、黏胶纤维
黏胶纤维	棉、麻	涤纶	(1)甲酸/氯化锌溶解黏胶纤维 (2)75%硫酸溶解棉、麻

表 2-12　常见四组分混纺制品的纤维含量分析建议方案

编号	纤维组成	应用方法与步骤
1	羊毛、锦纶、腈纶、黏胶纤维	(1)1mol/L 次氯酸钠溶解羊毛 (2)80%甲酸溶解锦纶 (3)二甲基甲酰胺溶解腈纶
2	羊毛、锦纶、苎麻、涤纶	(1)1mol/L 次氯酸钠溶解羊毛 (2)80%甲酸溶解锦纶 (3)75%硫酸溶解苎麻
3	羊毛、腈纶、棉、涤纶	(1)1mol/L 次氯酸钠溶解羊毛 (2)二甲基甲酰胺溶解腈纶 (3)75%硫酸溶解棉
4	蚕丝、黏胶纤维、棉、涤纶	(1)1mol/L 次氯酸钠溶解蚕丝 (2)甲酸/氯化锌溶解黏胶纤维 (3)75%硫酸溶解棉
5	蚕丝、锦纶、腈纶、涤纶	(1)1mol/L 次氯酸钠溶解蚕丝 (2)80%甲酸溶解锦纶 (3)二甲基甲酰胺溶解腈纶
6	锦纶、棉、羊毛、蚕丝	(1)80%甲酸溶解锦纶 (2)1mol/L 次氯酸钠溶解羊毛、蚕丝 (3)75%硫酸溶解蚕丝、棉、锦纶 (1)1mol/L 次氯酸钠溶解羊毛、蚕丝 (2)剩余纤维用80%甲酸溶解锦纶 (3)75%硫酸溶解蚕丝、棉、锦纶 (1)80%甲酸溶解锦纶 (2)剩余纤维用1mol/L 次氯酸钠溶解羊毛、蚕丝 (3)75%硫酸溶解蚕丝、棉、锦纶

六、实验报告(表2-13)

表2-13 实验报告

试样名称 干燥重量		毛黏涤混纺制品	
		试样1	试样2
试样干重 $M(g)$			
不溶纤维干重(g)	R_1		
不溶纤维干重(g)	R_2		
涤纶纤维含量(%)			
黏胶纤维含量(%)			
羊毛纤维含量(%)			
平均纤维含量(涤:黏:羊毛)(%)			

项目三　测定织物的耐用性能

织物在加工及其使用过程中,要受到拉伸、撕裂、顶裂、磨损等破坏,这些都直接关系到织物的使用性能和使用寿命。其中,织物的耐磨性是影响耐用性能的主要指标,它是织物强力、延伸度和回弹性三种力学性能的综合表现。织物的强力包括拉伸强力、撕破强力、顶破强力等,考核织物的力学性能,有助于了解纤维制品的耐用性能(endurance),并且可以判断织物在染整加工过程中的损伤程度。

本项目的教学目标是使学生学会各种强力、耐磨性、起毛起球性等物理指标的测试方法,对常用的测试仪器与设备能正确使用并安全操作。

任务一　测定织物的拉伸强力

纺织品在加工、服用过程中经常承受各种方向的拉伸力,它是导致织物损坏的作用力的主要形式。织物拉伸断裂性能的基本指标包括:断裂强力、断裂伸长率、断裂长度、断裂功等。其中织物的断裂强力是用来评价染整产品内在质量的重要指标之一。如棉织物漂白方法选择不当、工艺条件控制不合理,可能导致强力下降。所以,了解织物强力的测定方法,有助于合理控制染整加工工艺条件,保证产品质量。

一、任务描述

在纯棉和涤/棉织物,或经染整加工前后的织物中任选一组试样进行拉伸强力(tensile strength)实验,分析比较两种织物的断裂强力及断裂伸长率。

二、实验准备

1. 仪器设备 HD026N型多功能电子织物强力仪、剪刀、钢尺、镊子、笔、挑针、烘箱。

2. 实验材料 同种组织规格的纯棉、涤/棉织物各一块,或经漂白前后的纯棉织物各一块。

三、方法原理

织物拉伸强力的测试是通过给规定尺寸的试样以恒定伸长速率,使其伸长,直至断脱,记录断裂时的最大拉力和伸长(分别称为断裂强力和断裂伸长)。

四、操作步骤

1. 试样准备

(1)在距布边约150mm处剪取330mm×60mm的经、纬向试样各5条(另加预备试样1~2条),按平行法(图2-2)或梯形法(图2-3)裁样。

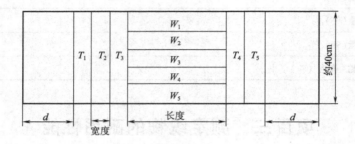

图2-2 平行法裁样示意图

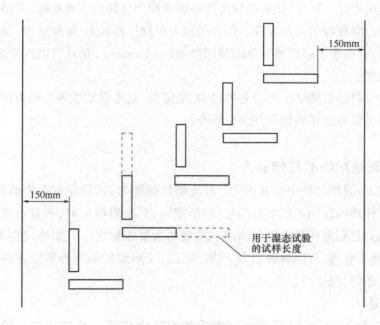

图2-3 梯形法裁样示意图

(2)沿着条样长度方向,扯去边纱,使条样的有效宽度为(50±0.5)mm(不包括毛边)。

2. 仪器调试

(1)接通电源,开启"电源"开关(图2-4),仪器自动进入自检状态,30s后如果自检不正常,屏幕会出现"警告",按警告提示操作,直至自检正常。

(2)按"设置"键进入设置状态(图2-5),按屏幕提示进行各种参数设置。

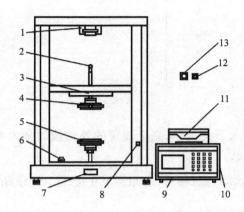

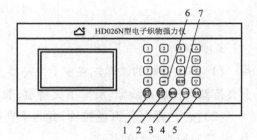

图2-4　HD026N型多功能电子织物强力仪整机示意图　　　　图2-5　控制箱面板键功能示意图

1—顶破夹持器　2—顶破头　3—传感器　4—上夹持器　　　　1—拉伸/停止键　2—返回/停止键　3—删除键
5—下夹持器　6—水平泡　7—产品铭牌　8—启动按钮　　　　4—打印键　5—复位键
9—控制箱　10—电源开关　11—打印机　　　　　　　　　　　6—↵键　7—设置键
12—传感器插座　13—控制电缆插座

(3)使用外置预加张力夹夹持时,设置参数项中预加张力必须设为"0",使用内置预加张力时,在设置参数中设置好"预加张力"值。根据试样单位面积质量确定预加张力(表2-14)。

表2-14　预加张力的确定

单位面积(g/m²)	预加张力(N)	单位面积(g/m²)	预加张力(N)
≤200	2	>500	10
>200 且≤500	5		

(4)根据断裂伸长率选择拉伸速度。织物断裂伸长率与拉伸速度及隔距长度的关系(表2-15)。

表2-15　织物断裂伸长率与拉伸速度及隔距长度的关系

隔距长度(mm)	织物断裂伸长率(%)	伸长速率(%/min)	拉伸速度(mm/s)
200	<8	10	20
200	≥8 且≤75	50	100
100	>75	100	100

(5)设置完成后,按"↵"键二次返回设置主菜单,再按"↵"键一次,进入工作状态。定速拉伸试验操作工作状态屏幕显示:

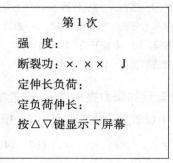

```
          第0次
力  值: 0.00        N
力峰值: 0.00        N
伸  长: 0.00        mm
伸长率: 0.00        %
时  间: 0.00        s
```

3. 测试

(1)将准备好的试样先夹在上夹持器上,再嵌入下夹持器,夹上规定的外置预加张力夹,将上夹持器略松后再旋紧,旋紧下夹持器,取下张力夹。

(2)按"启动"键,开始拉伸,此时下夹钳向下运动,直到夹入的布样发生断裂。记录断裂强力、断裂伸长或断裂伸长率。

(3)一次拉伸结束后,按"△""▽"键,屏幕显示:

```
          第1次
力  值: 0.00        N
力峰值: ×.×××       N
伸  长: ×.×××       mm
伸长率: ×.×××       %
时  间: ×.××        s
按△▽键显示下屏幕
```

```
          第1次
强  度:
断裂功: ×.××        J
定伸长负荷:
定负荷伸长:
按△▽键显示下屏幕
```

(4)如果试样在钳口处滑移不对称或滑移量大于2mm时,测试结果无效,应重新实验。如果试样在钳口5mm以内断裂,则作为钳口断裂。当五块试样测试完毕,若钳口断裂的值大于最小的"正常值",可以保留;若小于最小的"正常值",应重新实验以取得五个"正常值"。

4. 结果计算

(1)快速试验是在一般温湿度条件下进行的,所以实测结果应根据实际回潮率和温度加以修正。

修正强力 = 织物强力修正系数 × 实测织物的平均强力

若强力计算结果 < 100N,修约至 1N;≥100N 且 < 1000N,修约至 10N;≥1000N,修约至 100N。

(2)平均断裂伸长率为经(纬)向断裂伸长率各以其算术平均值作为结果,当平均值在8%及以下时,修约至 0.2%;大于8%且小于50%时,修约至 0.5%;50% 及以上时,修约至 1%。

五、注意事项

(1)此法适用于机织物,也适用于其他技术生产的织物(如针织物、非织造布、涂层织物及其他类型的纺织织物),但不适用于弹性织物、纬平针织物、罗纹针织物、土工布、玻璃纤维织物等。

（2）试样必须夹持平整、垂直，必须无张力或者张力小于设定张力值。

（3）在完成一次拉伸后，如按打印键不起作用，请检查打印机电源是否开启，打印机是否缺纸。

（4）若测定漂白前后试样的强力变化，漂白后试样最好经碱煮后再测定。

（5）如果试样宽度不是(50 ± 0.5)mm，则需另作说明。

六、实验报告（表2 - 16）

表2 - 16　实验报告

试样名称\\实验结果								
	经　向		纬　向		经　向		纬　向	
	强力(N)	伸长率(%)	强力(N)	伸长率(%)	强力(N)	伸长率(%)	强力(N)	伸长率(%)
平均值								
修正系数								
修正强力								

任务二　测定织物的撕破强力

一、任务描述

在纯棉和涤/棉织物，或经染整加工前后的织物中任选一组试样，采用冲击摆锤法或梯形法进行撕破强大(tearing stkenqth)实验，分析比较两种织物的撕破强力。

二、实验准备

1. 仪器设备　YG033A 织物撕裂仪、织物强力试验机、米尺、剪刀、笔、镊子、划样板。

2. 实验材料　同种组织规格的纯棉、涤/棉织物各一块，或经染整加工前后织物各一块。

三、方法原理

冲击摆锤法撕破是将试样固定在铗钳上，将试样切开一个切口，释放处于最大势能位置的摆锤，可动铗钳离开固定铗钳时，试样沿切口方向被撕裂，把撕破织物一定长度所做的功换算成撕破力。

梯形法撕破是在试样上画一个梯形，用强力试验仪的铗钳夹住梯形上两条不平行的边，对试样施加连续增加的力，使撕破沿试样宽度方向传播，测定平均最大撕破力。

四、操作步骤

1. 冲击摆锤法

（1）在距布边150mm 左右处，按冲击摆锤法划样板划取经、纬试样各5 块（图2 - 6），要求不含严重疵点，并且各试条长、短边线与布面的经、纬纱线相平行。

（2）调整水平调节螺栓（图2 - 7），保持仪器水平状态。用座标纸或普通纸模拟织物装夹好后，拉动撕裂刀把，试样切口长度应调节为(20 ± 0.2)mm。

（3）选择摆锤质量，使试样的测试结果落在相应标尺的15% ~85%范围内。

（4）竖起扇形锤，使扇形锤定位，将指针靠紧指针挡板，按下止脱执手使扇形锤自由落下，

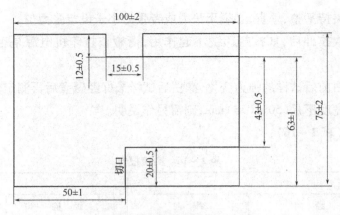

图2-6　冲击摆锤法划样板示意图（单位：mm）

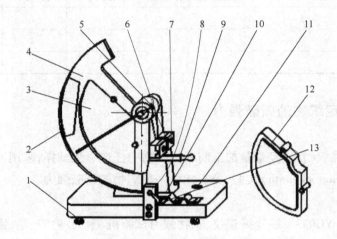

图2-7　YG033A落锤式织物撕裂仪结构示意图

1—水平调节螺栓　2—力值标尺　3—小增重锤A　4—扇形锤　5—指针调节螺钉

6—动夹钳　7—固定夹钳　8—止脱执手　9—撕裂刀把　10—扇形锤挡板

11—水平泡　12—大增重锤B　13—指针挡板

在扇形锤回摆时用手抓住扇形锤，勿使指针受到干扰，指针应停在"0"位上。如有偏差应调整指针调节螺钉，然后再重复上述方法，使指针能正确对准"0"位为止。

（5）仪器校正零位后，将摆锤升到起始位置。装夹试样，使试样长边与铗钳的顶边平行，且位于中心位置，缺口朝上。

（6）拧紧两夹钳螺母，试样的上部保持自由，并朝向扇形锤，拉动撕裂刀把，剪开20mm长度切口。

（7）拉动止脱执手，使扇形锤自由落下，试样全部撕裂，并在回摆时用手抓住扇形锤，目测指针读数，记录撕破强力（单位：N）。并检查结果是否落在所用标尺的15%～85%范围内。

（8）重复以上操作，经、纬向各五次，计算平均值。

2. 梯形法

（1）在距布边150mm处，按梯形法划样板剪取经、纬向试样各5块（图2-8），条样尺寸为

75mm×150mm。用样板在每个试样上画等腰梯形,并在梯形短边的正中处,开剪一条15mm长的剪缝。

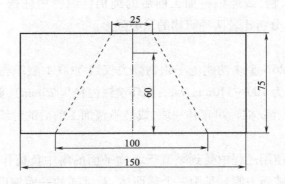

图2-8　梯形试样划样板示意图(单位:mm)

(2)开启织物强力试验仪,设定两铗钳间距离为(25±1)mm,拉伸速度为100mm/min,选择适宜的负荷范围,使断裂强力落在满刻度的10%~90%范围内。

(3)沿梯形不平行两边夹住试样,使切口位于两铗钳中间,梯形短边保持拉紧,长边处于折皱状态。

(4)启动仪器,下布钳下降,直至条样全部撕裂,读取最高撕破强力值,并记录。

(5)重复以上操作,经、纬向各5次,计算5块试样的撕破强力平均值。

五、注意事项

(1)试样必须夹牢,否则两面受力不匀将影响测试结果。

(2)观察撕裂是否沿力的方向进行,纱线是否从织物上滑移而不是被撕裂。如果织物未从铗钳口滑移,撕破一直在15mm宽的凹槽区内,说明实验是正常的,否则结果需剔除。如果5块试样中有3块或3块以上被剔除,说明此方法不适用。

(3)织物的撕破强力试验与织物拉伸试验一样,要求在标准大气条件下进行,否则要按织物的实际回潮率进行修正,修正公式和修正系数按GB/T 8170—2008《数值修约规则与极限数值的表示和判定》。

(4)冲击摆锤法不适用于机织弹性织物与稀疏织物,梯形试样撕破强力的测定适用于各种机织物。

六、实验报告(表2-17)

表2-17　实验报告

试样名称 实验结果				
	经　向	纬　向	经　向	纬　向
平均撕破强力(N)				
修正系数				
修正撕破强力(N)				

任务三　测定织物的顶破强力

一、任务描述

在纯棉和涤/棉针织物,或经染整加工前后的纯棉针织物中任选一组试样进行顶破强力(bursting strength)实验,分析比较两种织物的顶破强力。

二、实验准备

1. 仪器设备　HD026N 型多功能电子织物强力仪或 YG031 型织物顶破强力机(顶破钢球直径为 20mm,下降速度为 100 ~ 110mm/min,圆环铗钳内径为 25mm)、剪刀、圆形划样板。

2. 实验材料　纯棉、涤/棉针织布各一块,或经染整加工前后的针织物各一块。

三、方法原理

顶破强力纺织品在使用过程中受到垂直于织物平面的集中负荷作用(如膝、肘等部位)而鼓起扩张直至破损。顶破强力测试是用一个球面体,对试样的一面施以垂直的压力,直至试样破裂。

四、操作步骤

(1)在距布边 150mm 处,剪取直径为 50mm 圆形试样 5 块(图 2 - 9)。

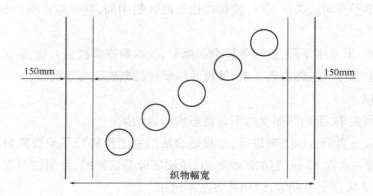

图 2 - 9　顶破强力取样示意图

(2)参照本项目任务一的仪器操作方法,开启"电源"开关(图 2 - 6),仪器自检结束自动进入工作状态,选择顶破强力测试功能,设定试验参数。设定完毕,按"↵"键回到工作界面。

(3)将试样装入圆形顶破夹样器夹紧,然后把夹样器放到支座上定位(图 2 - 6)。按启动按钮,顶破头向上移动(单一功能的顶破强力仪是向下运动),跟踪力值显示实时的力值。

(4)当试样被顶破后,顶破头稍作停顿便自动回到起始位置,"破裂强力"显示一栏中显示最大的破裂强力,"顶破伸长"显示一栏中显示顶破伸长值。

(5)重复以上操作 5 次,计算 5 块试样的顶破强力平均值。

(6)若试验是在非标准实验条件下进行,则所测得的实际顶破强力,应根据试样的实际回潮率修正。顶破实验完毕后,将全部试样烘干测算出其回潮率后,按下式计算修正强力:

$$修正强力 = 实测顶破强力平均值 \times 换算系数$$

五、注意事项

棉、毛针织物顶破强力换算系数见表2-18,换算系数因针织物的品种而异。

表2-18 顶破强力换算系数

回潮率(%)	7.0	7.1	7.2	7.3	7.4	7.5	7.6	7.7	7.8	7.9
换算系数 K	1.0234	1.0208	1.0182	1.0157	1.0133	1.0109	1.0036	1.0064	1.0042	1.0021
回潮率(%)	8.0	8.1	8.2	8.3	8.4	8.5	8.6	8.7	8.8	8.9
换算系数 K	1.0000	0.9979	0.9960	0.9941	0.9922	0.9904	0.9887	0.9869	0.9853	0.9836
回潮率(%)	9.0	9.1	9.2	9.3	9.4	9.5	9.6	9.7	9.8	9.9
换算系数 K	0.9820	0.9805	0.9709	0.9775	0.9760	0.9746	0.9732	0.9719	0.9706	0.9693

六、实验报告(表2-19)

表2-19 实验报告

实验结果＼试样名称		
平均顶破强力(N)		
实测回潮率(%)		
修正系数		
修正顶破强力(N)		

任务四 测定织物的耐磨性

一、任务描述

在纯毛和毛/涤织物或纯棉和涤/棉织物中任选一组试样进行平行实验,比较两种织物的耐磨性(wear resistance)。

二、实验准备

1. 仪器设备 YG522N型织物耐磨试验仪、米尺、划样板、剪刀、天平。

2. 实验材料 纯毛、毛/涤织物各一块,或纯棉、涤/棉织物各一块。

三、方法原理

织物的耐磨性是指织物抵抗各种磨损的特性。实验时,将圆形织物试样固定在工作圆盘上,工作圆盘匀速回转,利用砂轮对试样产生的摩擦作用而使试样形成环状磨损,通过称量磨前和磨后织物的质量,可计算出织物质量减少率,以表征织物的耐磨性能。

四、操作步骤

(1)距布边约150mm处取样,将织物剪成直径为125mm的圆形试样5~10块,在试样中央剪一个小孔,用天平称其重量(精确至0.01g)。

(2)抬起加压臂(即左右方砂轮磨盘),将准备好的试样装在工作盘上(图2-10),用内六角扳手旋紧圆箍上的螺丝,然后将垫片压在试样上面的中心,并将螺帽旋紧。

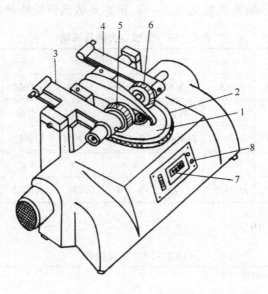

图2-10 YG522N型织物耐磨试验仪示意图

1—试样 2—工作圆盘 3—左方支架 4—右方支架

5—左方砂轮磨盘 6—右方砂轮磨盘 7—计数器 8—开关

(3)选用合适类型的砂轮,将压力调节至适当范围(表2-20)。砂轮磨盘对试样的加压重量为:支架重量(250g)+砂轮重量+加压重锤重量-平衡重锤或平衡砂轮重量。

(4)在计数器上设置好需要实验的转数,将计数器转至零位,并将吸尘器的吸尘软管插在耐磨机上。

表2-20 不同类型织物适用砂轮类型及加压重量

织物类型	砂轮类型	加压重量(不含砂轮重量)(g)
粗厚织物	A-100	750(或1000)
一般织物	A-150	500(或750、250)
薄型织物	A-280	125(或250)

(5)分别插上耐磨机、吸尘器的电源插头,开启电源开关,使耐磨仪和吸尘器同时工作。

(6)一组实验结束后关闭电源开关,停车后将加压臂、吸尘管抬起,取下试样换上新的试样,清理砂轮后,可继续进行实验。

(7)重复上述操作,每种试样平行做5~10次,然后将试样合并称重。

(8)计算试样磨损程度。若试样重量减少率越大,织物耐磨性能越差。

$$织物重量减少率 = \frac{G - G_1}{G} \times 100\%$$

式中:G 为磨损前试样的重量;G_1 为磨损后试样的重量。

五、注意事项

(1)测试温度对测试结果有一定的影响,所以应在一定的环境温度下测试。

(2)也可记录当试样上出现两根以上的纱线磨断或出现一定面积的破洞时的摩擦次数作为耐磨性评价指标。

六、实验报告(表2-21)

表2-21 实验报告

实验结果　　　　　　　试样名称		
磨前重量(g)		
磨后重量(g)		
平均重量减少率(%)		
耐磨性能评价		

任务五 测定织物的起毛起球性

一、任务描述

在纯毛、毛/涤、涤纶仿毛织物三种试样中任选两种试样进行平行实验,比较它们的起毛起球性能(pilling tendency)。

二、实验准备

1. 仪器设备 YG502N 型织物起毛起球仪、机织毛毡(重 578~678g/m² 、厚度约 1.8mm)、试样垫片(聚氨酯泡沫塑料,相对密度为 0.04g/cm³ ,厚度为 3mm)、圆形冲样器或模板、笔、剪刀、标准样照、评级箱。

2. 实验材料 纯毛织物、毛/涤织物、涤纶仿毛织物各一块。

三、方法原理

织物起毛起球性测试时,装在磨头上的试样在规定压力下与磨台上的自身织物磨料相互摩擦一定次数,使织物表面起球。试样与磨料相对运动轨迹为李莎茹(Lissa-jous)图形。然后在规定光照条件下,将磨过的试样对比标准样照,评定起球等级。

四、操作步骤

(1)在距布边约 100mm 处,随机切取两组试样,一组为 4 块 40mm 直径的试样,另一组为 4 块 140mm 直径的磨料。

(2)将试样牢固地装夹在试样夹头上(图2-11),保持试样的测试面朝外。若测试织物小于 500g/m² 时,可在试样和试样夹金属塞块之间垫一块聚氨酯泡沫塑料。

(3)按标准规定,调整试样夹头,加压重锤,并设置摩擦次数(表2-22)。

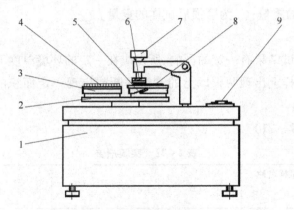

图2-11 YG502N型织物起毛起球仪

1—机体 2—磨台旋转活动架 3—尼龙刷高度调节螺母 4—尼龙刷
5—磨料夹 6—试样夹头 7—重锤 8—磨料 9—启动键

表2-22 摩擦参数类别的设定

参数类别	压力(cN)	起毛次数	起球次数	适用织物类型
A	590	150	150	工作服面料、运动服装面料、紧密厚重织物等
B	590	50	50	合成纤维长丝外衣织物等
C	490	30	50	军需服(精梳混纺)面料等
D	490	10	50	化纤混纺、交织织物等
E	780	0	600	精梳毛织物、轻起绒织物、短纤纬编针织物、内衣面料等
F	490	0	50	粗梳毛织物、绒类织物、松结构织物等

注 1. 表中未列的其他织物可以参照表中所列类似织物或按有关各方商定选择参数类别。

2. 根据需要或有关各方协商同意,可以适当选择参数类别,但应在报告中说明。

(4)放下试样夹头,使试样与毛刷平面接触。按下"启动键",仪器开始运转,当到达预置次数时,仪器停止工作,一次起毛实验完成。

(5)将磨台旋转活动架提起,转动180°后放下,使磨料处在工作位置。

(6)放下试样夹头,使试样与磨料平面接触。按下"启动键",仪器开始运转,当到达预置次数时,仪器停止工作,一次起球试验完成。

(7)取下试样,在评级箱内对比评级样照给每块试样评级,如果介于两级之间,记为半级,如3.5级。

5级:无变化;

4级:表面轻微起毛和(或)轻微起球;

3级:表面中度起毛和(或)中度起球,不同大小和密度的球覆盖试样的部分表面;

2级:表面明显起毛和(或)起球,不同大小和密度的球覆盖试样的大部分表面;

1级:表面严重起毛和(或)起球,不同大小和密度的球覆盖试样的整个表面。

（8）以 4 块试样的平均值（级）表示试样的起球等级。计算平均值，修约到小数点后两位。如小数部分小于或等于 0.25，则向下一级靠；如大于或等于 0.75，则向上一级靠；如大于 0.25 且小于 0.75，则取 0.5。

五、注意事项

由于目测评定的主观性，建议至少两人参与对试样的评级。

六、实验报告（表 2—23）

表 2—23　实验报告

试样名称 实验结果		
平均起球等级		
起毛起球性能评价		

☞ 复习指导

1. 主要纺织纤维的化学组成、燃烧特征、形态、化学溶解性能等。

2. 纺织材料成分分析的方法、基本原理、操作步骤及使用范围。

3. 两组分及多组分纤维混纺产品定量分析的测试原理及操作方法。

4. 涤/棉、毛/涤、毛/黏等常见织品纤维含量的分析方法，了解新型纤维混纺产品纤维含量的分析要点。

5. 织物的拉伸强力、撕破强力、顶破强力、耐磨性、起毛起球性、悬垂性测试的基本方法、结果评定及对测试结果影响因素的分析。

☞ 思考题

1. 分析燃烧法鉴别纤维的优缺点。

2. 试分析在鉴别棉、毛、麻、丝、黏胶纤维、醋酯纤维、涤纶、锦纶、腈纶等纤维时，采用哪些方法比较简便、快速、可靠？

3. 纺织纤维切片制作时应该注意些什么？

4. 写出混纺织物定量分析的一般步骤。

5. 根据所测试的结果，分析被测织物强力差异的原因，并说明影响织物拉伸性能的因素有哪些？

6. 分析影响织物耐磨性能的因素有哪些？

7. 分析影响顶破强力和撕裂强力的因素有哪些？

8. 根据织物起毛起球实验结果，分析影响起毛起球性的因素有哪些？结合自己的服装穿着情况，你认为哪些织物容易起毛起球？

参考文献

[1] 全国纺织品标准化技术委员会基础标准分会. FZ/T 01057.2—2007 纺织纤维鉴别试验方法 第2部分:燃烧法[S]. 北京:中国标准出版社,2008.

[2] 全国纺织品标准化技术委员会基础标准分会. FZ/T 01057.3—2007 纺织纤维鉴别试验方法 第3部分:显微镜法[S]. 北京:中国标准出版社,2008.

[3] 全国纺织品标准化技术委员会基础标准分会. GB/T 2910.1~24—2009 纺织品 定量化学分析 第1~24部分[S]. 北京:中国标准出版社,2010.

[4] 湖南苎麻技术研究中心. FZ/T 30003—2009 麻棉混纺产品定量分析方法 显微投影法[S]. 北京:中国标准出版社,2000.

[5] 全国纺织品标准化技术委员会基础标准分会. FZ/T 01026—2009 纺织品 定量化学分析 四组分纤维混合物[S]. 北京:中国标准出版社,2009.

[6] 全国纺织品标准化技术委员会基础标准分会. GB/T 3923.1—2013 纺织品 织物拉伸性能 第1部分:断裂强力和断裂伸长率的测定(条样法)[S]. 北京:中国标准出版社,2014.

[7] 全国纺织品标准化技术委员会基础标准分会. GB/T 3917.1—2009 纺织品 织物撕破性能 第1部分:冲击摆锤法撕破强力的测定[S]. 北京:中国标准出版社,2010.

[8] 全国纺织品标准化技术委员会基础标准分会. GB/T 3917.3—2009 纺织品 织物撕破性能 第3部分:梯形试样撕破强力的测定[S]. 北京:中国标准出版社,2010.

[9] 全国纺织品标准化技术委员会基础标准分会. GB/T 19976—2005 纺织品 顶破强力的测定 钢球法[S]. 北京:中国标准出版社,2006.

[10] 全国纺织品标准化技术委员会基础标准分会. GB/T 21196.1—2007 纺织品 马丁代尔法织物耐磨性的测定 第1部分:马丁代尔耐磨试验仪[S]. 北京:中国标准出版社,2008.

[11] 全国纺织品标准化技术委员会基础标准分会. GB/T 4802.1—2008 纺织品 织物起毛起球性能的测定 第1部分:圆轨迹法[S]. 北京:中国标准出版社,2009.

模块三　印染助剂的分析与测试

印染助剂的种类很多,如无机类、有机类、表面活性剂类、非表面活性剂类等。表面活性剂(surface active agents)是染整加工中用量最大、品种最多、应用最广的助剂,它具有能缩短工序,减少能耗,降低污染,提高产品质量和生产效率,赋予产品特殊的性能和效果,提高产品附加值等作用。本模块重点介绍表面活性剂类,适当兼顾其他非表面活性剂类助剂,对于常规的酸、碱、氧化剂、还原剂等在模块十中介绍。

为了了解染整助剂的应用性能,更好地指导产品的开发、生产与应用,根据不同的需要常对助剂进行下列三类检测:

第一类常规检验,又称质量检验,根据企业标准或统一标准(国标或行标等),对商品助剂进行出厂检验或进厂验收。

第二类应用试验,根据工艺应用要求,对开发或应用的助剂进行试验,确保助剂能符合生产工艺要求,并保证染整产品获得优良的外观和预期的内在质量。

第三类分析研究,采用适当的仪器和方法,对助剂的化学组成进行分析,为助剂产品的开发和研究服务。

染整厂实际使用过程中以常规检验和应用试验为主。应用试验方法主要有两种,即对比法和模拟法。对比法是在相同条件下,将待测样品(试样)与对比样品(标样)进行平行试验,一般用于测定染整助剂的应用性能,如润湿(渗透)性、乳化性、分散性、去污性、匀染性、固色力等。模拟法是参照染整加工过程中的工艺条件进行小样试验,通过测定试验样品的相关性能,评判染整助剂产品的优劣或对生产工艺的适用性。此法大多用于染整助剂的应用性能测试和印染工艺的适应性试验,其结果比较直观、实用。

项目一　分析表面活性剂的基本性能

表面活性剂应用时首先应了解其含固量(solid content)、离子性(ionic)及非离子型表面活性剂的浊点(cloud point)等基本性能,其次是它们的工艺效果,如渗透力、分散力、洗涤力等。

本项目的教学目标是使学生了解表面活性剂含固量、浊点等的基本概念,掌握表面活性剂含固量、离子性和浊点测定的基本原理与方法。

任务一　测定表面活性剂的含固量

一、任务描述

对某印染助剂企业送检的样品进行含固量测定,要求平行实验 3 次。

二、实验准备

1. 仪器设备　恒温烘箱、干燥器、称量瓶、电子天平等。

2. 染化药品　待测样品。

三、方法原理

商品表面活性剂中除表面活性剂本身外,还含有挥发分及少量添加剂。挥发分是指沸点低于水的物质以及对热不稳定易分解或解聚的物质。一般情况下,商品表面活性剂中挥发分是水。若将待测样品经高温(105℃)烘干,水以及比水沸点低的物质被蒸发,残留部分为不挥发分。不挥发分重量与样品总重量之比即为含固量。

四、操作步骤

(1)将称量瓶烘干后放入干燥器中备用。

(2)迅速称取空称量瓶重量(W_0),然后用该称量瓶称取样品约 1g,并记录湿料瓶重量(W_1)。

(3)将湿料瓶置于105℃烘箱内烘至恒重(约 3~4h)后立即放入干燥器中。

(4)20~30min 后称取干料瓶重量(W_2)。

(5)按下式计算待测样品的含固量:

$$含固量 = \frac{W_2 - W_0}{W_1 - W_0} \times 100\%$$

五、注意事项

(1)平行实验条件要保持一致,特别要注意由称量瓶所导致的误差。

(2)含固量不能完全等同于助剂的有效成分。

六、实验报告(表3-1)

表3-1　实验报告

实验结果 ＼ 样品名称	1#	2#	3#
W_0(g)			
W_1(g)			
W_2(g)			
含固量(%)			
平均含固量(%)			

任务二　鉴别表面活性剂的离子性

一、任务描述

选择 3～4 只常用的表面活性剂样品(如扩散剂 NNO、渗透剂 JFC、匀染剂 1227、高温匀染剂 EH 等),采用亚甲基蓝—氯仿鉴别法,对其逐一进行鉴别。

二、实验准备

1. 仪器设备　容量瓶(1000mL)、具塞试管(25mL)等。

2. 染化药品　98% 硫酸、无水硫酸钠、氯仿(均为化学纯),亚甲基蓝(实验纯),磺化琥珀酸辛酯钠盐(渗透剂 OT)、待测样品(如扩散剂 NNO、渗透剂 JFC、匀染剂 1227、高温匀染剂 EH)等。

3. 溶液准备

(1)亚甲基蓝试液。称取 0.03g 亚甲基蓝,用水调溶,加入 12g 浓硫酸和 50g 无水硫酸钠,用蒸馏水稀释至 1000mL 待用。

(2)0.05% 磺化琥珀酸辛酯钠盐(渗透剂 OT)溶液。

(3)0.1% 待测样品溶液。

三、方法原理

亚甲基蓝—氯仿鉴别法是以对抗反应及其变化形式为基础的。亚甲基蓝实为碱性染料,在适当的条件下与阴离子表面活性剂反应,生成不溶于水的物质。可表示为:

$$R^-M^+ + R'^+X^- = R^-R'^+ + M^+X^-$$

式中:R^-M^+ 为阴离子表面活性剂;R'^+X^- 为碱性染料(亚甲基蓝);$R^-R'^+$ 为产物,一般不溶于水,但能溶于有机溶剂(如氯仿等);M^+X^- 为副产物,一般为可溶于水的盐类。

四、操作步骤

(1)吸取亚甲基蓝试液 8mL,置于 25mL 具塞试管中,加 5mL 氯仿。

(2)逐滴加入 0.05% 磺化琥珀酸辛酯钠盐溶液,每加一滴便盖上塞子剧烈摇动,静止使其分层,观察水层和氯仿层的色泽,若上下层色泽不一致,继续滴加,直至上下两层色泽深度相同为止(约 10～12 滴)。

(3)加入 2mL 0.1% 的待测样品溶液,摇动,静止使其分层。

(4)根据试管中上下层溶液颜色深浅判断结果:

①若氯仿层色泽深,水层几乎无色,则为阴离子型表面活性剂。

②若水层色泽深,则为阳离子型表面活性剂。

③若两层色泽大致相同,且水层呈乳液状,说明有非离子型表面活性剂存在。

五、注意事项

(1)若无渗透剂 OT,可用其他阴离子表面活性剂代替。

(2)若色泽不易分辨,可用 2mL 水代替试样作对照实验。

(3)由于试剂为酸性,因此对纯粹的羧酸盐类阴离子表面活性剂较难判别。

六、实验报告(表3-2)

表3-2 实验报告

实验结果＼待测样品	1#	2#	3#	4#
现象				
结论				

任务三 测定非离子表面活性剂的浊点

一、任务描述

任选2只非离子表面活性剂(如平平加O、渗透剂JFC等),采用不同的方法分别测定其浊点,每个样品至少重复实验2次。

二、实验准备

1. 仪器设备 试管、毛细管、烧杯(1000mL)、恒温水浴锅、温度计[100℃、150℃(分度为0.1℃)]、铜丝搅棒(图3-1)、锥形瓶(250mL)、量筒(100mL)、吸管、安瓿(外径14mm、内径12mm、高120mm)、具有加热的磁力搅拌器、电子天平等。

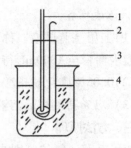

图3-1 浊点测定简易装置
1—温度计 2—铜丝搅棒
3—试管 4—烧杯

2. 染化药品 待测试样(可选择平平加O、渗透剂JFC)。

3. 溶液准备 称取待测样品0.5g(精确到0.01g),置于锥形中,加入100mL蒸馏水,使其完全溶解,制成待测样品溶液。

三、方法原理

浊点是指非离子表面活性剂溶液由均相变为非均值(即由清晰透明变为混浊)时的温度。若对一定浓度的表面活性剂溶液缓慢加热,溶液将从透明变为混浊,此时的温度即为浊点;或将表面活性剂溶液加热至液体完全不透明后,在不断搅拌下冷却,溶液又从混浊变为澄清,此时的温度称为浊点。

四、操作步骤

1. 简易法

(1)取待测样品溶液15mL于试管中,插入温度计,将试管移入烧杯中,水浴中慢慢加温。

(2)轻轻搅拌,直至溶液完全混浊,停止加温。

(3)将试管仍放置在烧杯中,轻轻搅拌溶液,使其缓慢冷却,记录溶液混浊消失呈透明状时的温度。

(4)平行测定两次,平行测定结果之差不要求大于0.5℃,计算平均浊点。

2. 安瓿法

(1)吸取待测样品溶液于安瓿中,深度控制在约40mm。

(2)用酒精灯将安瓿口封死,再用丝网将安瓿罩住,移入装有导热体的烧杯中,使安瓿上端

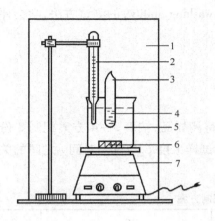

图 3-2　安瓿法测试装置示意图
1—安全屏　2—温度计　3—密封安瓿
4—试样溶液　5—加热浴
6—搅拌器　7—加热器

略伸出烧杯。为防止因封口不严而发生安瓿爆裂的现象，在装置前应放置安全玻璃或透明塑料保护屏。测试装置见图 3-2。

（3）将温度计插入加热浴内安瓿旁，开动磁力搅拌器并加热。

（4）当安瓿内液体变混浊时，停止加热。

（5）继续搅拌，使溶液冷却，记录溶液混浊完全消失时的温度。

（6）平行测定两次，每次结果误差要求不大于 0.5℃，计算平均浊点。

五、注意事项

（1）简易法适用于浊点在 10℃~90℃ 之间的样品，若测定高浊点样品时，可将 0.5g 待测样品溶解于 100mL 的 50g/L 氯化钠溶液中测定。

（2）安瓿法适用于浊点高于 90℃ 的样品，若在盐溶液中测定，可不用密封安瓿，但此法不很灵敏，且在盐溶液中得到的结果与密封安瓿法得到的结果没有简单的相关性。

（3）测定纯度较高的环氧乙烷衍生物时，在电导率极低的蒸馏水中，即使达到浊点，也仅能观察到澄清度略微降低的现象，此时可用 234g/L 氯化钠溶液代替蒸馏水测定。

（4）测定结果必须标明测定时所用的介质，如 5g/L 蒸馏水溶液的浊点、5g/L 溶液在密封安瓿内的浊点等。

六、实验报告（表 3-3）

表 3-3　实验报告

实验结果	样品名称	1#	2#	1#	2#
简易法	浊点（℃）				
	平均浊点（℃）				
安瓿法	浊点（℃）				
	平均浊点（℃）				

项目二　测定表面活性剂的应用性能

根据不同的印染加工工艺需要，对表面活性剂的作用要求不同，主要有渗透（润湿）、乳化、分散、起泡（消泡）、洗涤等作用。

本项目的教学目标是使学生掌握表面活性剂渗透力(penetrability)、乳化力(emulsifiabili-ty)、分散力(dispersibility)、起泡力(foamability)、洗涤力(washing ability)的测试方法,学会评价助剂的应用性能。

任务一　测定表面活性剂的渗透力

一、任务描述

1. 助剂浓度与沉降时间关系曲线的绘制　选择一待测样品,按表3-4方案配制8份溶液,分别测定不同浓度下表面活性剂的渗透力,然后绘制试样浓度 C 与沉降时间 t 之间的关系曲线。

表3-4　不同浓度助剂的配制方案

试样编号	C_1	C_2	C_3	C_4	C_5	C_6	C_7	C_8
试样浓度 C(g/L)	0.25	0.5	0.75	1.25	1.75	2.5	3.75	5.0
取50g/L样品溶液(mL)	2.5	5	7.5	12.5	17.5	25	37.5	50
加蒸馏水合成(mL)	500							

2. 渗透力比较实验　对前处理常用的两只渗透剂样品采用简易法进行渗透力测定,比较两者渗透力的大小。

二、实验准备

1. 仪器设备　高型烧杯(800mL、内径80mm)、秒表、420号鱼钩(约重24mg,也可用同重量的细钢针制成)、铁丝架(可用直径为2mm的镀锌铁丝制成),仪器设备详见图3-3。

2. 染化药品　待测样品(可选择渗透剂JFC、拉开粉BX等)。

3. 实验材料　棉帆布圆形试片,规格为27.77tex(21英支)3股×27.77tex(21英支)4股鞋面帆布,直径为35mm,质量为0.38~0.39g。

4. 溶液准备　50g/L待测样品溶液、0.1%待测样品溶液,或根据工艺要求制备。

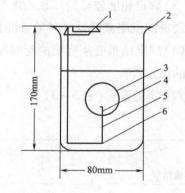

图3-3　帆布沉降法测试装置示意图
1—铁丝架　2—烧杯　3—帆布片　4—鱼钩
5—丝线　6—铁丝架小钩

三、方法原理

渗透是指液体润湿织物毛细管壁的过程。若将不易润湿的、规定重量的织物放入一定浓度的表面活性剂溶液中,织物被溶液润湿增重后下沉,通过测定织物完全润湿(即从接触溶液到沉降至某一位置)所需的时间,可以评价该表面活性剂的润湿(渗透)性能。若沉降时间短,表示该助剂的润湿性能好。也可通过调整助剂溶液浓度,使沉降时间相同来计算相对渗透力。

四、操作步骤

1. 助剂浓度与沉降时间关系曲线的绘制

(1)按表3-4的配制方案分别配取样品溶液500mL,置于800mL高型烧杯中(液面高105mm),静止,除去泡沫。

(2)用预先准备好的渔钩尖端钩住帆布试片(距试片边缘约2~3mm),鱼钩的另一端缚一根尼龙丝线,线端打一小圈,套入铁丝架底的小圆钩上。

(3)用镊子轻轻夹住帆布试片,随铁丝架进入液面,并达烧杯底中心处(铁丝架搁在烧杯边上),同时开启秒表。

(4)此时帆布试片浸浮于试液中(帆布圆片顶端距液面10mm,用尼龙丝线长短调节),随着试液进入纤维内部,帆布被润湿而开始下沉,当帆布试片降至烧杯底部时,按停秒表,记下沉降时间。

(5)以同样的操作平行测试3次,计算平均值。

(6)绘制试样浓度C与沉降时间t之间的关系曲线并比较不同试样的渗透性能。

2. 渗透力比较实验

(1)取0.1%待测样品溶液500mL,置于800mL高型烧杯中,静止,除去泡沫。

(2)将帆布试片轻轻平放于高型烧杯中的溶液表面,同时开启秒表。

(3)当帆布试片降至烧杯底部时,立即按停秒表,记录沉降时间。平行测试8~10次,计算平均值。

五、注意事项

(1)测试温度一般控制在(20±2)℃,为了解助剂在实际生产中的应用情况,也可以在给定条件下试验。

(2)缚尼龙丝线时,应控制丝线的长短,缚好后,最好在杯外比试一下,确保圆片浸浮在一定高度。

六、实验报告

1. 助剂浓度与沉降时间关系实验 记录测试结果(表3-5),以试样浓度C为横坐标,沉降时间t为纵坐标制图。

表3-5 助剂浓度与沉降时间的关系

实验结果　　　试样名称	C_1	C_2	C_3	C_4	C_5	C_6	C_7	C_8
平均沉降时间$t(s)$								

2. 渗透力比较实验 记录测试结果,比较不同样品的渗透性能(表3-6)。

表3-6 两只表面活性剂渗透性能的比较

实验结果　　样品名称	$1^\#$	$2^\#$	$3^\#$	…	$1^\#$	$2^\#$	$3^\#$	…
沉降时间$t(s)$								
平均沉降时间$t(s)$								
渗透力评价								

任务二 测定表面活性剂的乳化力

一、任务描述

选择分相法或比色法对两份待测样品进行乳化力测定,比较它们的乳化力大小。

二、实验准备

1. 仪器设备 具塞量筒(100mL)、秒表、天平、球形分液漏斗(60mL)、移液管(10mL、20mL、25mL)、容量瓶(25mL、50mL、100mL)、具刻度烧杯(50mL)、手持式转速表、水平振荡器、浆式搅拌器(图3-4)、分光光度计等。

2. 染化药品 液状石蜡、氯仿、无水硫酸钠(均为化学纯)船用内燃机燃料油(赛氏黏度 400 ~ 500s;20℃下密度 0.8872g/cm³)、待测样品(可选择平平加O、乳化剂 OP 等)。

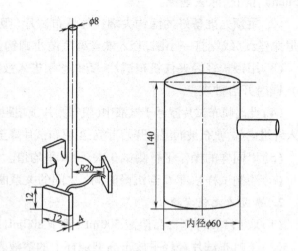

图 3-4 浆式搅拌器及圆柱形杯(单位:mm)

3. 溶液准备 25g/L 待测样品溶液(分相法)。

三、方法原理

两种互不相溶的液体,其中一相以微滴状分散于另一相而形成乳液,这种作用称为乳化作用。

分相法是将一定量不溶于水的油类(如白火油、有色油、石蜡等)加入含有乳化剂的水溶液中,用机械方法搅拌或振荡,使其生成乳液。经静置后,水、油两相逐渐分层。根据一定量的水或油分离出来所需要的时间来判断该助剂乳化力的大小。

比色法是将乳化剂与具有颜色的油类以一定比例充分混合后加入水中,经过振荡,生成乳化液。静止分层后,用溶剂萃取乳化层中的油,然后测定萃取液的吸光度 A。再从标准工作曲线上找到对应的乳化油量,从而计算出乳化力的大小。

四、操作步骤

1. 分相法

(1)分别取待测样品溶液 20mL,置于两只 100mL 具塞量筒中。

(2)加入 20mL 液蜡,加盖,在 34℃水浴中保温 5min。

(3)剧烈振荡 10 次后,在 34℃水浴中静置 1min,并重复操作 5 次。

(4)立即开启秒表,记录至水分达 10mL 刻度时的时间 t。

(5)根据所测得的时间,评价助剂的乳化力:若 $t_A > t_B$,即待测样品 B 的乳化力比标准样品 A 大。

2. 比色法

(1)配制测试混合物。称取燃料油 30g(精确至 0.1g),放入搅拌器中搅拌。再称取待测样品 0.6g(精确至 0.05g),滴加到正在搅拌的燃料油中。调节搅拌速度为 1400 ~ 1500r/min,搅

0.5h 后待用。

（2）制备标准工作曲线。称取燃料油 0.5g（精确至 0.001g），用氯仿稀释至 100mL。分别吸取 1mL、2mL、3mL、4mL、5mL、6mL，各稀释至 50mL，测定其吸光度 A 值。以测得的吸光度 A 值为横坐标，已知燃料油的含量（g/L）为纵坐标绘制标准工作曲线。

（3）样品的测定。

①在 3 只 60mL 分液漏斗中各加规定温度的蒸馏水 25mL，然后分别加入预先配制好的待测样品与燃料油混合物 0.2g（精确至 0.001g），再各加蒸馏水 25mL。

②将分液漏斗置于水平振荡器上，振荡 2min，然后垂直置于支架上静止 30s。放下乳化层溶液 30mL 于烧杯中，用移液管将溶液搅动均匀后吸取 10mL，放入另一 60mL 分液漏斗中。用氯仿约 50mL，分几次进行萃取，萃取液收集在 50mL 容量瓶中，直至刻度处。

③在 $\lambda = 400$nm 波长下，氯仿作为对比液，对 3 只容量瓶内的萃取液进行吸光度 A 测定。并依据吸光度 A 值，从标准工作曲线上找到对应的含油量。

（4）乳化力的计算。

$$乳化力 = \frac{乳化层中含油量}{加入油量} \times 100\% = \frac{C \cdot V \cdot 50/10}{M \cdot 30/(30 + 0.6)} \times 100\%$$

式中：C 为从工作曲线上查得的乳化油量（g/L）；V 为萃取液体积（L）；M 为加入乳化剂和燃料油的量（g）。

每只样品平行测试 3 次，且 3 次中至少 2 次结果的差不超过平均值的 5%。

五、注意事项

（1）分相法操作时摇荡用力要均匀。

（2）比色法操作时若发现萃取液较混浊，可加入无水硫酸钠进行脱水，使溶液呈褐色透明状。

六、实验报告

1. 分相法（表 3－7）

表 3－7　分相法实验报告

实验结果　　　样品名称		
分层时间 t（min）		
乳化力评价		

2. 比色法（表 3－8）

表 3－8　比色法实验报告

实验结果　　　样品名称	1#	2#	3#	1#	2#	3#
吸光度						

续表

实验结果 \ 样品名称	1#	2#	3#	1#	2#	3#
乳化力						
平均乳化力						
乳化力评价						

任务三　测定表面活性剂的分散力

一、任务描述

选择分散指数法或滤纸渗圈法对两只待测样品进行分散力测定,比较其分散力的大小。

二、实验准备

1. 仪器设备　具塞量筒(100mL)、天平、磁力加热搅拌器、容量瓶(500mL)、玻璃漏斗(φ8cm)、移液管(1mL、5mL)、刻度吸管(5mL、10mL、25mL)、DP-1型分散力测定仪、秒表、铅笔、不锈钢直尺、恒温水浴锅等。

2. 染化药品　油酸、无水碳酸钠、无水氯化钙、七水硫酸镁、无水乙醇、硫酸(均为化学纯),33%氢氧化钠溶液、快色素大红3RS(均为工业品),待测样品(选择分散剂NNO、平平加O等)。

3. 实验材料　快速定性滤纸(φ11cm)。

4. 溶液准备

(1)5g/L油酸钠溶液。称取油酸2.32g,加蒸馏水400mL,加热溶解,在加热搅拌下加入0.5g无水碳酸钠(分批加入),使溶液pH为9,并全部溶解。定量转移至500mL容量瓶中,用蒸馏水稀释至刻度,最终pH在8~9之间。

(2)1g/L碳酸钙硬水(相当于英国硬度70°)。以0.665g无水氯化钙及0.986g七水硫酸镁溶于水中,稀释至1000mL。

(3)2.5g/L待测样品溶液(分散指数法)、1g/L待测样品溶液和1g/L标样溶液(滤纸渗圈法)。

(4)1.00mol/L硫酸溶液。

(5)快色素大红3RS溶液。称取6g快色素大红3RS(精确至0.01g)于烧杯中,加无水乙醇6mL打浆,加33%氢氧化钠溶液6mL,搅拌均匀,加60℃蒸馏水88mL,搅拌配制成快色素大红3RS溶液,过滤,冷却至室温备用。

三、方法原理

将微粒状固体均匀地分散于液体中形成悬浮液,这种作用称为分散作用。

分散指数法是测定使生成的钙皂全部分散所需的样品的最低用量,从而对样品的分散性能进行评价。即将一定量的油酸钠或钠肥皂溶液与过量的氯化钙溶液混合生成钙皂,然后加入分散剂样品。根据溶液飘浮出钙皂絮状凝聚物的多少或分散在水中的钙皂多少来判断分散性的优劣。也可以根据产生相同量凝聚物所使用的助剂用量来计算样品的相对分散力。

滤纸渗圈法是在定量的快色素大红3RS溶液中,分别加入定量的分散剂标准样品溶液和待测样品溶液,在规定温度及搅拌情况下,加入定量的硫酸溶液,使快色素中的反式重氮盐转为顺式重氮盐,并与色酚偶合成红色不溶性偶氮染料粒子。然后将此溶液滴加到滤纸上,通过比较待测样品与标准样品的渗圈大小,计算分散剂的分散力。

四、操作步骤

1. 分散指数法

(1)取两只100mL具塞量筒,分别加入5g/L油酸钠溶液5mL和少量2.5g/L待测样品溶液(注意计量,不要过量),然后加入1g/L碳酸钙硬水10mL,再加30mL蒸馏水。

(2)加盖倒转20次,每次均回到起始位置静止30s,观察钙皂分散情况,若有凝聚沉淀,则说明分散剂用量不足,继续加待测样品溶液。

(3)重复上述操作,直至溶液呈半透明状,无大块凝聚物存在即为终点。

(4)记录所加待测样品溶液的V(mL),并计算分散指数$LSDP$值(%):

$$LSDP = \frac{V \times 2.5}{5 \times 5} \times 100\%$$

式中:$LSDP$为油酸钠在一定硬水中所需分散剂的质量分数。

2. 滤纸渗圈法

(1)设其中一只待测样品为标准样品,按表3-9所示分别吸取样品溶液,置于5只150mL烧杯中,加入规定量的蒸馏水。所吸取的样品溶液体积,可按其分散力范围调节。

表3-9　实验方案

试样序号 组　成	待测样品		标准样品		
	1#	2#	3#	4#	5#
1g/L样品溶液(mL)	28.5	30	28.5	30	31.5
快色素大红3RS溶液(mL)	5	5	5	5	5
1.00mol/L硫酸溶液(mL)	4	4	4	4	4
水(mL)	72	71	72	71	70
总体积(mL)	100	100	100	100	100

(2)分别加入快色素大红3RS溶液5.0mL后,置于恒温水浴锅(或冷水浴)中,保持温度在(20±2)℃。

(3)分别取出置于磁力搅拌器上,在相同的搅拌速度条件下,加硫酸溶液,直至测定液的颜色由清澈的红色变为混浊的红色即为终点,约4mL,搅拌2min,取下静置,将此测试液备用。

(4)把两张滤纸经纬向呈90°交叉重叠置于有机玻璃和玻璃板之间,用移液管从烧杯中部吸取1mL测试液,逐滴滴于有机玻璃板中心的小孔中。

(5)当最后一滴测试液渗入滤纸后,用秒表计时间,2min后把滤纸取出。

（6）立即用铅笔划出红色渗圈的最长直径 D_1，并在垂直于 D_1 方向划出直径 D_2（图 3-5），将滤纸晾干。

（7）按下式分别计算 5 个测试液的分散力，并分档清楚，即：$F_2 > F_1$，$F_5 > F_4 > F_3$

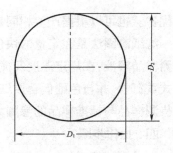

$$F = \frac{D_1^2 + D_2^2}{2}$$

式中：D_1 为红色渗圈区的最长直径（mm）；D_2 为与红色渗圈区最长直径呈垂直方向的直径（mm）。

图 3-5 滤纸扩散渗圈示意图

（8）把待测样品的 F_1 值分别与标准样品的 F_3、F_4、F_5 值比较：

若接近于 F_3 值，则待测样品的分散力值 P_1 按公式 $P_1 = \dfrac{F_1}{F_3} \times 100\%$ 计算；

若接近于 F_4 值，则待测样品的分散力值 P_1 按公式 $P_1 = \dfrac{F_1}{F_4} \times 105\%$ 计算；

若接近于 F_5 值，则待测样品的分散力值 P_1 按公式 $P_1 = \dfrac{F_1}{F_5} \times 110\%$ 计算。

（9）同理，把待测样品的 F_2 值分别与标样的 F_3、F_4、F_5 值比较：

若接近于 F_3 值，则待测样品的分散力值 P_2 按公式 $P_2 = \dfrac{F_2}{F_3} \times 95\%$ 计算；

若接近于 F_4 值，则待测样品的分散力值 P_2 按公式 $P_2 = \dfrac{F_2}{F_4} \times 100\%$ 计算；

若接近于 F_5 值，则待测样品的分散力值 P_2 按公式 $P_2 = \dfrac{F_2}{F_5} \times 105\%$ 计算。

（10）计算待测样品的分散力，即 $P = \dfrac{P_1 + P_2}{2}$，然后进行分散力的评定：

若待测样品的分散力为 100% ±1%，则评定为 100%；
若待测样品的分散力为 105% ±1%，则评定为 105%；
若待测样品的分散力为 101%～104% 之间，则评定为 100%～105%。

五、注意事项

（1）为准确判断分散指数法的终点，可以先加入碳酸钙硬水，然后计量滴加待测样品溶液，必要时还可以准备一只参照样作对比实验。接近终点时，待测溶液滴加速度要慢，且振荡应充分。

（2）滤纸圈法中 P_1 与 P_2 的绝对差值应小于 5%，若大于 5%，则需重新测定。

（3）本方法待测样品的 F 值若不在标准样品的 F 值范围内，则应调整样品用量（体积），重新配制测试液。标准样品和待测样品溶液浓度的配制，可视分散剂分散力大小而定。

六、实验报告

1. 分散指数法(表3-10)

表3-10 分散指数法实验报告

实验结果 \ 试样序号	1#	2#
	待测样品 A	待测样品 B
分散剂用量(mL)		
LSDP 值		
分散力评价		

2. 滤纸圈法(表3-11)

表3-11 滤纸圈法实验报告

实验结果 \ 试样序号	待测样品		标准样品		
	1#	2#	3#	4#	5#
F 值					
P_1 值;P_2 值					
P 值					
分散力评价					

任务四 测定表面活性剂的起泡力

一、任务描述

选择起泡比法或改进 Ross—Miles 法对两只待测样品进行起泡力测定,比较其起泡力的大小。

二、实验准备

1. 仪器设备 具塞量筒(100mL)、天平、刻度量筒(500mL)、容量瓶(1000mL)、恒温水浴(带有循环水泵)、泡沫仪{包括分液漏斗(容量 1000mL)、计量管[长 70mm,内径(1.9±0.02)mm,壁厚 0.3mm]、夹套量筒(容量 1300mL,刻度分度容量 10mL)、支架等}。仪器设备见图3-6~图3-9 等。

2. 染化药品 二水氯化钙(化学纯)、待测样品(可选择渗透剂 JFC、渗透剂 T 等)。

3. 溶液准备 0.125%待测样品溶液(起泡比法)、改进 Ross—Miles 法按下列方法配制溶液。

(1)3mmol/L 钙离子硬水。精确称取二水氯化钙($CaCl_2 \cdot 2H_2O$)0.441g,用少量蒸馏水溶解后转移至 1000mL 容量瓶中,并用蒸馏水稀释至刻度。

(2)待测样品溶液。按工作浓度或其产品标准中规定的实验浓度配制溶液。稀释用水可以用由鼓泡法被空气饱和的蒸馏水或用 3mmol/L 钙离子硬水。配制溶液时,先加少量水调成浆状,然后用预热至 50℃的规定水溶解。必须很缓慢地混合,以防止泡沫形成。不搅拌,保持溶液在(50±0.5)℃,直至实验进行。

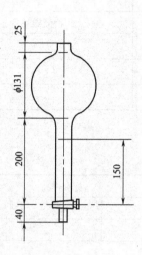

图3-6 分液漏斗(单位:mm)

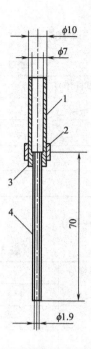

图3-7 计量管装配图(单位:mm)
1—玻璃管 2—橡皮管 3—钢安装管 4—不锈钢计量管

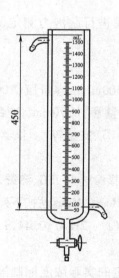

图3-8 夹套量筒(单位:mm)

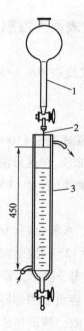

图3-9 仪器装配示意图(单位:mm)
1—分液漏斗 2—计量管 3—夹套量筒

三、方法原理

1. 起泡比法　采用某种方式将空气带入液体中,表面活性剂在气—液界面就形成坚固的膜而形成气泡,通过测定产生气泡量的多少(用泡沫的体积或高度表示),了解表面活性剂起泡性的优劣。泡沫形成后,在一定时间内气泡量的减少程度可用于表征其消泡性能。

2. 改进 Ross—Miles 法　通过测定溶液下流时产生的气泡量(用泡沫的体积或高度表示)、泡沫形成后在一定时间内气泡量的减少程度,评价表面活性剂的起泡性能。

四、操作步骤

1. 起泡比法

(1)分别取 0.125% 待测样品溶液 10mL,置于两只 100mL 具塞量筒中。

(2)加蒸馏水稀释至 30mL,加盖,剧烈震荡 10 次。

(3)静止 30s 后,立即记录泡沫体积(mL)。

(4)按上述操作,每只试样平行试验 2～3 次,每次应重新取样。

(5)根据下式计算起泡比:

$$起泡比 = \frac{泡沫体积}{试液体积}$$

起泡比越大,说明表面活性剂起泡力越强。

2. 改进 Ross—Miles 法

(1)仪器安装及准备。

①用橡皮管将恒温水浴的出水管和回水管分别连接至夹套量筒上的进水管(下)和出水管(上),调节恒温水浴温度至(50±0.5)℃。

②装配带有计量管的分液漏斗,调节支架,使量筒的轴线和计量管的轴线相吻合,并使计量管的下端位于量筒内 50mL 溶液的水平面上 450mL 标线处。

③将配制好的试样溶液沿内壁倒入夹套量筒至 50mL 标线处,避免在表面形成泡沫。也可用灌装分液漏斗的曲颈漏斗来灌装。

第一次测量时,将部分试液灌入分液漏斗至 150mm 刻度处。为此,将计量管的下端浸入温度保持在(50±0.5)℃的盛于小烧杯中的一份试液内,并用连接到分液漏斗顶部的适当抽气器吸引液体(这是避免在旋塞孔形成气泡的最可靠方法)。在测量进行前,将小烧杯保持在分液漏斗下面。

为了完成灌装,用 500mL 刻度量筒量取 500mL 温度保持在(50±0.5)℃下的试液,并缓慢倒入分液漏斗,以免产生泡沫。也可用专用曲颈漏斗,使用时,曲颈的末端需贴在分液漏斗的内壁上,以避免产生泡沫。为了随后的测量,将分液漏斗放空至旋塞上 10～20mm 的高度。将盛满且温度保持在(50±0.5)℃下的实验溶液的烧杯,如以前那样放在分液漏斗下面,用实验溶液灌装分液漏斗至 150mm 刻度处,然后,如上所述倒入 500mL 温度保持在(50±0.5)℃的实验溶液。

（2）测量。

①使溶液不断地流下,直到水平面降至 150mm 刻度处,记录流出时间。

流出时间与观测的流出时间算术平均值之差大于 5% 时的所有测量应予忽略,时间的异常延长表明在计量管或旋塞中有空气气泡存在。

②在液流停止后 30s、3min、5min,分别测量泡沫体积(仅仅泡沫)。

如果泡沫的上面中心处有低洼,按中心与边缘之间的算术平均值记录数据。

进行重复测量时,每次均需按样品溶液配制要求重新配制新鲜溶液,至少取 3 次误差在允许范围内的结果。

（3）结果表示。以所形成的泡沫在液流停止后 30s、3min 和 5min 时的体积来表征试样的起泡力,必要时可绘制相应的曲线,以重复测定结果的算术平均值作为最后结果。重复测定结果之间的差值应不超过 15mL。

五、注意事项

（1）起泡比法操作时,振荡条件应均匀一致,一上一下为一次。

（2）改进 Ross—Miles 法测量时溶液的时效应不少于 30min,不大于 2h。

六、实验报告

1. 起泡比法（表 3－12）

表 3－12　起泡比法实验报告

实验结果　样品名称				
	1#	2#	1#	2#
泡沫体积(mL)				
平均起泡比				
起泡力评价				

2. 改进 Ross—Miles 法（表 3－13）

表 3－13　改进 Ross—Miles 法实验报告

实验结果　样品名称								
	1#	2#	3#	平均	1#	2#	3#	平均
液流停止后泡沫体积(mL)								
30s 后泡沫体积(mL)								
3min 后泡沫体积(mL)								
5min 后泡沫体积(mL)								
起泡性能评价								

任务五　测定表面活性剂的洗涤力

一、任务描述

选择表 3－14 中的一种实验方法,用标准洗涤剂和待测洗涤剂样品溶液作对比实验,评价待测样品的洗涤力。

表3-14　测试洗涤力实验方案

实验方法 试　剂	方法一	方法二
羊毛脂(g)	2	2
炭黑(g)	3	—
蓖麻油(g)	4	—
四氯化碳(mL)	160	—
碳素墨水(g)	—	10
牛油(g)	—	2
乙二醇乙醚(mL)	—	50
乙醇(mL)	—	98.5

二、实验准备

1. 仪器设备　玻璃研钵、烧杯(200mL、400mL)、广口瓶(250mL)、容量瓶(500mL、1000mL)、量筒(200mL)、搪瓷烧杯(1000mL)、恒温水浴锅、天平、洗衣板刷、磁力加热搅拌器、SW-12耐洗色牢度试验机、不锈钢珠(直径为6mm)、小轧车等。

2. 染化药品　炭黑(高耐磨粉末)、蓖麻油(工业用)、羊毛脂(医学用)、四氯化碳、乙二醇乙醚、95%乙醇(均为化学纯),牛油(工业用20号)、碳素墨水、标准洗涤剂、待测样品等。

3. 实验材料　全毛白坯女衣呢两块(每块6cm×12cm,规格为05495号64公支)、变(褪)色灰色样卡。

4. 溶液准备　0.2%标准洗涤剂溶液和待测样品溶液,也可根据产品洗涤力大小调整浓度。

三、方法原理

洗涤力的测定方法有人工污垢法和自然污垢法,本方法属人工污垢法,是用模拟实际污垢的方法配制人工污垢,使织物均匀吸附,待溶剂挥发制成标准污布。将标准污布放在一定浓度的洗涤剂溶液中,在规定条件下洗涤处理,经清洗并干燥后,目测标准污布的褪色情况。

四、操作步骤

1. 方法一

(1)标准污布制备。

①称取炭黑3g,蓖麻油4g,用玻璃研钵调研均匀。

②加入已溶解的羊毛脂2g,在研磨情况下将160mL四氯化碳分次加入研钵。

③将调研好的污液倒入200mL烧杯中,加温至40℃。

④搅拌均匀后,将白坯女衣呢正反面往返浸渍一次(每次时间约30s)。

⑤取出,用玻璃棒夹挤多余的污液,平摊自然晾干。

⑥将晾干后的标准污布用洗衣板刷往返涂刷正反面至乌黑均匀,并剪成两块5cm×5cm正

方形待用。

（2）洗涤实验。

①在两只 250mL 广口瓶中分别加入 0.2% 的标准洗涤液和待测样品溶液各 100mL。

②将广口瓶放在水浴中预热至 50℃后，投入已准备好的标准污布，并盖上瓶塞。

③加热 5min 后，取出广口瓶摇荡 1min（约 60 次），并重复此操作三次。

④将污布取出，洗涤，烘干，然后用灰色样卡评级。

2. 方法二

（1）标准污布制备。

①在 2000mL 烧杯中加入 1000mL 95% 乙醇，在搅拌情况下滴加 100g 碳素墨水。

②再加入 815mL 95% 乙醇，充分搅拌，直至混合均匀，待用。

③用炭素墨水溶液浸轧女衣呢（二浸二轧，20～25℃，轧液率 85%），室温下自然晾干，备用。

④在 1000mL 搪瓷烧杯中加入 20g 羊毛脂、20g 牛油和 500mL 乙二醇乙醚。

⑤将搪瓷烧杯置于水浴锅上加热至 60℃，使之充分溶解。

⑥移出水浴锅冷却至 30℃，用乙二醇乙醚稀释至 1000mL，待用。

⑦用浸轧过炭素墨水且干燥后的羊毛织物浸轧油脂（二浸二轧，50℃，轧液率 85%），室温下平铺于桌面上自然晾干，即为标准污布。

⑧将污布剪成直径为 5.4cm 的圆片两块备用。

（2）洗涤实验。

①量取标准洗涤液和待测样品溶液各 200mL，分别置于耐洗色牢度试验机的不锈钢烧杯中。

②分别放入标准污布圆片一块和不锈钢珠 50 粒，加盖封闭后移入试验机内，在 50℃条件下洗涤 30min。

③取出，水洗，在室温下自然干燥后用灰色样卡评级。

五、注意事项

（1）在制备标准污布时，为保证乌黑度、含油量一致，应尽量采用小轧车二浸二轧。

（2）标准污布若不及时使用，应存放在棕色瓶中密封保存。实验时，应注意选择乌黑度基本一致的标准污布实验，以保证实验结果的可比性。

（3）洗涤实验时，应保持洗涤液的温度不发生较大的变化。当被测样品的浊点低于 50℃时，应在浊点温度以下进行实验，并在实验报告中注明实验温度。

（4）由于污垢种类、污染程度、附着状态、基质原料及洗涤条件的不同，洗涤力的结果测定会受较大影响，所以用人工污垢法测定去污力与实际情况有一定的差异。

（5）自然污垢法是用实际穿着沾污后的织物进行洗涤实验。如日本采用衣领污布测定法，即将长 12～13cm 的两块棉布缝在一起，制作成两倍大小的假领子，并将接缝对准脖颈正中，缝在工作服领子上。工人穿着一星期后，收集假领，做洗涤力实验。实验时，将假领中间的接缝拆开，编上号码，用不同的洗涤剂作对比试验。此法更贴近实际，但污布制取较困难，故不常用。

六、实验报告(表3-15)

表3-15　实验报告

实验结果 ＼ 样品名称		
褪色牢度(级)		
洗涤力评价		

项目三　测定表面活性剂的稳定性

染整加工大多以水为介质,酸、碱是常用的化学品,所以耐酸、耐碱、耐硬水、耐热等性能是衡量表面活性剂品质的基本指标。若表面活性剂的稳定性(stability)差,除了影响其作用效果外,还将影响染整产品的质量。

本项目的教学目标是使学生了解表面活性剂耐酸、耐碱、耐硬水性能的基本测试方法,学会评价助剂的耐酸、耐碱、耐硬水等级。

任务一　测定表面活性剂的耐酸稳定性

一、任务描述

参照表3-16实验方案,分别用10%硫酸溶液和10%甲酸溶液对两种不同浓度的待测样品进行耐酸稳定性试验,并评级。

表3-16　测定耐酸稳定性实验方案

溶液 ＼ 序号	1#	2#	3#	4#	5#	6#
10%硫酸(mL)	2.2	5.5	11	2.2	5.5	11
10%甲酸(mL)	3.4	8.5	17	3.4	8.5	17
4g/L样品溶液(mL)	100	100	100	—	—	—
10g/L样品溶液(mL)	—	—	—	100	100	100
加蒸馏水至(mL)	200					

二、实验准备

1. 仪器设备　圆底烧瓶(250mL)、球形冷凝器(300mL)、移液管(2mL)、量筒(250mL、500mL)、容量瓶(1000mL)、烧杯(150mL、600mL)、电热恒温水浴锅等。

2. 染化药品　硫酸、甲酸(均为分析纯),待测样品。

3. 溶液准备　4g/L和10g/L待测样品溶液(称量精度0.1g,用蒸馏水溶解)。

三、方法原理

酸对某些表面活性剂类纺织助剂有水解作用,水解产物的溶解性能不同于原来助剂,因此可从溶液外观变化(如溶解度、色泽等)来判断该种助剂在酸性水溶液中的耐酸性。

四、操作步骤

(1)根据实验方案,在 6 只 250mL 圆底烧瓶中分别加入 4g/L 或 10g/L 待测样品溶液 100mL 和扣除硫酸和甲酸体积后的蒸馏水量,再在 6 只烧瓶中依次加入 10% 硫酸或 10% 甲酸,目测溶液的外观。

(2)然后加热至沸腾进行回流。从回流开始计时,在 30min、60min、120min 共目测 3 次,并记录溶液外观。

(3)停止加热,放置过夜。次日再目测一次,如有混浊或沉淀,再升温至 60℃后目测一次。以第二次测试结果为准。

(4)结果评定。

①目测评级标准。

1 级:溶液完全澄清;

1~2 级:溶液呈乳白色至微混浊;

2 级:溶液混浊但无絮状物;

2~3 级:溶液非常混浊但无絮状物或油状物分出;

3 级:不论溶液清或混浊,有絮状物或油状物分出。

②评级。表面活性剂经三种浓度的酸测试后,按评级标准来评定其耐酸的等级,可分为最高耐酸级、耐酸级、有条件的耐酸级及非耐酸级共四级。具体规定如下:

最高耐酸级:经三种浓度的酸测试,结果达到 1 级或静置过夜后达到 1~2 级的;

耐酸级:经中等浓度的酸测试后,在评级中达到 1 级或 1~2 级的;

有条件的耐酸级:经中等浓度的酸测试后,在评级中达到 2 级或 2~3 级以及在低浓度的酸测试后达到 2 级的;

非耐酸级:经最低浓度的酸测试后,达到 3 级的。

五、实验报告(表 3-17)

表 3-17　实验报告

现象(等级) 程序		4g/L 样品溶液			10g/L 样品溶液		
		1#	2#	3#	4#	5#	6#
加硫酸或甲酸后							
加热至沸腾回流	30min						
	60min						
	120min						
放置过夜							
继续升温至 60℃							
评定结果							

任务二 测定表面活性剂的耐碱稳定性

一、任务描述

参照表 3 - 18 所示,分别用碳酸钠、氢氧化钠、硫化钠和连二亚硫酸钠四种试剂,对两种不同浓度的待测样品进行耐碱稳定性实验,并评级。

表 3 - 18 耐碱稳定性实验方案

溶液名称＼样品序号	1#	2#	3#	4#	5#	6#	7#	8#
2g/L 碳酸钠测试液(mL)	200							
5g/L 碳酸钠测试液(mL)		200						
2g/L 氢氧化钠测试液(mL)			200					
5g/L 氢氧化钠测试液(mL)				200				
2g/L 硫化钠测试液(mL)					200			
5g/L 硫化钠测试液(mL)						200		
2g/L 连二亚硫酸钠测试液(mL)							200	
5g/L 连二亚硫酸钠测试液(mL)								200

二、实验准备

1. 仪器设备 圆底烧瓶(250mL)、球形冷凝器(300mL)、移液管(2mL、20mL)、量筒(250mL、500mL)、容量瓶(1000mL)、烧杯(150mL、600mL)、电热恒温水浴锅。

2. 染化药品 无水碳酸钠、硫化钠(均为分析纯),氢氧化钠(400g/L)溶液、连二亚硫酸钠(均为化学纯),待测样品。

3. 溶液准备

(1)2g/L 碳酸钠测试液。分别称取待测样品 2g(称准至 0.1g)及无水碳酸钠 4g(称准至 0.1g),各用 450mL 蒸馏水溶解,然后将两种溶液移入 1000mL 容量瓶中,稀释至刻度,摇匀备用。

(2)5g/L 碳酸钠测试液。称取待测样品 5g(称准至 0.1g),同(1)。

(3)2g/L 氢氧化钠测试液。称取样品 2g(称准至 0.1g),用 300mL 蒸馏水溶解,在另外 400mL 蒸馏水中加入 400g/L 氢氧化钠溶液 1.5mL,然后将两种溶液都移入 1000mL 容量瓶中稀释至刻度,摇匀备用。

(4)5g/L 氢氧化钠测试液。称取样品 5g(称准至 0.1g),其他操作同(3)。

(5)2g/L 硫化钠测试液。称取样品 2g(称准至 0.1g),用 300mL 蒸馏水溶解。再称取无水碳酸钠 8g(称准至 0.1g),用 200mL 蒸馏水溶解。最后称硫化钠 40g,用 200mL 蒸馏水溶解。将配好的三种溶液先后移入 1000mL 容量瓶中,稀释至刻度,摇匀备用。

(6)5g/L 硫化钠测试液。称取样品 5g(称准至 0.1g),其他操作同(5)。

(7)2g/L 连二亚硫酸钠测试液。称取样品 2g(称准至 0.1g),用 300mL 蒸馏水溶解。另吸取 400g/L 的氢氧化钠溶液 16mL,用 400mL 蒸馏水稀释。将此两种溶液混合,移入 1000mL 容量瓶中,然后慢慢加入连二亚硫酸钠 4g(称准至 0.1g),使完全溶解。最后用蒸馏水稀释至刻度摇匀备用。

(8)5g/L 连二亚硫酸钠测试液。称取试样 5g(称准至 0.1g),其他操作同(7)。

三、方法原理

碱对某些表面活性剂类纺织助剂有水解作用,水解后的产物溶解性能不同于原来助剂,因此可从溶液外观变化(如溶解度、色泽等)来判断该种助剂在碱性水溶液中的耐碱性。

四、操作步骤

(1)根据实验方案,取 1# ~6# 测试溶液各 200mL,分别置于 6 个已编号的 250mL 圆底烧瓶中,观察溶液的外观。

(2)然后加热至沸腾进行回流。从回流开始计时,于 30min、60min、120min 共目测 3 次溶液外观。

(3)回流 2h 后,停止加热,放置过夜。次日再目测一次,如有混浊或沉淀,需升温至沸腾后,再目测一次。以第二次测试结果为准。

(4)取 7# ~8# 测试溶液各 200mL,分别置于两个 250mL 的圆底烧瓶中,观察溶液外观。

(5)将烧瓶移至电热恒温水浴锅中加热。当溶液内温度达到 60℃时开始计时,于 30min、60min、120min 共目测 3 次,记下溶液外观。

(6)2h 后取出烧瓶,放置过夜。次日再目测一次,如有混浊或沉淀,须再加热至 60℃,观察其外观是否有变化。

(7)结果评定。

①目测评级标准。

1 级:溶液完全澄清;

1~2 级:溶液呈乳白色至微混浊;

2 级:溶液混浊但无絮状物;

2~3 级:溶液非常混浊但无絮状物或油状物分出;

3 级:不论溶液清或混浊,有絮状物或油状物分出。

②评级。表面活性剂对四种碱测试液的耐碱性,按上述评级标准来评定其耐碱的等级,可分为最高耐碱级、耐碱级、非耐碱级共三级。具体规定如下:

最高耐碱级:两种浓度的试样经测试后,在评级中达到 1 级或 1~2 级的;

耐碱级:两种浓度的试样经测试后,其中只有一种浓度的试样在评级中达到 1 级或 1~2 级、甚至 2 级,以及静止 12h 后属于 2~3 级的;

非耐碱级:两种浓度的试样经测试后,其中只有一种浓度的试样在评级中达到 3 级的。

五、实验报告(表3-19)

表3-19 实验报告

现象(等级) 测试液 程序	碳酸钠		氢氧化钠		硫化钠		连二亚硫酸钠	
	1#	2#	3#	4#	5#	6#	7#	8#
原测试液								
回流条件	加热至沸腾回流						加热至60℃回流	
加热时间 30min								
加热时间 60min								
加热时间 120min								
放置过夜								
继续升温	至沸腾						至60℃	
评定结果								

任务三 测定表面活性剂的耐硬水稳定性

一、任务描述

参照表3-20实验方案,分别用不同硬度的水对待测样品进行耐硬水稳定性实验,并评级。

表3-20 测定耐硬水稳定性实验方案

序 号 样品溶液	硬水溶液 S_1					硬水溶液 S_2					硬水溶液 S_3				
	1#	2#	3#	4#	5#	6#	7#	8#	9#	10#	11#	12#	13#	14#	15#
用量(mL)	5.0	2.5	1.2	0.6	0.3	5.0	2.5	1.2	0.6	0.3	5.0	2.5	1.2	0.6	0.3

二、实验准备

1. 仪器设备 平底磨口比色管(50mL)、移液管(5mL,分刻度为0.05mL)、恒温水浴、离心分离机等。

2. 染化药品 待测样品。

3. 溶液准备

(1)硬水溶液 S_1,$c\left(\frac{1}{2}Ca^{2+}\right)=6$mmol/L(按 GB/T 6367—2012 配制)。

(2)硬水溶液 S_2,$c\left(\frac{1}{2}Ca^{2+}\right)=9$mmol/L(按 GB/T 6367—2012 配制)。

(3)硬水溶液 S_3,$c\left(\frac{1}{2}Ca^{2+}\right)=12$mmol/L(按 GB/T 6367—2012 配制)。

(4)50g/L待测样品溶液。称取50g待测样品(精确至0.01g),溶于1000mL蒸馏水中,在不超过50℃条件下配成试液。对含有不溶性无机物的表面活性剂样品配成试液后,需离心分离,直至清晰后备用。

三、方法原理

表面活性剂在硬水中与钙离子(镁离子)之间进行交换形成某种化合物,根据其溶解度大小或由于离子力、盐效应等使溶液胶体状态起变化的原理可测定表面活性剂在硬水中的稳定性。

将不同浓度的表面活性剂溶液与不同的已知钙硬度的水溶液混合,将混合液在规定的条件下静置,观察其外观。外观状态可分为:清晰、乳色、混浊、少量沉淀或凝聚物、大量沉淀或凝聚物等类别。

由于钙硬度和镁硬度之间无根本的区别,因此本方法采用钙硬度表示。

四、操作步骤

(1)取 15 只平底磨口比色管分成三组,每组 5 只,用移液管吸取 5.0mL、2.5mL、1.2mL、0.6mL、0.3mL 待测样品溶液,分别置于每组的各个试管中。

(2)在三组试管中分别加入已知钙硬度的水溶液 S_1、S_2、S_3 至刻度,盖紧瓶塞后,慢慢上下翻转试管,每秒 1 次,重复 10 次,操作时尽量避免产生泡沫。

(3)将 15 只试管在(20±2)℃下静止 1~2h,观察溶液外观,记录现象,评定结果。

(4)如果钙盐稳定性随温度升高而增加,则在(50±3)℃下进行实验,并在此条件下观察现象,评定结果。

(5)按表 3-21 对 15 只试样溶液测定结果分别进行评分。

表 3-21　测试结果评分表

液体的外观	评分值	液体的外观	评分值
清晰	5	少量沉淀或凝聚物	2
乳色	4	大量沉淀或凝聚物	1
混浊	3	—	—

注　1. 不清晰的液体,但透过液体能看到物体的,评为乳色;

　　2. 不清晰的液体,透过液体不能看到物体的,评为混浊;

　　3. 若沉淀或凝聚物的厚度小于或等于 0.5cm,则评为少量沉淀或凝聚物;

　　4. 若沉淀或凝聚物的厚度大于 0.5cm,则评为大量沉淀或凝聚物;

　　5. 若液体处于两个评分值之间,取较低的分值;

　　6. 结果表述应注明实验温度。

(6)将 15 只试管的评分值的总和按表 3-22 确定平均稳定性。

表 3-22　平均稳定性评定表

15 个评分值总和	平均稳定性(级)	15 个评分值总和	平均稳定性(级)
15~18	1	57~74	4
19~37	2	75	5
38~56	3	—	—

注　1 级表示该表面活性剂在硬水中的稳定性为差,5 级表示该表面活性剂在硬水中的稳定性为好。

（7）将每组评分值相加,按表 3 – 23 评定差示稳定性。

表 3 – 23　差示稳定性评定表

每组评分值的总和	差示稳定性	每组评分值的总和	差示稳定性
5 ~ 6	1 级 = $\overline{1}$	19 ~ 24	4 级 = $\overline{4}$
7 ~ 12	2 级 = $\overline{2}$	25	5 级 = $\overline{5}$
13 ~ 18	3 级 = $\overline{3}$	—	—

注　表面活性剂在三组不同已知钙硬度水溶液 S_1、S_2、S_3 中的差示稳定性依次排列为 $\overline{XXX}$,即111表示该表面活性剂在硬水中的稳定性为最差,555表示该表面活性剂在硬水中的稳定性为最好。

五、实验报告(表 3 – 24)

表 3 – 24　实验报告

序　号 实验结果	硬水溶液 S_1					硬水溶液 S_2					硬水溶液 S_3				
	1#	2#	3#	4#	5#	6#	7#	8#	9#	10#	11#	12#	13#	14#	15#
现象															
外观分值															
平均稳定性(级)															
每组评分值的和															
差示稳定性															
三组评分值总和															
平均稳定性(级)															
结论															

项目四　综合测评印染助剂的应用性能

印染加工中,助剂往往要耐受各种加工条件,如加工液浓度、温度、时间等,对于大多数复配助剂而言,考核其综合应用效果更有现实意义。

本项目的教学目标是使学生了解工艺因素对助剂应用效果的影响,学会综合评价相关助剂的应用性能。

任务一　测定助剂的螯合分散性能
一、任务描述
参照表 3 – 25 实验方案,对某印染助剂企业送检的螯合分散剂进行检测,并给予综合评价。

表 3 – 25　实验方案

测 试 项 目	技 术 指 标
钙离子螯合能力	钙络合值(mg/g)
铁离子螯合能力	铁络合值(mg/g)
分散性能	分散定量钙皂所需螯合分散剂体积(mL)

二、实验准备

1. 仪器设备　滴定架、容量瓶(500mL)、锥形瓶(250mL)、碘量瓶(250mL)、量筒(100mL)、移液管(10mL)、温度计、称量瓶、恒温烘箱、电子天平(1/1000)、磁力搅拌器。

2. 染化药品　草酸钠、氢氧化钠、三氯化铁、氯化钙、纯碱、氯化铵、氨水(均为化学纯),螯合分散剂、中性皂片(均为工业品)。

3. 溶液准备

(1)2% 草酸钠指示剂。准确称取 2.00g 草酸钠于烧杯中,加少量水充分溶解后,洗入 100mL 容量瓶中,加水至刻度,摇匀待用。

(2)NH_3—NH_4Cl 缓冲溶液。20g 氯化铵溶于适量水中,加入 100mL 氨水(密度为 $0.9g/cm^3$),混合后稀释至 1L,即为 pH = 10 的缓冲溶液。

(3)2.5mol/L 氢氧化钠溶液。准确快速称取 10g 固体氢氧化钠,溶解冷却,并稀释至 100mL。

(4)0.05mol/L、0.25mol/L 氯化钙标准溶液,0.25mol/L 三氯化铁标准溶液。

三、方法原理

1. 钙离子螯合能力　在 NH_3—NH_4Cl 缓冲下的螯合分散剂溶液中,加入草酸钠作为指示剂,用 $CaCl_2$ 标准溶液滴定,当钙离子过量时与草酸钠生成白色沉淀,即达到终点,通过测定螯合氯化钙的多少,可以评价螯合分散剂的钙离子螯合能力。

2. 铁离子螯合能力　在 pH 为 11 ~ 11.5 的螯合分散剂溶液中滴入 Fe^{3+},用溶液由透明状变为混浊状所消耗的 Fe^{3+} 的量可评价螯合分散剂的铁离子螯合能力。

3. 钙分散性能　用分散定量钙皂所消耗螯合分散剂的量来评价。

四、操作步骤

1. 钙离子螯合能力测试

(1)配制5%样品溶液。称取 12.5g 样品于小烧杯中,用水稀释至 250mL。

(2)移取 10.00mL 上述样品溶液,加 5 滴 2% 草酸钠指示剂,加 NH_3—NH_4Cl 缓冲溶液 5mL,用 0.05mol/L $CaCl_2$ 标准溶液滴定至出现稳定的白色沉淀,记录所耗用的 $CaCl_2$ 标准溶液的体积 V_{CaCl_2}。

(3)同时做空白试验,记录所耗用的 $CaCl_2$ 标准溶液的体积 $V_{空白}$,并按下式计算钙螯合值(mg/g)。

$$钙螯合值 = \frac{c_{CaCl_2} \times (V_{CaCl_2} - V_{空白}) \times 100.08}{m \times p} \times \frac{250}{10}$$

式中:100.08 为 $CaCO_3$ 的摩尔质量(g/mol);c_{CaCl_2} 为滴定用 $CaCl_2$ 标准溶液的浓度(mol/L);

V_{CaCl_2} 为滴定时耗用 $CaCl_2$ 标准溶液的体积(mL);m 为试样重(g);p 为样品的有效浓度(%)。

(4)平行实验 2~3 次,记录测试结果,计算钙螯合值。

2. 铁离子螯合能力测试

(1)配制 5% 样品溶液。称取 12.5g 样品于小烧杯中,用水稀释至 250mL。

(2)移取 5% 样品溶液 25.00mL 于 250mL 锥形瓶中,加 50mL 水,摇匀。

(3)用 2.5mol/L NaOH 调节 pH 为 11~11.5。

(4)用 0.25mol/L $FeCl_3$ 滴定至溶液浑浊(滴定过程中不断补加 NaOH,使 pH 维持在 11~11.5),记录所用的 $FeCl_3$ 标准溶液的体积 V_{FeCl_3}。

(5)为准确确定终点,再做 2~3 次平行实验,每次所加 Fe^{3+} 体积比前一次少 0.5mL,静置 3h 后,观察杯中底部出现微量红棕色沉淀的为终点,否则还需继续滴加 Fe^{3+},直至达终点为止。

(6)同时做空白试验,记录所耗用的 $FeCl_3$ 标准溶液的体积 $V_{空白}$,并按下式计算铁螯合值(mg/g)。

$$铁螯合值 = \frac{55.84 \times c_{FeCl_3} \times (V_{FeCl_3} - V_{空白})}{m \times p} \times \frac{250}{25}$$

式中:55.84 为铁离子的摩尔质量(g/mol);c_{FeCl_3} 为滴定用三氯化铁标准溶液的浓度(mol/L);V_{FeCl_3} 为滴定时耗用三氯化铁溶液的体积(mL);m 为所称样品的质量(g);p 所称样品的含固量(%)。

(7)记录测试结果,并计算铁螯合值。

3. 分散性能测试

(1)配制 10g/L 中性皂片溶液和 100g/L 螯合分散剂试样溶液。

(2)用移液管分别吸取 3mL 中性皂片溶液于 250mL 锥形瓶中,加入 0.25mol/L 氯化钙溶液 0.8mL,加蒸馏水 20mL,摇匀形成钙皂液。

(3)在酸式滴定管中加入 100g/L 螯合分散剂试样溶液,逐滴加入到上述钙皂液中,边加边摇动,滴至钙皂全部分散于溶液中,记录所消耗的试样溶液的体积。平行测试三次,取平均值。

(4)记录测试结果,若分散定量钙皂所消耗的试样溶液体积越少,则表示该螯合分散剂的分散力越强。

五、注意事项

(1)中性皂片溶液及氯化钙溶液配制要准确,否则会影响测试结果。

(2)终点判断较困难,可以先过量滴定一组作为参照样。

(3)接近终点时滴定速度一定要慢,并且振荡要充分。

六、实验报告(表3-26)

表 3-26 实验报告

实验结果 \ 试样编号	1#	2#	3#	平均值
耗用 $CaCl_2$ 溶液体积(mL)				
钙螯合值(mg/g)				

续表

实验结果　　　试样编号	1#	2#	3#	平均值
耗用 FeCl₃ 溶液体积(mL)				
铁螯合值(mg/g)				
分散定量钙皂耗用试样溶液体积(mL)				
综合评价				

任务二　测定助剂的工艺适用性能

一、任务描述

对某印染助剂企业送检的助剂样品分别按练漂、丝光加工条件进行工艺适用性实验,并对耐碱性作出相应的评价。耐碱性能主要体现在高温下耐碱性和室温下对渗透力的影响两方面。

1. 高温耐碱性实验(表3-27)

表3-27　测定高温耐碱性能实验方案

序号　条件	1#	2#	3#	4#	5#
烧碱浓度(g/L)	0	20	30	40	60
样品浓度(%)			1		
温度(℃)			95		

2. 渗透力影响实验(表3-28)

表3-28　测定渗透力影响实验方案

序号　条件	1#	2#	3#	4#	5#	6#	7#
烧碱浓度(g/L)	0	20	40	60	180	200	220
样品浓度(%)				1			
温度(℃)				室温			

二、实验准备

1. 仪器设备　烧杯(250mL、500mL)、量筒(100mL、500mL)、温度计(100℃)等。

2. 染化药品　烧碱(工业品),待测样品。

3. 实验材料　纯棉细帆布(详见本模块项目二任务一)。

三、方法原理

按照该助剂的使用环境和工艺要求(包括酸/碱用量、生产用水硬度、温度、浓度等)配制试样溶液,放置工艺要求所需时间,观察溶液外观,看其有无絮凝和飘油现象。

四、操作步骤

(1)取样品溶液适量(高温耐碱性实验取100mL,渗透力影响实验取500mL)若干份,分别置于若干只烧杯中。

(2)分别按表3-28和表3-29所示实验方案,在烧杯中分别加入不同量的烧碱,使其满足实验碱浓要求。

(3)搅拌均匀后,在规定测试条件下观察溶液有无絮凝和飘油现象,若溶液澄清或无明显变化,表明该表面活性剂耐此浓度的碱。若溶液混浊,表明该表面活性剂不耐此浓度的碱。

(4)渗透力影响实验按帆布沉降法(本模块项目二任务一)操作要求测定渗透力(若溶液已出现絮状,不必再测定)。

(5)按工艺要求分别评价待测样品的耐碱稳定性。

五、实验报告

1. 高温耐碱性实验(表3-29)

表3-29　高温耐碱性实验报告

烧碱浓度(g/L)	0	20	40	60	80
溶液现象					
耐碱性评价					

2. 渗透力影响实验(表3-30)

表3-30　渗透力影响实验报告

烧碱浓度(g/L)	0	20	40	60	180	200	220
溶液现象							
沉降时间(s)							
耐碱性评价							

☞ 复习指导

1. 掌握表面活性剂的分类及其固含量、离子性、浊点等的基本测试原理与方法。

2. 掌握表面活性剂润湿力、乳化力、分散力、发泡力、洗涤力等测试原理与方法。

3. 了解表面活性剂稳定性测试原理与方法。

4. 能根据工艺要求设计助剂应用分析与测试方案。

☞ 思考题

1. 助剂的含固量高是否表明其有效成分高?烘干法适用的范围。

2. 用亚甲基蓝—氯仿鉴别表面活性剂离子性时,氯仿层在水层的上层还是下层?

3. 采用哪些方法可以提高非离子型表面活性剂的浊点?

4. 影响织物润湿(渗透)性能的主要因素有哪些?

5. 分别阐述乳化作用、分散作用原理。

6. 阐述洗涤剂洗涤过程,并说明用人工污渍法测定洗涤力有何优缺点。

7. 为何合成洗涤剂比肥皂耐硬水?

8. 评价螯合分散剂性能的指标主要有哪些?

参考文献

[1]金咸穰. 染整工艺实验[M]. 北京:纺织工业出版社,1987.

[2]全国化学标准化技术委员会(特种)界面活性剂分会. GB/T 5559—2010 环氧乙烷型及环氧乙烷—环氧丙烷嵌段聚合型非离子表面活性剂 浊点的测定[S]. 北京:中国标准出版社,2011.

[3]全国表面活性剂和洗涤用品标准化技术委员会. GB/T 11983—2008 表面活性剂 润湿力的测定 浸没法[S]. 北京:中国标准出版社,2008.

[4]化工部表面活性剂标准化技术委员会. GB/T 6369—2008 表面活性剂 乳化力的测定 比色法[S]. 北京:中国标准出版社,2008.

[5]化工部表面活性剂标准化技术委员会. GB/T 5550—1998 表面活性剂 分散力测定方法[S]. 北京:中国标准出版社,1998.

[6]化工部表面活性剂标准化技术委员会. GB/T 7462—1994 表面活性剂 发泡力的测定 改进 Ross—Miles 法[S]. 北京:中国标准出版社,1994.

[7]化工部表面活性剂标准化技术委员会. GB/T 6371—2008 表面活性剂 纺织助剂 洗涤力的测定[S]. 北京:中国标准出版社,2008.

[8]化工部表面活性剂标准化技术委员会. GB/T 5555—2003 表面活性剂 纺织助剂 耐酸性测试法[S]. 北京:中国标准出版社,2004.

[9]化工部表面活性剂标准化技术委员会. GB/T 5556—2003 表面活性剂耐碱性测试法[S]. 北京:中国标准出版社,2004.

[10]上海染料研究所有限公司. GB/T 7381—2010 表面活性剂 在硬水中稳定性的测定方法[S]. 北京:中国标准出版社,2011.

[11]邢富强,刘学. 新型螯合分散剂的研制与应用[J]. 印染助剂,2006(6):43-46.

模块四　染料的分析与测试

　　染料品质是影响染色效果最主要的因素。通过对染料溶解性、直接性、匀染性、扩散性、染色牢度等性能测试，了解常用染料的应用性能，有针对性地采取相应的措施，从而达到满意的应用效果。

　　本模块主要介绍染料通用性能的测试方法。对于染料的特性，如活性染料的反应性与固色率、分散染料的固色率、阳离子染料的染色饱和值等，将在模块六中介绍。

项目一　测试并分析染料的色泽特征

　　染料的色泽、色光、力份、细度等直接影响染料的应用，了解染料的吸收特性，学会用仪器测量有色溶液或固体物质，对染料的分析与应用有较现实的意义。

　　本项目的教学目标是使学生了解染料吸收特性曲线的作用，掌握染料吸收光谱曲线和吸光度—浓度标准工作曲线的测定方法，能利用仪器测量颜色与色差，学会评价染料的力份、色光强度等。

任务一　绘制染料吸收特性曲线

一、任务描述

　　借助于分光光度仪测定待测染料溶液在可见光范围内的吸光度值，绘制染料吸收光谱曲线和染料吸光度—浓度标准工作曲线，并分析该染料的三要素及染深性。

二、实验准备

1. 仪器设备　分光光度计、容量瓶(500mL、50mL)等。

2. 染化药品　直接染料或酸性染料等(建议选择与测定上染速率、上染百分率一致的染料)。

3. 实验材料　绘图纸。

4. 溶液准备　用蒸馏水配制 0.08g/L 染料母液。

三、方法原理

　　染料等有色物质在可见光范围内可以产生不同程度的吸收。若用不同波长的可见光分别照射染料稀溶液，通过分光光度计可以得到一组吸光度值。以波长为横坐标，吸光度(或光密度、消光值)为纵坐标绘得的曲线即为染料吸收光谱曲线。

根据朗伯—比尔定律，当染液浓度较低时，有色溶液对一束平行单色光的吸光度与溶液的浓度和液层厚度之积成正比。若波长和液层厚度一定时，吸光度与溶液浓度成正比。对于每个染料浓度都有一个相对应的吸光度值，若以染料相对浓度 c 为横坐标，各浓度相对应的吸光度 A 为纵坐标绘制成的曲线即为吸光度—浓度标准工作曲线。

四、操作步骤

1. 配制测试液 按表 4 - 1 实验方案用移液管逐个吸取染料母液，分别置于 6 个 50mL 容量瓶中，加蒸馏水至刻度，并按 1# ~ 6# 顺序编号。

表 4 - 1 测试液配制方案

试样编号	1#	2#	3#	4#	5#	6#
母液用量（mL）	2.5	5	10	15	20	25
相对浓度 c（%）	10	20	40	60	80	100

2. 染料吸收光谱曲线的绘制

（1）选择 2# 测试液，倒少量溶液于吸收池中，以蒸馏水作为测试空白液。

（2）分光光度计预热、调零后，分别用 400nm、450nm、500nm、550nm、600nm、650nm、700nm、750nm 波长测定染料稀溶液的吸光度 A。

（3）将波长和吸光度一一对应列表，了解该染料在可见光范围内的吸收规律，同时得知最大吸收波长（近似值）。

（4）在最大吸收波长（近似值）附近再取若干个点（间隔以 10nm 为宜），测定染料稀溶液的吸光度。

（5）将测得的所有数据列表，并以波长 λ 为横坐标，吸光度 A 为纵坐标绘图。此时最大吸光度所对应的波长即为该染料的最大吸收波长 λ_{max}。

3. 染料吸光度—浓度标准工作曲线的绘制

（1）在 2# 测试液测得的最大吸收波长下，分别测定 1# ~ 6# 染料溶液的吸光度。

（2）将 1# ~ 6# 试样的相对浓度 c 与吸光度 A 一一对应列表，并以相对浓度 c 为横坐标，吸光度 A 为纵坐标绘图。

五、注意事项

（1）所配制的染料溶液可根据染料力份、染深性等加以调整。

（2）测定时，每变换一次波长，仪器必须重新调零点。

（3）若此染料的吸光度—浓度标准工作曲线需用于染料上染百分率的测定和上染速率的测定，则染料的相对浓度与染色浓度相对应。

六、实验报告

1. 染料吸收光谱曲线测量值(表4-2)

表4-2 染料吸收光谱曲线测量值

染料名称								
λ(nm)								
A								
$\lambda_{\max}$(nm)								
分析	色调:			纯度:			亮度:	

2. 染料吸光度—浓度标准工作曲线测量值(表4-3)

表4-3 染料吸光度—浓度标准工作曲线测量值

染料名称						
试样编号	1#	2#	3#	4#	5#	6#
相对浓度 c(%)	10	20	40	60	80	100
吸光度 A						
分析						

任务二 测量色泽表征值

一、任务描述

借助于测色仪,同时用 D65 和 A 光源测定待测染料(染色试样)的色泽表征值与色差,分析影响色差的因素。

二、实验准备

1. 仪器设备 测色仪(或计算机测色配色仪)。

2. 实验材料 客户来样(标样)、仿色试样。

三、方法原理

测色配色仪主要用于反射光谱、色差(color deviation)、色深值、白度、牢度等的测量。

任一实色都可视作由三原色组成,在 *XYZ* 表色系统中颜色 *F* 可表示为:

$$F = X(X) + Y(Y) + Z(Z)$$

式中:(*X*)、(*Y*)、(*Z*)为三原色基色量;*X*、*Y*、*Z* 称三色系数(即三刺激值)。

在 CIE $L^*a^*b^*$ 表色系统中,A 与 B 两色间的色差 ΔE 可表示为:

$$\Delta E = [(\Delta L^*)^2 + (\Delta a^*)^2 + (\Delta b^*)^2]^{1/2}$$

或

$$\Delta E = [(\Delta L^*)^2 + (\Delta c^*)^2]^{1/2}$$

式中:L^* 表示亮度,a^* 表示红绿(正为红,负为绿),b^* 表示黄蓝(正为黄,负为蓝),c^* 表示彩度。

还可以通过公式计算色相角 *h*:

$$h = \arctan(b^*/a^*)$$

色深值（K/S）是指不透明固体物质的颜色给予人们的直观深度感受，依据库贝尔卡—芒克（Kubelka – Munk）函数，其值可表示为：

$$\frac{K}{S} = \frac{(1-R)^2}{2R} - \frac{(1-R_0)^2}{2R_0} = kc$$

式中：R_0 为不含有色物质的固体试样的反射率；R 为光没有透射时的反射率（取 λ_{max} 下的值）；c 为有色物质的浓度；k 为比例常数。

K/S 函数常用于比较染色试样的表面深度。当染色制品基材相同时，K/S 值越大，表示物体表面颜色越深。

四、操作步骤

（1）参照模块一项目三任务六规范操作计算机，校正仪器，设定参数，选择所需要的功能菜单。

（2）将待测试样叠层（根据织物厚薄定，以继续增加层数不再导致反射值改变为宜），选择合适的位置，平整地安放在样品测量孔上。

（3）先后对标样和试样的正面进行测量，采用多点测量，取平均值。

（4）确认后屏幕显示测量结果，选择需要的显示界面，根据要求记录或打印所需要的测量数据。

五、注意事项

（1）取样时应选择平整过色泽均匀处，不宜有皱褶和色花等，否则影响测量结果。

（2）织物组织规格对测量结果有影响，故取点时应有一定的代表性，对无明显正反面的平纹织物，应测量两面取平均值。

（3）每组试样测试时，重叠层数应尽量相同，以减少误差。

（4）适时校正仪器，尽量选择大孔径测色，可减少误差。

（5）应在相同的色相（即 λ_{max}）条件下比较试样的色深值。

（6）用 CIE $L^*a^*b^*$ 色差公式评定的色差结果与人的视觉有较好相关性的，其色差值与用灰色样卡评定的色牢度级别之间的关系见表4－4。

表4－4　色差值与色牢度级别的关系

色牢度级别	变褪色标准 ΔE	沾色标准 ΔE
5	0 +0.2	0 +0.2
4～5	0.8 ±0.2	2.2 ±0.3
4	1.7 ±0.3	4.3 ±0.3
3～4	2.5 ±0.35	6.0 ±0.4
3	3.4 ±0.4	8.5 ±0.5
2～3	4.8 ±0.5	12.0 ±0.7
2	6.8 ±0.6	16.9 ±1.0
1～2	9.6 ±0.7	24.0 ±1.5
1	13.6 ±1.0	34.1 ±2.0

六、实验报告(表4-5)

表4-5 实验报告

表征值		L^*	a^*	b^*	c^*	X	Y	Z	λ_{max}	R	K/S
标样	D65 光源										
	A 光源										
试样	D65 光源										
	A 光源										
色差		ΔE	ΔH	Δc^*	ΔL^*	Δa^*	Δb^*				
D65 光源											
A 光源											

任务三 测定染料的力份与色光强度

一、任务描述

参照表4-6实验方案,测定待测染料的力份(strength of a dye)和色光强度,并分析标准染料与待测染料之间的差异。

表4-6 测定染料力份和色光强度的实验方案

配方及条件 ＼ 染浴编号	1#	2#	3#	4#	5#
2g/L 染料标样溶液(mL)	47.5	50	52.5	—	—
2g/L 染料试样溶液(mL)	—	—	—	50	52.5
相应助剂	根据待测染料的工艺要求添加				
pH	根据待测染料的工艺要求调整				
染色温度(℃)	采用待测染料的最佳染色温度				
浴比	棉织物1:40,毛织物1:50				
总液量(mL)	200				

二、实验准备

1. 仪器设备 分析天平(感量不大于0.001g)、容量瓶(500mL)、滴定管(50mL)、烧杯(200mL、250mL)、角匙、玻璃棒、染色小样机或水浴锅等。

2. 染化药品 标样染料、待测染料、相应的染色助剂等。

3. 实验材料 经精练的织物。

4. 溶液准备 2g/L标样染料溶液和2g/L待测染料溶液,制备方法为准确称取标样染料(或参照样)及待测染料各1.0g(精确至0.001g),置于烧杯中,加水及相应的助剂化料(化料方法参照各类染料化料条件)。待染料充分溶解或分散后,移入500mL容量瓶中,稀释至刻度,摇匀,备用。

三、方法原理

标样染料和待测染料在相同浓度、相同条件下染色,经染后处理及烘干,以标样染料(或参照样)作为参比对象,根据两者的上染百分率及色光差异,评定待测染料的力份与色光强度。

四、操作步骤

(1)准确称取相同质量的棉织物(或毛织物)试样 5 份,用沸蒸馏水润湿备用。

(2)按实验方案要求配制 5 个染浴,分别编号并做好标记。

(3)将已经润湿的织物依次浸入对应的染浴中,然后移入染色小样机中,按 1~2℃/min 的速度升至规定温度,保温续染 30min。始染温度、保温温度、助剂等参见模块六各类染料的染色工艺。

(4)染毕取出染样,按各类染料后处理要求进行水洗、皂洗或还原清洗,然后干燥。

(5)干燥后的试样放置片刻,待色光稳定后进行评定。

①色光。以"近似、微、稍、较及显较"五级表示。

近似:两块染样左右交替目测无差异者;

微:两块染样左右交替目测似有色差者;

稍:两块染样左右交替目测易于区别色差者;

较:两块染样目测评比有明显色差者;

显较:两块染样基本已呈两种色相者。

②艳度。应与标样近似或微艳,微暗为不合格。

③力份。标样和试样染色深度要求分档清楚,即 $3^\# > 2^\# > 1^\#$、$5^\# > 4^\#$;试样色光应相当于标样的"近似""微"或"稍"才能评定。当试样与标样染色深度一致时,染料试样的力份为:

$$染料试样的力份 = \frac{标样所用染料溶液体积}{试样所用染料溶液体积} \times 100\%$$

当试样染色深度介于标样两档之间,如 $4^\#$ 样介于 $1^\#$、$2^\#$ 之间,则试样力份为 95%~100%。

五、注意事项

(1)评定色光和力份时,应在室内标准光源箱内或室内北照光下进行评定。

(2)标样和试样必须在同一加热浴中染色。

(3)如用烘箱干燥染色织物,温度不宜超过 60℃。

(4)当供需双方对染料质量产生争议时,应以各染料标准上的规定方法进行实验。

六、实验报告(表 4-7)

表 4-7 实验报告

试样编号 实验结果	标 样			试 样	
	$1^\#$	$2^\#$	$3^\#$	$4^\#$	$5^\#$
贴 样					
评 价	色光:		艳度:	力份:	

项目二　测试并分析染料的应用性能

染料应用性能包括溶解性、直接性、扩散性、匀染性、配伍性、移染性、稳定性等。不同类型的染料测试内容、方法和要求不完全相同。同一染料若染色方法不同，测试内容和要求也不同。

本项目的教学目标是使学生了解影响匀染性的主要因素，掌握染料溶解性、直接性、扩散性、匀染性、配伍性、移染性等测试方法。

任务一　测定染料的溶解度

一、任务描述

采用滤纸斑点法或减压过滤法测定染料的溶解度（Solubility）。一般配制若干份试样溶液逐一测定，每档浓度差根据待测染料溶解度和测试方法确定，可参见表4-8。

表4-8　实验方案

滤纸斑点法		减压过滤法	
预计溶解度（g/L）	染料浓度档差（g/L）	预计溶解度（g/L）	染料浓度档差（g/L）
<1	0.1	<200	10
1~10	1		
10~20	2		
20~50	5	>200	20
50~100	10		
>100	20		

二、实验准备

1. 仪器设备　直型刻度吸管（1mL）、秒表、烧杯（200mL、500mL）、温度计（100℃）、滤纸（内径110mm，中速定性）、电动磁力加热搅拌器、真空泵（30L旋片式）、吸滤瓶（1000mL）、超级恒温水浴锅、保温多孔漏斗（内径 $\phi5~6cm$）等。

2. 染化药品　待测水溶性染料。

3. 实验材料　涤纶滤布（门幅93cm，线密度29tex×3/29tex×3，密度195根/10cm×136根/10cm，平纹织物，经200℃×30s热定形后幅宽为90cm）。

三、方法原理

在规定温度下，将不同量的水溶性染料溶解稀释至一定体积，采用特定滤材，在规定的真空减压条件下，将染料溶液按浓度递增顺序依次保温过滤，以过滤时间突跃点和滤材上色泽深浅（或出现沉积物）判定该染料的溶解极限。突跃点前一档的染料浓度即为染料的溶解度，以g/L表示。或吸取一定量染料溶液，垂直滴于滤纸上，待滤纸晾干后目测滤纸渗圈着色情况，把滤纸中心有染料显著析出的前一档定为染料的溶解度,以 g/L 表示。

四、操作步骤

1. 滤纸斑点法

(1)称取染料若干份(精确至 0.01g),如 1g、2g、3g、4g、5g…,分别加数滴蒸馏水将其调成浆状(阳离子染料用 40% 醋酸调浆),然后使其溶解于 100mL 蒸馏水中。

(2)将染液移入水浴锅,在规定温度下(根据染料特性选定,温度误差 ±2℃)保温搅拌 15min,使染料充分溶解。

(3)在搅拌下用 1mL 直型刻度吸管于染液中部吸放染液三次,然后吸取 0.1mL,垂直滴于平放在空烧杯口的滤纸上,使染液充分自然扩散。

(4)待所有滤纸晾干后,观察滤纸上试液渗圈有无染料析出,以有染料析出的最低浓度的前一档浓度,作为该染料的溶解度。

(5)对染料明显析出附近的几档浓度重复测试一次。

2. 减压过滤法

(1)称取染料若干份(精确至 0.01g),如 1g、2g、3g、4g、5g…,加少量蒸馏水调成浆状,分别加入(50 ±2)℃蒸馏水 100mL。

(2)将染料溶液置于电动磁力加热搅拌器上,于(50 ±2)℃下保温搅拌 15min。

(3)开启真空泵数分钟后,取预先经润湿的涤纶滤布一块平铺在保温漏斗中,调节玻璃二通活塞,使 100mL 蒸馏水在(50 ±2)℃下 4s 左右滤干。

(4)立即倾入染料试样溶液,同时开启秒表记录溶液过滤时间。

(5)吸干后取出滤布,在 90℃ 以下烘干。

(6)重复上述操作,直至所有染料溶液试样测试完毕。

(7)目测比较每档滤布色泽深浅,当滤布上呈现较明显的色差,而溶液过滤时间有比较明显突跃时,即为试样的溶解极限,前一档浓度为该试样的溶解度(g/L)。

五、注意事项

阳离子染料在溶解时需要加入与水等量的冰醋酸,溶解温度为(30 ±2)℃ 或(80 ±2)℃。

六、实验报告(表 4 −9)

表 4 −9 实验报告

染料名称											
试样编号	1#	2#	3#	4#	5#	6#	7#	8#	9#	10#	…
浓度(g/mL)											
过滤时间(s)											
滤布(纸)贴样											
溶解度(g/L)											

任务二 测定染料的直接性(比移值法)

一、任务描述

选择一组活性染料三原色,在规定浓度和温度条件下,分别测定其比移值,比较比移值的大小,判断染料的直接性,并分析影响直接性的因素。

二、实验准备

1. 仪器设备 烧杯(200mL)、量筒、铅笔、直尺等。

2. 染化药品 待测染料(可任选一组活性染料三原色或其他拼色染料)。

3. 实验材料 2#慢速定性滤纸。

三、方法原理

由于活性染料等棉用染料对由纤维素纤维材料制成的滤纸具有直接性(substantivity),或亲和力(affinity),当把滤纸浸渍于染料溶液中,染料的上升高度始终比水的上升高度低,所以用染料上升高度与水线上升高度之比值(称比移值 R_f)可反映该染料对纤维素纤维的直接性大小。

四、操作步骤

(1)将 2#滤纸剪成三条 3cm×15cm 的条状,并距底边 1cm 处用铅笔划一条线,压平整。

(2)配制 5g/L(也可根据工艺需要调整浓度)待测染料溶液 100mL。

(3)将滤纸条吊入染液,使铅笔划线与液面持平,在室温条件下保持 30min。

(4)取出滤纸条,吹干,分别测量水线和染料上升线的高度(cm)。

(5)按下式计算比移值 R_f:

$$R_f = \frac{\text{染料上升的高度}}{\text{水上升的高度}}$$

R_f 值越大,表示染料对纤维素的直接性(亲和力)越小,反之则越大。当拼色染料的 R_f 值相近时,配伍性好,易获得匀染效果。

五、注意事项

(1)也可选择 3 条 1cm×15cm 的滤纸条测试,取平均值。

(2)测试条件如温度、染料浓度等,最好根据实际染色方法与工艺条件决定,这样测得的比移值更有参考价值。

六、实验报告(表 4-10)

表 4-10 实验报告

实验结果 ＼ 染料名称			
染料线高度(cm)			
水线高度(cm)			
比移值 R_f			
直接性(或亲和力)			
配伍性评价			

任务三 测定染料的扩散性

一、任务描述

测定分散染料和还原染料的扩散性能(diffusibility),并分析比较它们在染色过程中悬浮液的稳定性。

二、实验准备

1. 仪器设备 分析天平(感量不大于 0.001g)、搅拌器、烧杯(200mL)、吸管(0.2mL 或 1mL)、表面皿(直径 10cm)等。

2. 染化药品 分散染料、还原染料。

3. 实验材料 中速定性滤纸(101 型)、滤纸渗圈标样(图 4 – 1)。

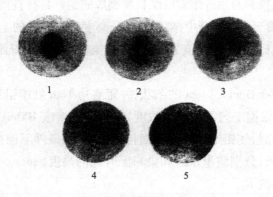

图 4 – 1 染料扩散性能评级卡

三、方法原理

当染料颗粒细度小、悬浮液分散度好时,滴于滤纸上的染料很快均匀扩散,晾干后制成滤纸渗圈试样内外色泽均匀一致;反之,当染料颗粒大、悬浮液稳定性差时,滴于滤纸上的染料不易扩散,晾干后制成滤纸渗圈,通过与染料扩散性能评级卡对比,来评价染料的扩散性能。

四、操作步骤

(1)准确称取染料试样 0.5g(称准至 0.001g)置于烧杯中,加入少量 30℃蒸馏水,将染料调成浆状。再加入 30℃蒸馏水使总体积达 100mL,在搅拌器上搅拌 5min,保持温度(30 ± 2)℃备用。

(2)将滤纸放置在表面皿上,在搅拌情况下从染料悬浮液中部吸取 0.2mL 染液。吸管保持垂直,其尖端距离滤纸约 1cm 处,使染料悬浮液逐滴、自然地滴落在滤纸上。待液滴将要渗完时,再滴下一滴。各滴染液应滴在同一位置上,并使其自然扩散。晾干待用。

(3)将制作的待测染料滤纸渗圈与染料扩散性能评级卡对比评级。滤纸渗圈与评级卡相近的级别即为该染料样品的扩散性能级别,即:

1 级:表示扩散性能很差;

2 级:表示扩散性能差;

3 级:表示扩散性能一般;

4 级:表示扩散性能较好;

5 级:表示扩散性能很好。

五、注意事项

(1)染料若为浆状形式,称重时应折成干品计算。

(2)制备悬浮液时,温度不宜超过40℃,且配好后即用。

(3)不可连续滴加染料悬浮液。

(4)拼混染料的扩散性应以它们的综合效果评级。

六、实验报告(表4-11)

表4-11　实验报告

实验结果＼染料名称		
滤纸渗圈贴样		
扩散性能评价(级)		
比较		

任务四　测定染料的匀染性

一、任务描述

根据待测染料的实际染色工艺,参照表4-12实验方案,按不同染色时段进行匀染性(leve-dyeling property)实验,根据实验结果评价染料的匀染性,并分析上染速率的影响因素。

表4-12　实验方案

实验条件＼试样编号	1#	2#	3#	4#	5#
染料(%,owf)	1				
助剂	根据各染料要求添加				
温度(℃)	根据各染料染色性能确定				
浴比	1:50				
时间(min)	76	74	72	68	60

二、实验准备

1. 仪器设备　恒温水浴锅、染杯(250mL)、玻璃棒等。

2. 染化药品　还原染料(或其他水溶性染料)、相应的染色助剂。

3. 实验材料　经精练的棉或其他纤维制品(与所用染料相适应)。

三、方法原理

染料的亲和力、染色速率直接影响染色织物的匀染性。不同时间段染色织物得色深浅,表明该染料上染率、匀染性对时间的依存性。若染色织物的得色量随染色时间延长而没有明显变化,说明该染料对时间的依存性小,匀染性好。

四、操作步骤

(1)准确称取5g织物(或纱线),均匀分成5份,并将其润湿后备用。

(2)按实验方案配制染液,并将染杯置于水浴锅中加热。

(3)待染液升至规定温度后,投入第一块织物染色,并开始计时。以后在2min、4min、8min、16min时分别投入剩余的4份织物进行染色。

(4)待织物全部投入后续染60min,染毕取出水洗、干燥。

(5)根据5块染色织物的得色情况评级:

第5块织物与第1块织物色泽相似,评为5级(匀染性最好);

第4块织物与第1块织物色泽相似,评为4级;

第3块织物与第1块织物色泽相似,评为3级;

第2块织物与第1块织物色泽相似,评为2级;

第2块织物与第1块织物色泽不相似,评为1级(匀染性最差)。

五、注意事项

(1)染料用量可根据染料上染百分率的高低加以调整,一般为0.1%~1%(owf)。

(2)每块织物入染间隔时间应根据染料上染速率进行选择,若上染速率较慢的染料,可选择4min、8min、16min、32min时入染。

六、实验报告(表4-13)

表4-13　实验报告

染料名称					
试样编号	1#	2#	3#	4#	5#
贴样					
匀染性(级)					
上染速率					

任务五　测定染料的配伍性

一、任务描述

参照表4-14实验方案对染料进行配伍性试验,分析配伍性的大小与上染速率及匀染性之间的关系。

表4-14　实验方案

实验条件 \ 试样编号	1#	2#	3#
黄染料(%,owf)	0.5	0.5	—
红染料(%,owf)	0.5	—	0.5

续表

试样编号 实验条件	1#	2#	3#
蓝染料(%,owf)	—	0.5	0.5
助剂	根据各染料要求添加		
温度(℃)	根据各染料染色性能确定		
浴比	1:50		

二、实验准备

1.仪器设备 染杯(250mL)、烧杯(200mL、500mL)、量筒(10mL、100mL)、移液管(5mL、10mL)、刻度滴管(1mL)、温度计、恒温水浴锅、电子天平、角匙、玻璃棒。

2.染化药品 阳离子染料(或其他水溶性染料)、相应的染色助剂。

3.实验材料 腈纶毛线或其他纤维制品(与所用染料相适应)至少15份。

三、方法原理

配伍性是指各拼色染料上染速率的一致程度。如果各染料上染速率相等,在整个染色过程中,各染料始终保持同步上染,则在不同时间入染的被染物颜色只有浓淡变化而无色光变化,说明这些染料是配伍的。若拼色染料不配伍,则各染料的上染速率不等,在整个染色过程中,被染物颜色的浓淡和色光,甚至色调都将随时间或其他条件的变化而变化。

四、操作步骤

(1)按实验方案将红、黄、蓝三只染料两两拼色,配成三只染浴,放在恒温水浴锅内加热。

(2)当达到规定温度时,分别投入一份纤维制品,染3～6min(根据染料上染速率定)后取出,再投入一份纤维制品染3～6min,重复此操作。

(3)每个染浴各染五份,最后一份应尽可能将染料吸尽。

(4)将三组染色制品逐一充分水洗、烘干,并按顺序排列。

(5)比较每组染色制品色光的变化,若只有浓淡变化而没有色光变化,说明这组染料的配伍性好,反之,既有浓淡变化,又有色光变化,说明这组染料的配伍性不好。

五、注意事项

(1)染色过程中应自始至终保持恒温,且pH不变,否则影响对拼色染料配伍性的判断。

(2)如果拼色染料的亲和力小,上染速度慢,可适当延长每份纤维制品的染色时间。

六、实验报告(表4-15)

表4-15 实验报告

试样编号 实验结果	1#	2#	3#
按1～5染色顺序贴样			
配伍性评价			
色光稳定性			

任务六 测定染料的泳移性

一、任务描述

测定分散染料和还原染料的泳移性,比较它们的迁移能力,并分析泳移性能的影响因素。

二、实验准备

1. 仪器设备 小轧车、热熔样机(或电热鼓风烘箱)、测色仪、分光光度仪、容量瓶(500mL、50mL)、评定变色用灰色样卡、表面皿(90mm)、铝环(外径110mm,内径80mm,厚度1mm)、文具夹等。

2. 染化药品 N,N-二甲基甲酰胺、36%乙酸、氢氧化钠、乙二胺四乙酸二钠(均为分析纯),保险粉、聚乙烯吡咯烷酮(均为化学纯),分散染料、还原染料(均为工业品)。

3. 实验材料 染料实验用标准涤纶布和棉布,尺寸均为110mm×220mm。

4. 溶液准备

(1)分散染料萃取液。每升溶液中含N,N-二甲基甲酰胺800mL,水195mL,再加入36%乙酸5mL。

(2)还原染料萃取液。每升溶液中含氢氧化钠10g,保险粉10g,聚乙烯吡咯烷酮20g,乙二胺四乙酸二钠5g。

三、方法原理

织物浸轧染液后,在烘燥过程中,尚未固着的染料将随水分的蒸发从含水量高的部位向含水量低的部位迁移,即发生泳移(migration)。尤其是对纤维亲和力较小的不溶性染料,如分散染料、还原染料等。通过测定干燥过程中染料产生的泳移量,可了解染料的泳移性能。

四、操作步骤

(1)分别配制20g/L分散染料和25g/L还原染料轧染液各100mL。

(2)分别用标准涤纶布浸轧分散染料染液,用标准棉布浸轧还原染料染液,小轧车一浸一轧(浸渍1min,轧液率60%)。

(3)将浸轧后织物立即放在热熔机(或烘箱)的针板框上,并固定、拉平,在试样一端同一位置的正反面各放一块表面皿,再用一对铝环和文具夹将表面皿固定(图4-2),于100℃烘燥7min。

(4)将织物从针板框上取下,移去夹子、铝环和表面皿,在室温下放置1h,备用。

(5)结果评定。

①方法一。用评定变色用灰色样卡目测评定试样上被覆盖部分 A 与未被覆盖部分 B 的色差。

色差相当于灰色样卡4~5级以上者,染料泳移性较小;

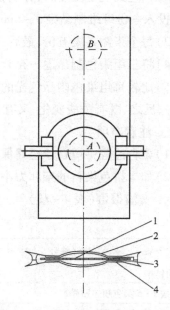

图4-2 染料泳移性测定装置示意图
1—织物 2—表面皿 3—文具夹 4—铝环

色差相当于灰色卡 3~4 级者,染料泳移性中等;

色差相当于灰色卡 3 级以下者,染料泳移性较大。

②方法二。用测色仪分别测定被覆盖部分 A 与未被覆盖部分 B 的色深值 K/S,再按下式计算泳移率 M。

$$M = \left[1 - \frac{(K/S)_A}{(K/S)_B}\right] \times 100\%$$

式中:$(K/S)_A$ 为试样上被覆盖部分的色深值;$(K/S)_B$ 为试样上未被覆盖部分的色深值。

③方法三。分别取试样上被覆盖部分 A 与未被覆盖部分 B 的织物各 0.1000g,剪成小块后放入 50mL 容量瓶中,然后加入萃取液(根据染料种类选用)至刻度。密封瓶盖,并不断摇荡,待织物上的染料完全被萃取后,用分光光度计在最大吸收波长处测量萃取液的吸光度,按下式计算泳移率 M。

$$M = \left[1 - \frac{A_A}{A_B}\right] \times 100\%$$

式中:A_A 为试样上被覆盖部分染料萃取液的吸光度;A_B 为试样上未被覆盖部分染料萃取液的吸光度。

五、注意事项

(1)织物的轧液率、烘干温度应均匀一致,否则会影响测试结果。

(2)K/S 值的测定详见本模块项目一任务二。

六、实验报告(表 4 – 16)

表 4 – 16　实验报告

实验结果	试样编号	分散染料		还原染料	
		A	B	A	B
方法一	色差(级)				
	泳移性评价				
方法二	K/S				
	泳移率 M				
方法三	吸光度 A				
	泳移率 M				

项目三　测试并分析染料的染色牢度

染色牢度是指染色织物在服用或染整后序加工过程中,染料受各种外界因素的影响,保持原来色泽的能力。染色牢度是衡量染料品质的重要指标之一,主要包括耐洗(即皂洗)、耐水、耐摩擦、耐光、耐升华、耐熨烫、耐汗渍、耐唾液、耐氯漂等。染料类别不同,染色织物用途不同,牢度考核项目及要求不同。

本项目的教学目标是使学生了解常用染色牢度的测试原理及影响因素,掌握耐洗、耐摩擦、耐光、耐干热(升华)、耐热压(熨烫)、耐氯漂等牢度的测试方法。

任务一　测定耐洗色牢度

一、任务描述

根据送检产品的类别或客户对耐洗色牢度(colour fastness to washing)的要求,选择表4-17中合适的测试方法测定耐洗色牢度,并分析影响耐洗色牢度的因素。

表4-17　测试方法

条件\方法	实验温度	处理时间	皂液组成	备注	浴比
方法一	(40±2)℃	30min	标准皂片5g/L	—	
方法二	(50±2)℃	45min	标准皂片5g/L	—	
方法三	(60±2)℃	30min	标准皂片5g/L 无水碳酸钠2g/L	—	1:50
方法四	(95±2)℃	30min	标准皂片5g/L 无水碳酸钠2g/L	加10粒不锈钢球	
方法五	(95±2)℃	4h	标准皂片5g/L 无水碳酸钠2g/L	加10粒不锈钢球	

注　如需要,方法一和方法二中可用合成洗涤剂4g/L和无水碳酸钠1g/L代替标准皂片5g/L。

二、实验准备

1. 仪器设备　SW-12A型耐洗色牢度试验机、烧杯(200mL)、评定变色用灰色样卡、评定沾色用灰色样卡等。

2. 染化药品　无水碳酸钠(化学纯)、标准皂片。

3. 实验材料　标准多纤维贴衬织物(有两种规格,视需要选用,见表4-18)或单纤维贴衬织物(表4-19)、待测试样。

表4-18　标准多纤维贴衬织物

规格	第一种规格	第二种规格
织物	醋酯纤维	三醋酯纤维
	漂白棉	漂白棉
	聚酰胺纤维	聚酰胺纤维
	聚酯纤维	聚酯纤维
	聚丙烯腈纤维	聚丙烯腈纤维
	羊毛	黏胶纤维
适用性	适用于方法一、方法二	适用于方法三、方法四、方法五

表4-19 标准单纤维贴衬织物

第一块贴衬	第二块贴衬	
	适用于方法一、方法二、方法三	适用于方法四、方法五
棉	羊毛	黏胶纤维
羊毛	棉	—
丝	棉	—
麻	羊毛	黏胶纤维
黏胶纤维	羊毛	棉
醋酯纤维	黏胶纤维	黏胶纤维
聚酰胺纤维	羊毛或棉	棉
聚酯纤维	羊毛或棉	棉
聚丙烯腈纤维	羊毛或棉	棉

注 第一块用与试样同类的纤维制品,第二块用与第一块织物相对应的纤维制品。如试样为混纺或交织品,则第一块用主要含量的纤维制品,第二块用次要含量的纤维制品。

三、方法原理

将纺织品染色试样与一块或两块规定的贴衬织物贴合,在规定条件下洗涤。经洗涤剂、水与机械作用,试样上的染料发生不同程度的变(褪)色,并沾染白色贴衬织物。组合试样经干燥后,用灰色样卡评定原样变色和贴衬织物的沾色。原样变色、白布沾色越严重,表明该试样的耐洗色牢度越差。

四、操作步骤

1. 试样准备

(1)织物试样。取40mm×100mm试样一块,正面与一块40mm×100mm多纤维贴衬织物相接触,沿一短边缝合,形成一个组合试样。或取40mm×100mm试样一块,夹于两块40mm×100mm单纤维贴衬织物之间,沿一短边缝合,形成一个组合试样。

(2)纱线或散纤维试样。取纱线或散纤维约等于贴衬织物总质量一半,夹于一块40mm×100mm多纤维贴衬织物及一块40mm×100mm染不上色的织物(如聚丙烯纤维织物)之间,沿四边缝合,组成一个组合试样。或取纱线或散纤维约等于贴衬织物总质量的一半,夹于两块40mm×100mm规定的单纤维贴衬织物之间,沿四边缝合,形成一个组合试样。

2. 仪器调试 SW-12A型耐洗色牢度仪结构见图4-3。

(1)确认设备已安装保护接地,出水管出口处离地面高度至少800mm。

(2)往工作室内灌注蒸馏水或三级水,水位高度控制在高、低位刻度线之间。

(3)顺时针扳动电源开关17,打开电源。对控制面板(图4-4)进行各种功能设置,即工作室水浴温度设定、试杯工作时间设定、预热室水浴温度设定。

3. 牢度测定

(1)将组合试样称重后,按表4-17的要求配制皂液,并把盛有皂液的试验杯放在预热室

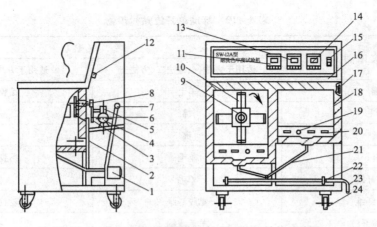

图4-3 SW-12A型耐洗色牢度试验机结构示意图

1—排水泵 2—加热保护器 3—被动齿轮 4—电动机 5—减速器 6—电动机齿轮副 7—排水接口
8—主动齿轮 9—旋转架 10—试验杯 11—工作室温度控制仪 12—时间继电器 13—蜂鸣器
14—预热室温度控制仪 15—排水开关 16—门盖 17—电源开关 18—保温层
19—温度传感器 20—管状加热器 21—排水管道 22—排水管接口 23—水管 24—走轮

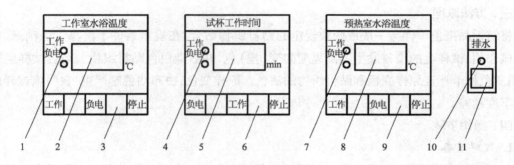

图4-4 SW-12A型耐洗色牢度试验机控制面板

1,4,7—指示灯 2,5,8—数显器 3,6,9—控制按钮 10—排水指示灯 11—排水开关

内预热。

（2）当水浴温度到达规定时，切断电源，打开门盖16，把试样和不锈钢珠放入试验杯，紧固试验杯盖，逐一装上旋转架9（试验杯插入插口后，稍用力下压后顺时针转45°，且应均匀放置，保证转动时重心稳定），然后盖上门盖。

（3）重新接通电源，使机器进入正常运转状态。当蜂鸣器发生断续音响，表示设定试验时间已到。

（4）打开门盖，取出试验杯（稍用力下压后逆时针旋转45°），打开试验杯，倒出试液、试样和钢珠，并将试验杯洗净，松开弹簧压环。

（5）将试样用冷水清洗两次，然后在流动冷水中清洗至干净。将试样夹在两张滤纸中间，挤压去除多余水分后，悬挂在不超过60℃的空气中干燥。

（6）用灰色样卡评定试样的原样变（褪）色和贴衬织物的沾色情况。

五、注意事项

(1)若面料为蚕丝、黏胶纤维、羊毛、锦纶选用方法一,为棉、麻、涤纶、腈纶选用方法二。

(2)若面料为天丝、莫代尔、牛奶纤维、大豆蛋白纤维等新型纤维,一般选用方法一。

(3)机织服装一般选用方法三,棉针织服装一般选用方法一,但棉针织内衣、T恤(锦纶除外)、针织运动服应选用方法三。

六、实验报告(表4-20)

表4-20 实验报告

实验结果 \ 试样名称		
原样变色(级)		
白布沾色(级)		

任务二 测定耐摩擦色牢度

一、任务描述

选择不同染料或不同印染工艺产品,分别测定其干摩擦牢度和湿摩擦牢度,通过比较测试结果,分析影响摩擦牢度的因素。

二、实验准备

1. 仪器设备 Y571D型多功能摩擦色牢度仪、评定沾色用灰色样卡。

2. 实验材料 标准棉贴衬布(50mm×50mm用于圆形摩擦头,25mm×100mm用于长方形摩擦头)、待测试样。

三、方法原理

分别用一块干摩擦布和湿摩擦布摩擦染色试样,通过机械与水(湿摩)的作用,试样上的染料发生褪色,并沾污白色贴衬织物。白布沾色越严重,表明该试样的耐摩擦色牢度越差。

四、操作步骤

1. 试样准备

(1)织物或地毯试样。取两组不小于50mm×140mm的样品,每组两块。一组其长度方向平行于经纱,用于经向的干摩和湿摩测试;另一组其长度方向平行于纬纱,用于纬向的干摩和湿摩测试。

(2)印花或色织物。细心选择试样的位置,使所有颜色都被摩擦到。若各种颜色的面积足够大时,必须全部分别取样。

(3)纱线。将其编结成织物,并保证试样的尺寸不小于50mm×200mm,或将纱线平行缠绕于与试样尺寸相同的纸板上。

2. 仪器调试

(1)检查并确认耐摩擦色牢度仪(crock meter)各机件灵活、可靠后,接通电源设备外形构造如图4-5所示。

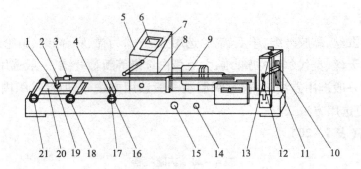

图4-5 Y571D型多功能摩擦色牢度仪外形结构图

1—套圈 2—摩擦头球头螺母 3—重块 4—往复扁铁 5—减速箱 6—计数器 7—曲轴 8—连杆
9—电动机 10—压轮 11—滚轮 12—摇手柄 13—压力调节螺钉 14—启动开关 15—电源开关
16—撑柱捏手 17—撑柱 18—右凸轮捏手 19—摩擦头 20—试样台 21—左凸轮捏手

（2）通过减速箱5上方的计数器(图4-6)来设定往复次数,它由6个按键组成,每个按键代表一位,一般设定10次(即10个循环,每个循环1s)。

3.牢度测定

（1）将撑住捏手16按顺时针方向转动,撑起往复扁铁4。

（2）将试样平铺在试样台20上,使试样的长度方向与仪器的动程方向一致,然后逆时针方向旋转左凸轮捏手21,顺时针方向旋转右凸轮捏手18,压紧试样。

（3）将标准试验白布放在套圈1上,使白布的经向与摩擦头运行方向一致,贴紧在摩擦头19上,推套圈夹牢试布。一般织物选择圆形摩擦头,往复动程为(104 ± 3)mm,垂直压力为9N。

（4）将撑住捏手16按逆时针方向转,放下往复扁铁。

（5）把电源开关15拨至"开"档,按下"启动"开关14,仪器开始工作。当往复运动次数达到设定次数时,仪器自动停止,取下干摩擦布。

（6）取另一块标准实验白布,用冷水浸湿后放在压轮10与滚轮11之间挤干,使织物含水量控制在95%~100%,然后将白布套在磨头上,按下启动键,重复上述动作,工作次数仍以设定显示值为准。

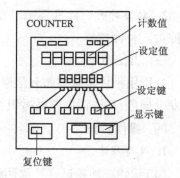

图4-6 Y571D型多功能摩擦色牢度仪计数器

（7）实验结束,切断电源,将摩擦白布在室温下晾干,用评定沾色用灰色样卡分别评定干摩擦布、湿摩擦布的沾色等级。

五、注意事项

（1）绒类织物用方形摩擦头,其他纺织品用圆形摩擦头。

（2）测试前摩擦布和待测试样应在标准条件下调湿4h。

（3）当摩擦布的含水率可能严重影响评级时,可保持含水率(65 ± 5)%条件下测定。

（4）评级前应去除摩擦布上可能影响评级的任何多余纤维，尤其是测试绒类织物时。

六、实验报告（表4-21）

表4-21 实验报告

实验结果　　　试样名称		
干摩擦牢度（级）		
湿摩擦牢度（级）		

任务三 测定耐光色牢度

一、任务描述

根据送检产品的用途或客户对耐光色牢度（colour fastness to light）的要求，选择表4-22中合适的测试方法测定耐光色牢度，并分析影响耐光色牢度的因素。

表4-22 测试方法

特　点　　　方　法	方法一	方法二	方法三	方法四
适用范围	一般在评级有争议时采取	适用于大量试样同时进行测试	适用于核对与某种性能规格是否一致	适用于检验是否符合某一商定参比样
装样要求	见图4-7装样图1	见图4-8装样图2	—	—
标准样选择	每块试样配一套蓝色羊毛标准	只需配一套蓝色羊毛标准	配两块蓝色羊毛标准，一块是最低允许牢度，另一块为更低牢度	商定参比样
曝晒周期的控制	通过检查试样来控制，故最精确	通过检查蓝色羊毛标准来控制	通过检查蓝色羊毛标准来控制	通过检查参比样来控制

二、实验准备

1. 仪器设备 耐光色牢度仪（氙弧灯）、评级用光源箱、评定变色用灰色样卡等。

2. 实验材料 蓝色羊毛标样、待测试样（偶氮结构、蒽醌结构染料染色织物）。

三、方法原理

耐光色牢度是把试样与一组蓝色羊毛标准样（按褪色程度分为8级，1级褪色最严重，8级最不易褪色）同时放在相当于日光（D65）的人造光源下，按规定条件进行曝晒，通过比较试样与蓝色羊毛标样的变色情况，评定试样的耐光色牢度等级。

四、操作步骤

1. 试样准备 按试样数量和设备的试样夹形状和尺寸来确定。

（1）若采用空冷式设备，在同一块试样上进行逐段分期曝晒，通常使用的试样面积不小于

45mm×10mm,每一曝晒面积不应小于10mm×8mm。将待测试样紧附于硬卡上。若为纱线,则将纱线紧密卷绕在硬卡上,或平行排列固定于硬卡上。若为散纤维,将其梳压整理成均匀薄层固定于硬卡上。为了便于操作,可将一块或几块试样和相同尺寸的蓝色羊毛标样按装样图1(图4-7)或装样图2(图4-8)排列,置于一块或多块硬卡上。

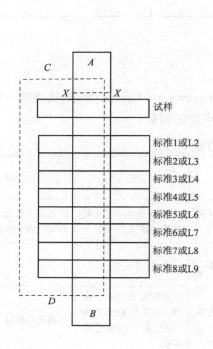

图 4-7 装样图1

AB—第一遮盖物(在 X—X 处可成折页,使它能在原处从试样和蓝色羊毛标样上提起和复位) CD—第二遮盖物

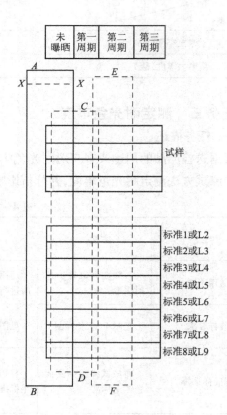

图 4-8 装样图2

AB—第一遮盖物(在 X—X 处可成折页,使它能在原处从试样和蓝色羊毛标样上提起和复位)

CD—第二遮盖物 EF—第三遮盖物

(2)若采用水冷式设备,试样夹宜放置约70mm×120mm 的试样。不同尺寸的试样可选用与试样相配的试样夹。如果需要,试样可放在白纸卡上,蓝色羊毛标样必须放在白纸卡背衬上进行曝晒。遮板必须与试样和蓝色羊毛标样的未曝晒面紧密接触,使曝晒和未曝晒部分界限分明。试样的尺寸和形状应与蓝色羊毛标样相同,以免出现评级误差。

(3)试验绒头织物时,可在蓝色羊毛标样下垫衬硬卡,以使光源至蓝色羊毛标样的距离与光源至绒头织物表面的距离相同。但必须避免遮盖物将试样未曝晒部分的表面压平。绒头织物的曝晒面积应不小于50mm×40mm 或更大。

2. 牢度测定

(1)将装好的试样夹安放于设备的试样架上,呈垂直状排列。试样架上所有的空档,都要用没有试样而装着硬卡的试样夹全部填满。

（2）开启氙灯，在预定条件下，对试样和蓝色羊毛标样同时进行曝晒。方法和时间以能否对照蓝色羊毛标样完全评出每块试样的耐光色牢度为准。四种方法具体如下：

①方法一。将试样和蓝色羊毛标样按图4－7排列，将遮盖物 AB 放在试样和蓝色羊毛标样的中段三分之一处。在规定条件下曝晒，不时提起遮盖物 AB，检查试样的光照效果，直至试样的曝晒和未曝晒部分之间的色差达到灰色样卡4级。用另一个遮盖物（图4－7中的 CD）遮盖试样和蓝色羊毛标样的左侧三分之一处，继续曝晒，直至试样的曝晒和未曝晒部分的色差达到灰色样卡3级。

如果蓝色羊毛标样7的褪色比试样先达到灰色样卡4级，此时曝晒即可终止。因为当试样具有等于或高于7级耐光色牢度时，则需要很长的时间曝晒才能达到灰色样卡3级的色差。再者，当耐光色牢度为8级时，这样的色差就不可能测得。所以，当蓝色羊毛标样7以上产生的色差等于灰色样卡4级时，即可在蓝色羊毛标样7～8级的范围内进行评定。

②方法二。将试样和蓝色羊毛标样按图4－8排列。用遮盖物 AB 遮盖试样和蓝色羊毛标样总长的1/5，按规定条件进行曝晒。不时提起遮盖物检查蓝色羊毛标样的光照效果。当能观察出蓝色羊毛标样2的变色达到灰色样卡3级时，对照在蓝色羊毛标样1、标样2、标样3上所呈现的变色情况，初评试样的耐光色牢度。

将遮盖物 AB 重新准确地放在原先位置上继续曝晒，直至蓝色羊毛标样4上的变色与灰色样卡4级相同。再按图4－8上所示位置放上另一遮盖物 CD，重叠盖在第一个遮盖物 AB 上继续曝晒，直至蓝色羊毛标样6的变色达到灰色样卡4级为止。然后按图4－8所示位置放上遮盖物 EF，其他遮盖物仍保留原处，继续曝晒，直至下列任一种情况出现为止：

在蓝色羊毛标样7上产生的色差达到灰色样卡4级。

在最耐光的试样上产生的色差达到灰色样卡3级。

③方法三。试样与两块蓝色羊毛标样一起曝晒，直至牢度较低的一块蓝色羊毛标样的分段面上达到灰色样卡4级（第一阶段）和3级（第二阶段）的色差为止。

④方法四。试样与特定参比样一起曝晒，直至参比样上达到灰色样卡4级和（或）3级的色差为止。

（3）移开所有遮盖物，试样和蓝色羊毛标样露出试验后的两个或三个分段面（其中有的已曝晒过多次，且至少一处未受到曝晒），在标样光源箱中比较试样和蓝色羊毛标样的相应变色。

（4）试样的耐光色牢度评定等级为显示相似变色蓝色羊毛标样的号数。

如果试样所显示的变色在两个相邻蓝色羊毛标样的中间，而不是近于两个相邻蓝色标样中的一个，则应评判为中间级数，如4～5级等。如果不同阶段的色差上得出了不同的评定，则可取其算术平均值作为试样耐光色牢度，以最接近的半级或整级来表示。当级数的算术平均值为1/4或3/4时，则评定应取其邻近的高半级或一级。如果试样颜色比蓝色羊毛标样1更易褪色，则评为1级。

五、注意事项

（1）为了避免由于光致变色而造成对耐光色牢度发生错误评价，在评定前，应将试样放在暗处室温条件下平衡24h。

（2）除了可用我国的蓝色羊毛标样1~8来测定耐光色牢度外,还可采用美国的蓝色羊毛标样L2~L9。

（3）若测定白色(漂白或荧光增白)纺织品时,将试样的白度变化与蓝色羊毛标样对比,评定色牢度。

（4）实际应用中,还可将染物置于规定条件下曝晒一定时间,用灰色样卡评定原样的日晒变(褪)色牢度。

六、实验报告(表4-23)

表4-23 实验报告

实验结果　　　　　　试样名称		
耐光色牢度		
日晒褪色(24h)		

任务四 测定耐干热(升华)色牢度

一、任务描述

根据待测试样的品种、用途或客户对耐干热色牢度(colour fastness to sublimation)的要求,选择表4-24中合适的实验条件测定耐干热色牢度,并分析影响干热色牢度的因素。

表4-24 实验条件

序号	1#	2#	3#
测试温度(℃)	150±2	180±2	210±2

二、实验准备

1. 仪器设备 熨烫升华色牢度仪、评定变色用灰色样卡、评定沾色用灰色样卡等。

2. 实验材料 标准多纤维贴衬织物(表4-18)或标准单纤维贴衬织物(表4-19)、待测试样。

三、方法原理

耐干热色牢度也称升华牢度。将染色试样与一块或两块规定的贴衬织物相贴,与加热装置紧密接触,在规定温度和压力下受热后,试样上染料发生不同程度的升华转移,导致原样变(褪)色和白布沾色。

四、操作步骤

1. 试样准备

（1）取40mm×100mm试样一块,正面与一块40mm×100mm多纤维贴衬织物相接触,沿一短边缝合,形成一个组合试样。

（2）或取40mm×100mm试样一块,夹于两块40mm×100mm单纤维贴衬织物之间,第一块由与试样同类的纤维制成(如为混纺织品,则由其中的主要纤维制成),第二块由聚酯纤维制成。

2. 牢度测定

（1）将组合试样平坦放在由加热系统精确控制的两块金属加热板中，根据实验方案，选定合适的温度，在规定压力[（4±1）kPa]下加热处理30s。

（2）取出试样，在标准大气[温度（20±2）℃，相对湿度（65±2）%]中放置4h。

（3）用灰色样卡评定原样褪色和白布沾色等级。

五、实验报告（表4－25）

表4－25　实验报告

实验结果 ＼ 序号	1#	2#	3#
原样变色（级）			
白布沾色（级）			

任务五　测定耐热压（熨烫）色牢度

一、任务描述

依据待测试样的品种、用途或客户对耐热压色牢度（colour fastness to ironing）的要求，选择表4－26中合适的实验条件测定耐热压色牢度，并分析影响耐热压色牢度的因素。

表4－26　实验条件

测试项目 ＼ 试验温度（℃）	110±2	150±2	200±2
干压			
潮压			
湿压			

二、实验准备

1. 仪器设备　熨烫升华色牢度仪[也可用家用熨斗，但应能调温及测温，且压强为（4±1）kPa]、评定变色用灰色样卡、评定沾色用灰色样卡等。

2. 实验材料　标准棉贴衬织物、待测试样。

三、方法原理

耐热压色牢度也称熨烫牢度，可分为干压、潮压和湿压三类。将染色试样在规定温度和压力下经干热或湿热处理，在此过程中试样上染料发生不同程度的迁移和热变（褪）色，导致原样变（褪）色和贴衬织物的沾色。

四、操作步骤

1. 试样准备

（1）织物试样。取40mm×100mm大小的织物试样。

（2）纱线试样。将纱线紧密地绕在一块40mm×100mm薄的热惰性材料上，形成一个仅及纱线厚度的薄层。

(3)散纤维试样。取足够量散纤维,梳压成 $40mm \times 100mm$ 的薄层,并缝在一块棉贴衬织物上以作支撑。

2. 牢度测定

(1)根据需要选择合适的加压温度,按不同实验方案进行下列操作:

①干压。把干试样置于加热装置的下平板衬垫上,放下加热装置的上平板,使试样在规定温度处受压15s。

②潮压。把干试样置于加热装置的下平板衬垫上,取一块湿的棉标准贴衬织物,用水浸湿后,经挤压或甩水使之含有自身质量的水分,然后将其放在干试样上,放下加热装置的上平板,使试样在规定温度下受压15s。

③湿压。将试样和一块棉标准贴衬织物用水浸湿,经挤压或甩水使之含有自身质量的水分后,把湿试样置于加热装置的下平板衬垫上,再把湿标准棉贴衬织物放在试样上,放下加热装置的上平板,使试样在规定温度下受压15s。

(2)实验结束后,立即用灰色样卡评定试样的变色,然后试样在标准大气中调湿4h后再作一次评定。

(3)用灰色样卡评定棉贴衬织物的沾色,并以沾色较重的一面评定。

五、实验报告(表4-27)

表4-27 实验报告

实验结果 \ 实验温度(℃)		110 ± 2	150 ± 2	200 ± 2
干压	原样变色(立即)			
	原样变色(4h后)			
潮压	原样变色(立即)			
	原样变色(4h后)			
	白布沾色			
湿压	原样变色(立即)			
	原样变色(4h后)			
	白布沾色			

任务六　测定耐氯色牢度

一、任务描述

根据待测样品的用途或客户对耐氯漂色牢度(color fastness to chlorine)或耐氯化水色牢度(color fastness to chlorinated water)的要求,参照表4-28和表4-29实验方案,测定耐氯漂色牢度或耐氯化水色牢度,并分析影响耐氯色牢度的因素。

表4-28 耐氯漂色牢度实验方案

测试项目	测试条件
有效氯(g/L)	2
碳酸钠(10g/L)	调节 pH = 10.0 ± 0.2
温度(℃)	20 ± 2
浴比	1:50

表4-29 耐氯化水色牢度实验方案

序号 测试条件	1#	2#	3#
有效氯(mg/L)	20	50	100
磷酸二氢钾和磷酸氢二钠缓冲溶液	调节 pH = 7.5 ± 0.05		
温度(℃)	27 ± 2		
浴比	1:100		

二、实验准备

1. 仪器设备 玻璃或釉瓷容器、容量瓶(1000mL)、烧杯(200mL)、移液管(10mL)、评定变色用灰色样卡、评定沾色用灰色样卡等。

2. 染化药品 次氯酸钠(符合表4-30的要求),磷酸二氢钾、磷酸氢二钠、亚硫酸钠(均为化学纯)或双氧水(工业品)。

表4-30

成 分	含量(g/L)	成 分	含量(g/L)
有效氯	140 ~ 160	碳酸钠	<20
氯化钠	120 ~ 170	铁	<0.1
氢氧化钠	<20		

3. 实验材料 待测试样、标准多纤维贴衬织物或标准单纤维贴衬织物(表4-19和表4-20)。取样要求同耐洗色牢度测定。

4. 溶液准备

(1)2g/L有效氯工作液。吸取20mL次氯酸钠溶液,用水稀释至1L。此时工作液有效氯浓度约为2g/L,按规定方法分析标定。其他浓度可参照配制。

(2)10g/L碳酸钠溶液。

(3)磷酸二氢钾(14.35g/L)和磷酸氢二钠(20.05g/L)缓冲溶液。

三、方法原理

将染物试样放在次氯酸盐溶液中处理,因某些染料不耐氯而导致色变。若染物试样的变色越明显,表明该染料的耐氯色牢度越差。

耐氯漂色牢度是指纺织品的颜色在商业漂白中对常规浓度的次氯酸钠漂白浴中有效氯作用的抵抗能力。耐氯化水色牢度是纺织品的颜色在游泳池水中对有效氯作用的抵抗能力。

四、操作步骤

1. 耐氯漂色牢度

(1)按表4-28实验方案配制次氯酸钠溶液,置于容器中,并加盖,防止其分解。

(2)将试样称重,在室温下用冷水浸湿。将试样展开,放入次氯酸钠溶液中,加盖,避免阳光直射,按规定要求静置60min。

(3)取出试样后经冷水充分水洗,用2.5mL/L双氧水(30%)溶液或5g/L亚硫酸钠溶液在室温下处理10min,再经流动冷水冲洗,去除多余水分,用不超过60℃的热风烘干,用测色仪或灰色样卡评定试样的变色。

2. 耐氯化水色牢度

(1)按表4-29实验方案配制不同浓度的次氯酸钠溶液,分别置于容器中,并加盖,防止其分解。

(2)将试样称重,在室温下用冷水浸湿。若试样经拒水整理,则用5g/L标准皂片溶液于25~30℃充分浸湿。去除多余的水或皂液,使织物含有与其重量相同的溶液。

(3)将试样展开,放入次氯酸钠溶液中,加盖,避免阳光直射,按规定要求静置60min。

(4)取出试样后挤干,挂在室温柔光下干燥,然后用测色仪或灰色样卡评级。

五、注意事项

(1)耐氯漂色牢度适用于天然和再生纤维素纤维制品。

(2)次氯酸溶液必须随配随用,并应密封保存。

六、实验报告(表4-31)

表4-31　实验报告

测试项目 实验结果	耐氯漂色牢度	耐氯化水色牢度		
		1#	2#	3#
原样变色(级)				

项目四　分析鉴别染料的类别

染料鉴别包括固体染料的鉴别和织物上染料的鉴别两类,并以染料应用类别的鉴别最为常用。

本项目的教学目标是使学生理解染料鉴别的基本原理,初步掌握固体染料鉴别和织物上常用应用类别染料的鉴别基本方法。

任务一 鉴别固体染料的类别

一、任务描述

选择直接、活性、硫化、还原、分散、酸性等固体染料作为未知染料,分别标上编号,依次进行混合染料鉴别和染料应用类别鉴别。

二、实验准备

1. 仪器设备 小刀片、量筒(100mL)、表面皿(直径10cm)、染杯(200mL)、恒温水浴锅、玻璃棒等。

2. 染化药品 硫酸、醋酸(均为实验纯),醋酸铅试纸、EDTA、肥皂、保险粉、次氯酸钠、氢氧化钠、纯碱、酒精、各种固体染料(均为工业品)。

3. 实验材料 纯棉、羊毛或蚕丝半制品、滤纸。

4. 溶液准备 2g/L待测染料溶液、8g/L EDTA溶液。

三、方法原理

固体混合染料在水中或其他溶剂中溶解,能形成不同颜色的色流,而单一染料则没有这种现象。由此可以判断是单一染料,还是混合染料。

各种应用类别染料具有不同的结构特征和染色性能,利用它们对不同纤维的上染性以及特征反应可以将不同类别的染料区分。

四、操作步骤

1. 固体混合染料或单品种染料的鉴定

(1)用小刀尖端取少量待鉴别的染料,并将染料吹向用蒸馏水或酒精润湿过的干净滤纸上,若能观察到不同的颜色,则说明是混合染料,否则就是单品种染料。

(2)将染料粉末投入装满蒸馏水的量筒,若能观察到不同的色流,说明是混合染料,若没有此现象,则为单品种染料。

(3)将染料溶于烧杯中,取一条滤纸,一端浸在溶液内,另一端垂直挂起。若是混合染料,将通过滤纸微孔的毛细管效应,以不同速度沿滤纸上升而形成不同色层,若无此现象,则为单品种染料。

(4)在表面皿上倒一薄层浓硫酸,撒入染料粉末,使表面皿倾斜,若为混合染料,则生成的色流更明显。

以上(1)、(2)、(4)方法只适用于由染料干粉末混合而成的水溶性染料,如果由混合溶液经干燥后的混合染料,要将混合染料试样溶于水中,然后滴在滤纸上,此时会显出不同颜色的条纹。以上方法也适用于溶解度、分散度和吸附性有着明显差异的混合染料。

2. 染料应用类别的鉴定

(1)根据染料的溶解性初步分类。将染料配制成2g/L溶液待用。将滤纸放置在表面皿上,在搅拌情况下吸取0.2mL染液。保持吸管垂直,尖端距离滤纸约1cm,将染液均匀滴于滤纸上。然后将染液加热至60℃左右,重复上述操作。根据加热前后染液在滤纸上形成的渗圈,判断其溶解性。若在滤纸上有明显色点,且渗圈分布不均匀,可初步判断为还原、硫化或分散染料。

（2）根据染料的特征反应进一步分类。

①不溶性染料的鉴别。取未知染液2~3mL于试管中,加入5~6滴次氯酸钠溶液,于酒精灯上加热,观察染液颜色的变化情况。若颜色明显变浅,可初步判断为硫化染料。进一步在酸性还原剂条件下处理染料,若放出硫化氢气体,并使醋酸铅试纸生成黑色斑点,可判定为硫化染料。

将剩余的未知染料按还原染料常规方法染色,染后经透风氧化、水洗、皂煮、水洗,得色量较低者可能为分散染料。若需进一步判断,详见本项目任务二。

②可溶性染料的鉴别。取未知染液2~3mL于试管中,加入适量阴离子型表面活性剂,若溶液出现沉淀则为阳离子染料。

将未知染料分别按活性染料染色方法配制染液,并在同一浴中染两块织物,加碱前取出一块织物。染毕,将两块织物在相同条件下后处理,烘干。比较两块织物色泽,若色泽差异较大的则为活性染料,色泽较接近的可能是直接染料或酸性染料。

将剩余的未知染料分别按直接染料、弱酸性染料染色方法配制两只染浴,在每只染浴中投入等量的棉和羊毛(或蚕丝),染毕水洗,根据织物的得色量判断染料的应用类别。若在碱性染浴中棉得色量高则为直接染料,酸性浴中羊毛得色量高则为酸性类染料。

在未知酸性类染料溶液中加入适量8g/L EDTA溶液,振荡2~3min,观察溶液颜色变化情况。若色泽明显变化,则为酸性含媒染料(尤其是中性染料)。此法同样适用于鉴别织物上染料的类别。

五、注意事项

（1）用滤纸法测定染料溶解性时,各滴染液应尽可能滴在同一位置上。

（2）观察现象要细致,不应放过任何一个细微的变化。

（3）最好用两种以上不同的方法鉴别,以保证结果的准确性。

六、实验报告（表4-32）

表4-32 实验报告

实验结果 ＼ 试样编号	1#	2#	3#	4#	5#	…
是否混合染料						
染料应用类别						
判断依据						

任务二　鉴别织物上染料的类别

一、任务描述

选择不同纤维制品的染色织物,分别标上编号,依次进行织物上染料应用类别的鉴别。要求将目测法、化学法及染色法综合运用,以提高染料鉴别的准确性。

二、实验准备

1. 仪器设备　蒸发皿、瓷坩埚、分液漏斗、水浴锅、染杯(250mL)、玻璃棒。

2. 染化药品　二甲基甲酰胺、盐酸(均为化学纯),次氯酸钠(工业品)等。

3. 实验材料　待测染色试样。

4. 溶液准备　10%次氯酸钠溶液、16%盐酸。

三、方法原理

首先通过纤维类别鉴别和目测色泽特征等方法判断染料的应用大类,然后根据不同类别染料的应用性能,如对不同纤维材料的上染性、对某些化学药剂的特征反应及剥色情况等进行鉴别。

四、操作步骤

(1)将织物预处理。一般采用1%盐酸溶液沸煮1min,然后充分水洗、碱性皂煮、水洗、烘干,以排除浆料或其他整理剂对织物上染料鉴别的干扰。

(2)利用观察、燃烧、溶解等方法鉴别织物的纤维类别,判断染料的应用大类。

(3)根据织物的纤维类别和颜色特征初步判断染料的应用类别。

(4)用适当的溶剂进行剥色试验,进一步推断织物上的染料类别。如:取0.1g经预处理后的染样置于100%二甲基甲酰胺溶液中(约3mL),加热至沸,移去热源,观察溶剂着色情况(最好重复操作两次);进一步将0.1g染样置于3mL二甲基甲酰胺:水(1:1)的溶液中,加热至沸腾,移去热源,观察溶剂着色情况。各类染料染色织物在二甲基甲酰胺中的剥色情况见表4-33。

表4-33　各类染料染色织物在二甲基甲酰胺中的剥色情况

	1:1 二甲基甲酰胺:水		100%二甲基甲酰胺
可以剥色	全部直接染料 部分碱性染料 部分媒染染料	可以剥色	还原染料 不溶性偶氮染料 硫化染料 颜料 部分碱性染料 部分媒染染料
不能剥色	活性染料 还原染料 不溶性偶氮染料 颜料 部分碱性染料 部分媒染染料	不能剥色	活性染料

(5)根据各类染料的特征反应,选用合适的化学药剂进一步确认染料类别。如:用10%次氯酸钠溶液处理染色试样,硫化染料染色织物经数分钟后氧化脱色;若将染色试样进行燃烧,灰烬为黑色絮状物者为硫化染料染色织物。

五、注意事项

(1)观察现象要细致,不应放过任何一个细微的变化。

(2)最好用两种以上不同的方法鉴别,以保证结果的准确性。

六、实验报告(表4-34)

表4-34 实验报告

实验结果\试样编号	1#	2#	3#	...
纤维类别				
染料应用类别				
判断依据				

☞复习指导

1. 掌握染料吸收光谱曲线、染料吸光度—浓度标准工作曲线的制作方法与用途。

2. 了解常用染料应用性能评价基本方法与内容,掌握染料比移值、扩散性、匀染性等测试方法。

3. 学会目测和用仪器测量染整产品的色差、牢度等级等。

4. 了解常用染色牢度的影响因素,掌握耐洗色牢度、耐摩擦色牢度、耐汗渍色牢度等测试基本方法。

5. 掌握染料鉴别基本原理与方法,能正确判断常用染料的应用类别。

☞思考题

1. 试分析从染料吸收光谱曲线中可以获得染料颜色的哪些信息?

2. 若染料相对浓度发生变化,是否影响染料浓度与吸光度两者之间的关系?

3. 分析影响比移值的因素有哪些?

4. 哪些指标可以反映染料的匀染性?影响匀染性的因素有哪些?

5. 为什么目测色差与仪器测量色差会有差异?

6. 试分析 K/S 值的主要影响因素有哪些?

7. 分析影响耐洗色牢度的因素有哪些?

8. 如何保证纺织品上染料鉴别的准确率?

参考文献

[1]全国纺织品标准化技术委员会基础标准分会.GB/T 250—2008 纺织品 色牢度试验 评定变色用灰色样卡[S].北京:中国标准出版社,2009.

[2]全国纺织品标准化技术委员会基础标准分会.GB/T 251—2008 纺织品 色牢度试验 评定沾色用灰色样卡[S].北京:中国标准出版社,2009.

[3]全国染料标准化技术委员会.GB/T 21897—2015 水溶性染料 溶解度的测定 点滤纸法[S].北京:中国标准出版社,2015.

[4] 全国染料标准化技术委员会. GB/T 27597—2011 染料 扩散性能的测定[S]. 北京: 中国标准出版社, 2011.

[5] 全国染料标准化技术委员会. GB/T 4464—2006 染料 泳移性的测定[S]. 北京: 中国标准出版社, 2006.

[6] 全国纺织品标准化技术委员会基础标准分会. GB/T 7568.7—2008 纺织品 色牢度试验标准贴衬织物 第7部分: 多纤维[S]. 北京: 中国标准出版社, 2009.

[7] 全国纺织品标准化技术委员会基础标准分会. GB/T 3921—2008 纺织品 色牢度试验 耐皂洗色牢度[S]. 北京: 中国标准出版社, 2008.

[8] 全国纺织品标准化技术委员会基础标准分会. GB/T 3920—2008 纺织品 色牢度试验 耐摩擦色牢度[S]. 北京: 中国标准出版社, 2009.

[9] 全国纺织品标准化技术委员会基础标准分会. GB/T 8427—2008 纺织品 色牢度试验 耐人造光色牢度: 氙弧[S] 北京: 中国标准出版社, 2009.

[10] 中国纺织总会标准化研究所. GB/T 5718—1997 纺织品 色牢度试验 耐干热(热压除外)色牢度[S]. 北京: 中国标准出版社, 1997.

[11] 中国纺织总会标准化研究所. GB/T 6152—1997 纺织品 色牢度试验 耐热压色牢度[S]. 北京: 中国标准出版社, 1997.

[12] 中国纺织总会标准化研究所. GB/T 7069—1997 纺织品 色牢度试验 耐次氯酸盐漂白色牢度[S]. 北京: 中国标准出版社, 1998.

[13] 全国纺织品标准化技术委员会基础标准分会. GB/T 8433—2013 纺织品 色牢度试验 耐氯化水色牢度(游泳池水)[S]. 北京: 中国标准出版社, 2014.

模块五 前处理及半制品质量考核

前处理（pretreatment）的基本任务是去除杂质，提高织物的吸湿性、白度及尺寸稳定性，改善手感、外观及染色性能等。前处理工艺流程因产品而异，一般棉织物需经过烧毛、退浆、煮练、漂白、丝光等工艺流程。前处理后的半制品质量优劣与染整产品质量有着密切的联系。

本模块重点介绍常用织物的练漂工艺、半制品质量考核方法等。通过本模块的学习，使学生了解影响半制品质量的主要因素，掌握各类制品的前处理工艺方法、基本操作、质量评价等。

项目一 分析坯布上的杂质

坯布上通常含有天然杂质（如蜡质、果胶、棉籽壳等）和人为杂质（浆料、油污渍等）两大类，它们直接影响织物外观与加工效果，所以应根据需要予以去除。了解杂质的种类与含量，是合理制订染整加工工艺方法与条件的前提。

本项目的教学目标是使学生了解坯布上浆料的定性分析与蜡质的定量分析方法的基本原理，掌握正确的操作步骤与分析技能。

任务一 分析织物上的浆料成分

常用的纺织浆料（starch）有淀粉类、乙烯类[如聚乙烯醇PVA（polyvinyl alcohol）、改性聚乙烯醇等]、羧甲基纤维素类[CMC（carboxymethyl cellulose）]、丙烯酸系[如聚丙烯酸酯PMA（polymethyl acrylate）、聚丙烯酰胺PAM（polyacrylamide）]浆料、海藻酸钠等。也可据各类织物的上浆要求，将上述浆料按一定比例混合使用。

一、任务描述

参照已知浆料如淀粉、聚乙烯醇（PVA）、羧甲基纤维素（CMC）、聚丙烯酰胺（PAM）等的显色结果，对某印染企业待加工的坯布（或坯纱）上的浆料进行鉴别。

二、实验准备

1. 仪器设备 锥形烧瓶（500mL）、布氏漏斗、抽滤瓶、试管、试管架、试管夹、滴管、电炉。

2. 染化药品 盐酸、硼酸、氢氧化钠、氯化钠、氯化钡、硫酸铜、三氯化铁、碘、碘化钾、盐酸羟胺、丙二醇（均为化学纯），淀粉、聚乙烯醇、羧甲基纤维素、聚丙烯酸酯、聚丙烯酰胺（均为工业品）。

3. 实验材料 纯棉、纯涤纶或涤/棉织物等坯布（或含各种浆料的纱线）。

4. 溶液准备

(1)$c\left(\frac{1}{2}I_2\right)=0.02\,\text{mol/L}$ 碘溶液。称取 4g 碘化钾,用少量蒸馏水溶解。称 2.6g 碘,缓缓加入碘化钾溶液中,振荡直至溶解,加水稀释至 1000mL,移入棕色瓶备用。

(2)碘—硼酸溶液。取 $c\left(\frac{1}{2}I_2\right)=0.02\,\text{mol/L}$ 碘溶液 100mL,加入结晶硼酸 3g,搅拌全部溶解后,储存于棕色瓶中备用。

(3)盐酸羟胺丙二醇溶液。称取盐酸羟胺 7g 及 93g 丙二醇,在搅拌条件下将盐酸羟胺溶入丙二醇中,储存于棕色瓶中备用。

(4)饱和食盐水。称取氯化钠 25g,溶于 70mL 蒸馏水中,装入试剂瓶中备用。

(5)2% 浆料溶液。分别将淀粉、聚乙烯酸、羧甲基纤维素、聚丙烯酸酯、聚丙烯酰胺浆料配成 2% 的浆料溶液备用。

(6)2mol/L 盐酸溶液、10% 氯化钡溶液、10% 氢氧化钠溶液、10% 硫酸铜溶液、10% 三氯化铁溶液。

三、方法原理

浆料的定性分析是以浆料所具有的颜色反应、沉淀反应的特征反应为基础的。如淀粉与碘作用可以形成一种蓝紫色的复合物;PVA 在硼酸存在下,与碘作用形成一种蓝绿色的络合物;CMC 在中性条件下与一些重金属盐作用,形成不溶于水的沉淀物,再经酸化可以重新溶解。聚丙烯酸酯在酸性条件下水解为丙烯酸及醇,其水解产物在碱性饱和食盐水中不溶解而产生白色絮状物;聚丙烯酰胺与羟胺反应生成羟肟酸,羟肟酸遇三价铁离子形成有色络合物。

四、操作步骤

1. 已知浆料的显色实验

(1)淀粉。取淀粉溶液 2mL 于试管,加 $c\left(\frac{1}{2}I_2\right)=0.02\,\text{mol/L}$ 碘溶液数滴,观察其颜色变化,并记录。

(2)聚乙烯醇(PVA)。取 PVA 溶液 2mL 于试管,加碘—硼酸溶液数滴,观察其颜色变化,并记录。

(3)羧甲基纤维素(CMC)。取 CMC 溶液 2mL 于试管,加 10% 硫酸铜溶液数滴,观察现象并记录。再加 $c(\text{HCl})=2\,\text{mol/L}$ 盐酸溶液,观察现象并记录。

(4)聚丙烯酸酯(PMA)。取 PMA 溶液 2mL 于试管,加入 $c(\text{HCl})=2\,\text{mol/L}$ 盐酸溶液 0.5mL,摇匀后加入 2.5mL 饱和食盐溶液,加入 10% 氢氧化钠 0.2mL,剧烈震荡后观察现象并记录。

(5)聚丙烯酰胺(PAM)。取 PAM 溶液 2mL 于试管,加入 2mL 7% 盐酸羟胺丙二醇溶液,煮沸 2min,冷却,加入 10% 三氯化铁溶液数滴,观察现象并记录。

2. 坯布上浆料的鉴别

(1)浆料萃取。取未知浆料待测试样各 5g,若为织物,将其剪成 10mm × 10mm 大小方块,置于 500mL 锥形烧瓶中,加蒸馏水 200mL,煮沸 30min,冷却,并将萃取液过滤,待用。

(2)取萃取滤液 2mL 于试管,加 $c\left(\frac{1}{2}I_2\right)=0.02mol/L$ 碘溶液数滴,若溶液呈蓝紫色,表示有淀粉浆存在,若无反应,则表示没有淀粉浆存在。

(3)另取萃取滤液 2mL 于试管[若通过检验有淀粉存在,则需先加 $c(HCl)=2mol/L$ 盐酸溶液 10 滴,沸煮 15min,然后冷却],然后加碘—硼酸溶液数滴。若溶液呈蓝绿色,表示有 PVA 浆存在,若无反应,则表示无 PVA 浆存在。

(4)另取萃取滤液 2mL 于试管,加 10% 氯化钡溶液 10 滴。若溶液呈白色胶状,表示有海藻酸钠存在,若无反应,则表示无海藻酸钠存在。

(5)另取萃取滤液 2mL 于试管(若通过检验有海藻酸钠存在,则先取萃取液若干毫升,加 10% 氢氧化钠溶液数滴,使 pH>11,振荡摇匀并过滤,再取过滤液 2mL),若为碱性则用 $c(HCl)=2mol/L$ 盐酸溶液调节 pH=7。再加 10% 硫酸铜溶液数滴,若溶液出现蓝色胶状物后,加 $c(HCl)=2mol/L$ 盐酸溶液沉淀消失,表示有 CMC 浆存在,若无反应,则表示无 CMC 浆存在。

(6)另取萃取液 2mL 于试管,加入 $c(HCl)=2mol/L$ 盐酸溶液 0.5mL,摇匀后加入 2.5mL 饱和食盐溶液,加入 10% 氢氧化钠 0.2mL,剧烈震荡后液面上有白色絮状沉淀出现,表示有 PMA 浆料存在。

(7)另取萃取液 2mL 于试管,加入 2mL 7% 盐酸羟胺丙二醇溶液,煮沸 2min,冷却,加入 10% 三氯化铁溶液数滴,若出现红紫色,表示有酰氨基存在,则表示织物上有 PAM 浆存在。

五、注意事项

(1)本试验方法的灵敏度约为 0.5g/L 浆料,相当于织物上含浆料质量分数 0.25%。

(2)对 CMC 浆料的检验,也可用 $c(HCl)=2mol/L$ 盐酸溶液将萃取液调节到强酸性,此时海藻酸钠全部沉淀。去除沉淀后,用氢氧化钠溶液将其调节到中性,再用 10% 硫酸铜溶液检验 CMC 浆是否存在。

(3)检验淀粉—PVA 混合浆中的淀粉浆时,要消除 PVA 浆干扰,可以取萃取液 2mL 于试管中,加入 $c(HCl)=2mol/L$ 的盐酸溶液 0.5mL,煮沸 15~30min,冷却。取费林试剂 2~3mL 加入以上溶液中,缓慢加热至沸,应有红色沉淀出现。

六、实验报告

1. 已知浆料的显色实验(表5-1)

表5-1 已知浆料的显色实验报告

浆 料	实验方法及过程	试 样	现 象
淀粉	加碘溶液后		
PVA	加碘—硼酸溶液后		
CMC	加硫酸铜溶液后		
	加盐酸溶液后		
PMA	加盐酸、饱和食盐溶液、氢氧化钠溶液后		
PAM	加盐酸羟胺丙二醇溶液沸煮、冷却,加三氯化铁溶液后		

2. 坯布上浆料的鉴别(表5-2)

表5-2　坯布上浆料的鉴别实验报告

浆料	实验方法及过程	1#		2#	
		现象	推论	现象	推论
淀粉	加碘溶液后				
PVA	(加盐酸溶液沸煮15min),加碘—硼酸溶液后				
海藻酸钠	加氯化钡溶液后				
CMC	(加氢氧化钠溶液使 pH > 11,振荡摇匀,过滤),用盐酸调节 pH = 7,加硫酸铜后				
	再加盐酸溶液后				
PMA	加盐酸、饱和食盐溶液、氢氧化钠溶液后				
PAM	加盐酸羟胺丙二醇溶液沸煮、冷却,加三氯化铁溶液后				
	结论(浆料成分)				

任务二　测定织物上蜡状物质的含量

一、任务描述

请对某印染企业送检的两份试样进行蜡质含量分析,其中一份是坯布,另一份是半制品,通过定量分析,比较蜡质去除效果。

二、实验准备

1. 仪器设备　索氏油脂萃取器、恒温水浴锅、烘箱、干燥器、分析天平、蒸馏装置、滤纸、烧杯(500mL)、量筒(100mL)。

2. 染化药品　四氯化碳(化学纯)。

3. 实验材料　棉坯布与半制品各一份(每份试样不少于10g)。

三、方法原理

蜡状物质是纤维素纤维共生物之一,是多组分混合物,不溶于水,主要存在于棉纤维的表层。蜡状物质含量的测定(也称残脂率测定)常采用溶剂萃取法。常用的有机溶剂有四氯化碳、苯、乙醇及乙醚等。不同的溶剂对棉纤维中蜡状物质各组分的萃取情况不同,所测得数据也不一致,所以在实验报告中应注明所用溶剂。

四、操作步骤(以四氯化碳萃取法为例)

(1)将索氏油脂萃取器(图5-1)的烧瓶和已剪碎的棉布约10g一起放入105℃烘箱中烘至恒重。

(2)试样放入干燥器内冷却并准确称重(精确至0.0001g)后,置于滤纸做成的纸筒。

(3)将纸筒装入油脂萃取器的萃取筒中,使纸筒上端高于虹吸管上端1~1.5cm。试样在纸筒中的高度低于虹吸管顶端1~1.5cm 为宜。

（4）在油脂萃取器的烧瓶中加入 200mL 左右四氯化碳（以四氯化碳能够溢过虹吸管的 1.5~2 倍为宜），并置于恒温水浴锅中加热。

（5）从冷凝管下端有液滴滴下时开始计时，温度调节以保持溶剂每小时虹吸循环 5~6 次，萃取 2~3h 后冷却。

（6）取 10mL 左右的四氯化碳倒入萃取筒洗涤一次，拆下冷凝管再按上法洗涤一次，然后取出布样和滤纸，此时，萃取液和洗涤液均留在烧瓶中。

（7）最后在烧瓶上装好蒸馏（distillation）装置，在水浴上蒸去四氯化碳。取下烧瓶，与布样一起置于 105℃ 的烘箱中烘至恒重。

（8）取出烧瓶与布样，在干燥器中冷却后，分别精确称重（精确至 0.0001g）。

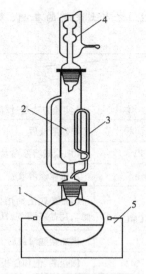

图 5-1　索氏油脂萃取器
1—圆底烧瓶　2—萃取筒　3—虹吸管
4—冷凝管　5—恒温水浴锅

（9）按下式计算蜡状物质含量：

$$蜡状物质含量 = \frac{瓶及蜡状物质重量 - 空瓶重量}{试样干重} \times 100\%$$

或：

$$蜡状物质含量 = \frac{萃取前试样重量 - 萃取后试样重量}{萃取前试样重量} \times 100\%$$

五、注意事项

（1）测定试样失重或圆底烧瓶增重，其结果应基本一致，可任选一种。但测定试样失重时，应避免边纱脱落影响实验结果。

（2）萃取时，应调节水浴温度来控制循环 5~6 次为宜。

六、实验报告（表 5-3）

表 5-3　实验报告

实验结果＼试样名称	坯　布	半制品
萃取前试样干重(g)		
萃取后试样干重(g)		
蜡状物质含量(%)		

项目二　棉（或麻）机织物的练漂

棉或麻机织物的练漂含退浆（desizing）、煮练（souring）和漂白（bleaching）等工序。常用的退浆方法有酶退浆、碱退浆、氧化剂退浆等;常用的漂白方法是氧漂。随着短流程工艺的不断推广,棉布练漂也出现了二步法工艺,如退煮合一→漂白,退浆→煮漂合一,甚至可以用退煮漂三合一工艺,近来发展起来的高效多功能助剂仅需与双氧水同浴就能完成棉织物前处理。

本项目的教学目标是使学生了解退、煮、漂各工艺方法的特点,掌握棉(或麻)制品常用的练漂工艺条件和操作方法。

任务一 生物酶退浆

一、任务描述

参照下列工艺配方、工艺流程及条件对棉织物进行酶退浆处理,并比较不同工艺的加工效果。

1. 工艺配方(表5-4)

表5-4 工艺配方

试样编号 助 剂	1#	2#
BF-7658淀粉酶(2000倍)(g/L)	1.5	1.5
氯化钠(g/L)	—	5
润湿剂JFC(g/L)	1~2	1~2
醋酸	调节pH=6.0~6.5	调节pH=6.0~6.5

2. 工艺流程及条件 坯布→浸渍或浸轧酶液(55~60℃,轧液率90%~100%)→保温堆置(60℃,60min)→热水洗2~3次(80~85℃)→温水洗(50~60℃)→冷水洗→晾干或烘干→留作测试和后序工艺实验用。

二、实验准备

1. 仪器设备 小轧车(padder)、蒸箱(或蒸锅)、烧杯(200mL、500mL)、量筒(100mL)、温度计(100℃)、电炉、托盘天平、角匙、玻璃棒、烘箱。

2. 染化药品 氯化钠、醋酸(均为实验纯),BF-7658淀粉酶、润湿剂JFC(均为工业品)。

3. 实验材料 纯棉坯布两块(大小以后序工艺实验要求为准)。

三、方法原理

酶是一种具有特殊专一催化能力的蛋白质物质。如淀粉酶(amylase)只对淀粉浆起作用,它在一定的温度、pH条件下,催化淀粉水解成低分子糖类,使其与棉纤维的黏着力下降、水溶性提高从而达到退浆的目的。酶退浆法属于生物化学法。

四、操作步骤

(1)试样烘至恒重,并称出准确重量。

(2)按样布大小决定配液量,根据配方要求计算各助剂用量。

(3)称取BF-7658淀粉酶,用55~60℃的热水化开,搅拌均匀后,加入润湿剂JFC和氯化钠,并用醋酸调节pH为6.0~6.5待用。

（4）将坯布投入刚化好的酶液中，充分浸透（约 1～2min）后，用玻璃棒或轧车去除多余溶液。

（5）将试样放入 100mL 烧杯中，用保鲜膜密封，置于 60℃烘箱或水浴锅中恒温放置 60min。

（6）取出试样，放入 80～85℃热水中充分洗涤 2～3 次，每次洗涤后用玻璃棒夹干或用轧车轧压后再做下一次洗涤，然后用温水、冷水冲洗、晾干或烘干至恒重并称重。

（7）按下式计算退浆失重率，并留作练漂实验用。

$$失重率 = \frac{退浆前织物重 - 退浆后织物重}{退浆前织物重} \times 100\%$$

五、注意事项

（1）配好的淀粉酶溶液不宜放置太久。

（2）按要求调节退浆液温度和 pH，不得将配好的淀粉酶溶液直接加热，以防失活。

（3）若用小轧车浸轧，轧液率宜控制在 90%～100%。

（4）恒温堆置时注意密封良好，以免试样风干而影响退浆效果。

（5）操作时应避免织物边纱脱落而影响实验结果。

六、实验报告（表 5-5）

表 5-5　实验报告

实验结果	试样编号	1#	2#
退浆前重量(g)			
退浆后重量(g)			
退浆失重率(%)			
贴样			

任务二　烧碱退煮合一

一、任务描述

参照下列工艺配方、工艺流程及条件对棉（或麻）织物进行退浆与煮练，并比较不同工艺的加工效果。

1. 工艺配方（表 5-6）

表 5-6　工艺配方

助　剂	试样编号	1#	2#
100% 氢氧化钠(g/L)		30	40
精练剂(g/L)		5	5
无磷螯合分散剂(g/L)		1	1

2. 工艺流程及条件 坯布→浸渍或多次浸轧练液（45～50℃，轧液率95%以上）→汽蒸（100～102℃，60min）→热水洗（85℃以上）3～4次→温水洗（65～70℃以上）→冷水洗→晾干或烘干→留作测试和后序工艺实验用

二、实验准备

1. 仪器设备 小轧车、蒸箱（或蒸锅）、烧杯（200mL、500mL）、量筒（100mL）、温度计（100℃）、电炉、托盘天平、角匙、玻璃棒、烘箱。

2. 染化药剂 无磷螯合分散剂、氢氧化钠、高效精练剂（均为工业品）。

3. 实验材料 棉（或麻）坯布两块（大小以符合毛效测定和后序工艺实验要求为准）。

三、方法原理

在一定的温度、湿度条件下，烧碱能使织物上的淀粉、PVA等浆料发生膨化和部分溶解，浆料分子膨化变松，与棉纤维之间的结合力受到破坏，黏着力下降，通过热水稀释和机械力作用将其去除。

棉纤维上的共生物严重地影响着织物的手感和吸湿性。借助于氢氧化钠及助练剂在一定的温湿条件下使这些杂质发生解聚、水解、溶解、乳化、分散、增溶、螯合分散等作用，再通过机械、水洗作用，从织物上去除。

四、操作步骤

（1）按配方要求计算并配制工作液，并将温度控制在45～50℃。

（2）将坯布浸入工作液（约1～2min），取出用玻棒或轧车去除多余的练液，然后放入蒸箱或蒸锅中汽蒸。

（3）充分热洗3～4次（每次时间≥60s）。

（4）晾干或烘干后测定退煮失重率和毛效（参见本模块项目七任务二），目测织物外观，并留作漂白实验用。

五、注意事项

（1）轧液前和试样处理完毕均需称出试样恒重，并防止掉落的边纱而影响准确性。

（2）氢氧化钠应预先进行浓度折算后配制工作液。

（3）保证轧液均匀，轧液率宜控制在95%以上。

六、实验报告（表5-7）

表5-7 实验报告

实验结果 ＼ 试样编号	1#	2#
退煮前重量（g）		
退煮后重量（g）		
退煮失重率（%）		
毛效（cm/30min）		
棉籽壳去除率（%）		
手感		
贴样		

任务三　双氧水漂白

一、任务描述

参照下列工艺配方、工艺流程及条件对棉(或麻)织物进行氧漂处理,并比较不同工艺的加工效果。

1. 工艺配方(表5-8)

表5-8　工艺配方

试样编号 助　剂	1#	2#
100%过氧化氢(g/L)	5	5
35%硅酸钠(g/L)	6~8	—
渗透剂JFC(g/L)	2	2
螯合分散剂(g/L)	0.5~1	0.5~1
30%氢氧化钠适量	调节pH=10.5~11	调节pH=10.5~11

2. 工艺流程及条件　经退浆和煮练后的棉(或麻)织物→浸渍或浸轧漂液(室温、轧液率100%~105%)→汽蒸(98~100℃、45~50min)→热水洗2~3次(85℃以上)→温水洗(60~65℃)→冷水洗→晾干或烘干→留作测试和后序工艺实验用。

二、实验准备

1. 仪器设备　烧杯(200mL、500mL)、蒸箱(或蒸锅)、量筒(10mL、100mL)、温度计(100℃)、电炉、托盘天平、角匙、玻璃棒、烘箱。

2. 染化药品　双氧水、氢氧化钠、硅酸钠、渗透剂JFC、螯合分散剂(均为工业品)。

3. 实验材料　经退浆和煮练后的棉(或麻)织物两块(大小以符合白度、强力测定和后序工艺实验要求为准)。

三、方法原理

双氧水在一定的碱性条件下分解出HO_2^-,它对纤维素上的色素有氧化破坏作用。但碱性过强,双氧水分解过快,纤维损伤也严重。除此之外,重金属离子对双氧水有催化分解作用,产生自由基离子和新生态氧,对纤维的损伤很大。所以氧漂体系中除需维持一个稳定、合适的pH外还要加入络合剂或螯合剂,防止重金属离子影响漂白效果。

四、操作步骤

(1)按配方要求计算、称取各助剂用量。

(2)先在配制器皿内放入工作液总量2/3的水,然后依次在搅拌条件下加入硅酸钠、螯合分散剂、渗透剂、双氧水,充分搅匀。

(3)然后用适量烧碱调节pH=11,加水至规定体积,搅匀后再验证pH。

(4)取经退浆和煮练后的棉(或麻)织物两块,分别投入漂液中,在室温下浸渍30s,取出用玻棒或用轧车除去多余漂液,放入蒸箱(或蒸锅)中汽蒸。

(5)取出试样,严格按工艺水洗,晾干后测定白度、强力(参见本模块项目七任务三和任务四),部分留作丝光实验用。

五、注意事项

（1）配制漂液时,双氧水应预先进行浓度折算。

（2）保证轧液透匀,轧液率宜控制在100%以上。

六、实验报告（表5－9）

表5－9 实验报告

实验结果 \ 试样编号	1#	2#
白度（%）		
漂白前织物强力（N/5cm）		
漂白后织物强力（N/5cm）		
强力损伤率（%）		
贴样		

任务四 碱—氧轧蒸法练漂

一、任务描述

参照下列工艺配方、工艺流程及条件对棉（或麻）织物进行练漂处理,并比较不同工艺的加工效果。

1. 工艺配方（表5－10）

表5－10 工艺配方

助 剂 \ 试样编号	1#	2#	3#
100%双氧水（g/L）	18	18	18
100%氢氧化钠（g/L）	30	30	30
稳定剂（g/L）	6	6	3
高效复配型精练剂（g/L）	4	8	8

2. 工艺流程及条件 坯布→浸渍或多次浸轧碱氧液（室温,1～2min,轧液率100%～110%）→汽蒸（98～100℃,60min）→热水洗3～4次（90～95℃）→温水洗两次（70～75℃）→冷水洗→晾干或烘干→留作测试和后序工艺实验用。

二、实验准备

1. 仪器设备 烧杯（200mL、500mL）、蒸箱（或蒸锅）、量筒（10mL、100mL）、温度计（100℃）、电炉、托盘天平、角匙、玻璃棒。

2. 染化药品 双氧水、氢氧化钠、稳定剂、高效复配型精练剂（均为工业品）。

3. 实验材料 纯棉（或麻）坯布三块（大小以符合毛效、白度、强力测定要求为准）。

三、方法原理

在合适的稳定剂存在下,双氧水能与较强的碱共浴,协同作用于棉纤维的共生物、棉籽壳及浆料,在一定的温湿条件下,集润湿、渗透、萃取、增溶、净洗和氧化等作用于一体,将织物上的杂质去除,达到半制品质量要求。

四、操作步骤

(1)根据试样大小确定合适的配液量,按配方计算、称取各助剂用量。

(2)在配液容器中放入工作液总量的 2/3 ~ 3/4 水量,依次加入稳定剂、高效复配型精练剂、氢氧化钠、双氧水(按序搅匀后再添加后一种),最后加水至规定体积,搅匀待用。

(3)将坯布投入已配制好的工作液中,在室温下浸渍(约 1 ~ 2min)。

(4)将织物取出,用玻璃棒或轧车除去多余的工作液,放入蒸箱(或蒸锅)中于 98 ~ 100℃下汽蒸 60min。

(5)蒸毕取出用 90 ~ 95℃热水洗 3 ~ 4 次(每次时间 ≥60s),70 ~ 75℃温水洗两次,最后用冷水洗、晾干或烘干。

(6)测定毛效、白度、强力等(参见本模块项目七任务二 ~ 任务四)。

五、注意事项

(1)双氧水和氢氧化钠使用时应预先进行浓度折算。

(2)配制好的工作液不宜放置过长时间。

(3)汽蒸后的洗涤非常重要,应按上述规定进行水洗。

(4)若为纯棉低特(高支)高密织物,上浆比较多,最好先退浆,然后再做碱氧练漂。

六、实验报告(表 5 – 11)

表 5 – 11　实验报告

实验结果	试样编号	1#	2#	3#
白度(%)				
毛效(cm/30min)				
原坯强力(N/5cm)				
练漂后强力(N/5cm)				
强力损伤率(%)				
手感及布面质量				
贴样				

项目三　棉针织物(或纱线)的练漂

针织物一般不上浆,所以练漂任务与机织物相比较轻。传统的针织物练漂工艺有煮练→漂白、碱一氧一浴法等。随着高效短流程、低能耗工艺的迅猛发展,多功能复合型煮练助剂在针织物蒸煮工艺和冷堆工艺上得到了广泛应用。

纱线的练漂方法、工艺流程及条件均与针织物相似,可参照进行。

本项目的教学目标是使学生掌握棉针织物练漂常用方法、工艺条件和基本操作。

任务一　碱—氧—浴法练漂

一、任务描述

参照下列工艺配方、工艺流程及条件,对棉针织物(或纱线)进行练漂处理,并比较不同工艺的加工效果。

1. 工艺配方(表5-12)

表5-12　工艺配方

试样编号 工艺条件	1#	2#
30%双氧水(g/L)	15	20
100%氢氧化钠(g/L)	5	8
35%硅酸钠(g/L)	6	6
高效精练剂(g/L)	2~3	2~3
浴比	1:10	1:10

2. 工艺流程及条件　织物(或纱线)润湿挤干后投入练漂液→练漂(沸煮40~50min)→热水洗2~3次(85~90℃)→温水洗1~2次(70~80℃)→冷水洗→晾干待测定。

二、实验准备

1. 仪器设备　烧杯(200mL、500mL)、量筒(10mL、100mL)、温度计(100℃)、电炉(或蒸锅)、托盘天平、角匙、玻璃棒、烘箱。

2. 染化药剂　双氧水、氢氧化钠、硅酸钠、高效精练剂(均为工业品)。

3. 实验材料　纯棉针织汗布或纯棉纱线两份(每份规格以符合毛效、白度及强力测定要求为准)。

三、方法原理

同本模块项目二任务四方法原理,但与棉机织布相比,其处理液浓度及工艺条件可适当降低。

四、操作步骤

(1)根据布样重决定配液量,按配方计算、称取各助剂。

(2)在配液容器中放入工作液总量的2/3~3/4水量,依次加入硅酸钠、高效精练剂、氢氧化钠、双氧水,然后加水至规定体积,并搅匀。

(3)将针织汗布(或纱线)用温水润湿并挤干投入配制好的练漂液中煮练,用表面皿盖住,在电炉上或蒸锅中升温至沸开始计时,煮练40~50min。其间不时搅拌,若练液蒸发过多,可添加适量沸水,以保持浴比。

(4)煮毕取出织物,用85~90℃热水洗2~3次,每次浸洗时间不能少于60s。再用70~80℃温水洗1~2次,最后冷水洗、晾干。

(5)测定毛效、白度、强力等(参见本模块项目七任务二~任务四)。

五、注意事项

(1)氢氧化钠、双氧水使用前应预先进行浓度折算。

(2)配制练液时可根据汗布厚薄及含杂多少作适当调整。

(3)若在电炉上完成该实验,应防止浴比变小造成练漂不均匀。

(4)针织物通常考核顶破强力(参见模块二项目三任务三),纱线考核单纱强力。

六、实验报告(表5-13)

表5-13 实验报告

实验结果 \ 试样编号	1#	2#
白度(%)		
毛效(cm/30min)		
原坯(纱)强力(N)		
练漂后织物(或纱线)强力(N)		
强力损伤率(%)		
贴样		

任务二 多功能精练剂练漂

一、任务描述

参照下列工艺配方、工艺流程及条件对棉针织物进行练漂,并比较不同工艺的加工效果。

1. 工艺配方(表5-14)

表5-14 工艺配方

工艺条件 \ 试样编号	1#	2#
多功能精练剂(g/L)	5	8
100% 双氧水(g/L)	5	5
浴比	1:10	1:10

2. 工艺流程及条件 织物(或纱线)润湿挤干后投入练漂液→练漂(沸煮40~50min)→热水洗(90~95℃)→温水洗(70~80℃)→冷水洗→晾干→待测定。

二、实验准备

1. 仪器设备 烧杯(200mL、500mL)、量筒(10mL、100mL)、温度计(100℃)、电炉(或蒸锅)、托盘天平、角匙、玻璃棒。

2. 染化药品 双氧水、多功能精练剂(均为工业品)。

3. 实验材料 纯棉针织汗布或纯棉纱线（规格以符合毛效、白度及强力测定要求为准）。

三、方法原理

多功能复配型精练剂的成分主要包括生物酶、碱性盐、渗透剂、δ-层状硅酸钠、过碳酸钠等多组分复合物，pH 为 11 ± 0.5（0.1%溶液），集渗透性、螯合分散性及碱性、净洗性于一体，应用时与双氧水共浴，协同产生润湿、渗透、萃取、增溶、净洗和氧化等作用，从而提高纤维制品的毛效和白度等。

四、操作步骤

（1）根据样布质量决定配液量，按配方计算各助剂用量，并配制练漂液。

（2）将织物润湿并挤干后投入练漂液煮练。

（3）后续操作同本项目任务一。

五、注意事项

同本项目任务一。

六、实验报告（表5-15）

表5-15 实验报告

实验结果 ＼ 试样编号	1#	2#
白度（%）		
毛效（cm/30min）		
原坯（纱）强力（N）		
练漂后织物（或纱线）强力（N）		
强力损伤率（%）		
贴样		

项目四 棉与化学纤维混纺或交织物的练漂

棉与化学纤维混纺或交织物的含杂量少，纱线强力较高，前处理任务没有纯棉重。目前涤棉混纺织物多采用二步法练漂工艺，如退煮合一→漂白，或退浆→煮漂合一，也可采用退煮漂合一工艺。其工艺流程短，能耗明显降低。

本项目的教学目标是使学生了解涤棉混纺织物和锦棉交织物练漂工艺特点，掌握常用的工艺条件和基本操作。

任务一 涤棉混纺织物轧蒸法练漂

一、任务描述

参照下列工艺配方、工艺流程及条件对涤棉（T/C）混纺织物进行练漂处理，并比较不同工艺的加工效果。

1. 工艺配方(表5-16)

表5-16 工艺配方

试样编号	1#	2#	试样编号	1#	2#
100% 双氧水(g/L)	10	10	氧漂稳定剂(g/L)	5	2
100% 氢氧化钠(g/L)	12	12	高效精练剂(g/L)	5	5

2. 工艺流程及条件 坯布→多浸多轧碱氧液(室温,轧液率90%~100%)→汽蒸(100~102℃,60min)→热水洗(90~95℃)3次→温水洗(65~70℃)两次→冷水洗→晾干→待测。

二、实验准备

1. 仪器设备 烧杯(200mL、500mL)、蒸箱(或蒸锅)、量筒(10mL、100mL)、温度计(100℃)、电炉、托盘天平、角匙、玻璃棒、烘箱。

2. 染化药品 过氧化氢、氢氧化钠、氧漂稳定剂、高效精练剂(均为工业品)。

3. 实验材料 涤/棉细平坯布两块(规格以符合毛效、白度测定要求为准)。

三、方法原理

同本模块项目二任务四。但由于涤棉混纺织物中棉组分含量较低,故含杂量少,处理液浓度可适当降低。

四、操作步骤

(1)根据需要决定配液量、按配方计算、称取各助剂用量。

(2)在配液容器中放入工作液总量的2/3~3/4水量,依次加入稳定剂、高效精练剂、氢氧化钠、双氧水,然后加水至规定体积,并搅匀。

(3)将T/C坯布投入已配制好的练液中,在室温下浸透(约1~2min),并用玻璃棒或轧车除去多余的练液。

(4)放入蒸箱(或蒸锅)中,于100~102℃汽蒸60min。

(5)取出,用90~95℃热水洗三次(每次时间≥60s),65~70℃温水洗两次,最后用冷水洗。

(6)晾干或烘干后测定毛效、白度、强力等(参见本模块项目七任务二~任务四)。

五、注意事项

同本模块项目二任务四。

六、实验报告(表5-17)

表5-17 实验报告

实验结果＼试样编号	1#	2#
白度(%)		
毛效(cm/30min)		
原坯强力(N/5cm)		

续表

实验结果 \ 试样编号	1#	2#
练漂后强力(N/5cm)		
强力损伤率(%)		
手感及布面质量		
贴样		

任务二 锦棉交织物冷轧堆法练漂

一、任务描述

参照下列工艺配方、工艺流程及条件对棉锦交织物进行练漂处理,并比较不同工艺的加工效果。

1.工艺配方(表5-18)

表5-18 工艺配方

助 剂 \ 试样编号	1#	2#
100%双氧水(g/L)	20	20
100%氢氧化钠(g/L)	40	40
稳定剂(g/L)	6	3
高效精练剂(g/L)	8	8
螯合剂(g/L)	4	4

2.工艺流程及条件 坯布→浸渍或二浸二轧练漂液(室温,轧液率100%~105%)→包封堆置(室温,24h)→热碱煮洗(3g/L净洗剂,2g/L纯碱,95℃以上,3min~5min)→热水洗3~4次(95℃以上)→温水洗两次(75~80℃)→冷水洗→晾干或烘干→留作测试和后序工艺实验用。

二、实验准备

1.仪器设备 烧杯(200mL、500mL)、量筒(10mL、100mL)、温度计(100℃)、电炉、托盘天平、角匙、玻璃棒。

2.染化药品 双氧水、氢氧化钠、稳定剂、螯合剂、高效精练剂(均为工业品)。

3.实验材料 锦棉交织坯布两块(规格以符合毛效、白度、强力测定要求为准)、塑料薄膜。

三、方法原理

同本项目任务一。由于反应温度低,则处理时间要更长,助剂浓度应更高。因此,若冬季室温较低时,则堆置时间要适当延长,夏天适当缩短。

四、操作步骤

(1)按配方计算各助剂用量,工作液配制方法同本项目任务一。

(2)将坯布投入已配制好的工作液中,在室温下浸透(约1~2min)后用玻璃棒或轧车去除多余的工作液。

(3)将织物放入烧杯中(或表面皿上),用塑料薄膜密封,在室温条件下放置24h。

(4)取出织物用含3g/L净洗剂、2g/L纯碱的煮洗液,高温沸煮3~5min。

(5)然后用95℃以上热水洗3~4次(每次浸洗60s左右),75~80℃热水洗两次,最后用冷水洗。

(6)晾干或烘干后测定毛效、白度、强力(参见本模块项目七)等。

五、注意事项

(1)双氧水和氢氧化钠使用时应预先进行浓度折算,并分开化料。同时应防止精练剂遇浓碱破乳而降低精练效果。

(2)冬天配液时可将水温调节到30~35℃,堆置温度提高至30~35℃,必要时需延长堆置时间。

(3)为防止练漂不均匀性,堆置一定时间后将织物适当翻动。

(4)冷堆后先煮洗后热水洗,可采用100~102℃汽蒸5~10min代替煮洗。

(5)浸轧碱氧练漂工作液后,立即用塑料薄膜密封好,防止风干。

六、实验报告(表5-19)

表5-19　实验报告

实验结果　　　　试样编号	1#	2#
白度(%)		
毛效(cm/30min)		
原坯强力(N/5cm)		
练漂后强力(N/5cm)		
强力损伤率(%)		
手感及布面质量		
贴样		

项目五　棉及其混纺织物的丝光

丝光(mercerize)是指棉布或棉纱在张力状态下用浓碱处理,赋予棉纤维一定的光泽,并改善纤维制品吸湿性、反应性、尺寸稳定性的加工过程。丝光效果与碱的浓度、张力、作用时间、温度等因素有关。

丝光效果的测定方法很多,如 X 射线衍射法、密度法可测定丝光前后纤维微结构的变化;染色法、钡值法可测定丝光前后纤维吸附性能的变化;显微镜观察法可测定纤维或纱线的膨化程度;通过测定强力、缩水率等可以了解丝光前后织物或纱线的拉伸性能及尺寸稳定性等。还可以采用丝光前后织物对碘的沾污差异程度来评价,此法作为在线生产快速测定丝光钡值或定性判断丝光与否非常有效。目前较常用的方法是钡值法和染色法。

本项目的教学目标是使学生掌握棉布或棉纱丝光的一般方法,了解碱的浓度、张力对丝光效果的影响,学会通过测定丝光钡值来评价丝光效果。

任务一 棉织物丝光
一、任务描述

按表 5 - 20 实验方案对棉织物进行丝光处理,比较不同条件下的处理效果,并参照本项目任务二中的钡值法考核丝光效果。

表 5 - 20 实验方案

工艺条件 ＼ 试样编号	1#	2#	3#
碱浓(g/L)	150	250	250
温度(℃)	室温	室温	室温
时间(min)	5	5	5
张力	保持原长	保持原长	松弛(即碱缩)

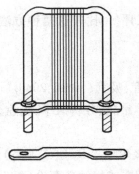

图 5 - 2 丝光实验架示意图

二、实验准备

1. 仪器设备 白搪瓷盆(盘)、烧杯(200mL、500mL)、量筒(10mL、100mL)、温度计(100℃)、刻度吸管(10mL)、玻璃棒、丝光实验架(图 5 - 2)。

2. 染化药品 氢氧化钠(工业品)。

3. 实验材料 经练漂后的纯棉半制品三块(每块 40cm × 10cm)或棉纱三份(每份约 2g)。

4. 溶液准备 150g/L、250g/L 氢氧化钠溶液。

三、方法原理

棉纤维在一定张力下与浓碱作用生成碱纤维素(alkalicellulose),纤维发生剧烈溶胀,然后在张力下将碱洗除,纤维素纤维发生了不可逆膨胀,天然扭曲消失,截面由腰圆形变为椭圆形,从而获得永久光泽;内应力消除、尺寸稳定性增加;纤维取向度提高,分子排列更有序,强度有所增加;无定形区增多,纤维内表面增大,可及羟基数量增加,反应性增加,从而使染料吸附能力提高。

四、操作步骤

（1）将配制好的烧碱溶液分别倒入两只白搪瓷盆（盘）中。

（2）拧松丝光架上的螺丝，将织物或纱线分别圈绕在丝光架上，然后拧紧螺丝，使织物或纱线所受张力以保持原长为宜。

（3）将装有试样的丝光架与分别放入150g/L和250g/L烧碱溶液中室温浸渍5min，碱缩试样直接放入250g/L烧碱中浸渍5min，取出试样在保持张力下用90～95℃热水洗三次，然后温水洗直至布面烧碱基本去净。

（4）释去张力，将所有试样充分水洗至pH＝7，晾干或烘干，留作丝光效果测试用。

五、注意事项

（1）若纱线丝光，应使纱线在丝光架上每圈长度等长，保证受力均匀。

（2）浸渍碱液时，织物或纱线必须完全浸没、浸透。

（3）保证在张力条件下将碱去净后再释去张力。

六、实验报告（表5－21）

表5－21　实验报告

实验结果　　　　试样编号	未丝光棉	丝光棉		碱缩棉
		1#	2#	3#
丝光钡值				
光泽（目测）				
强力（N）				

任务二　测定丝光效果

一、任务描述

对某印染企业加工的棉丝光织物用不同的方法进行丝光效果评价，比较这两种方法的优缺点。

二、实验准备

1. 仪器设备　碘量瓶（150mL）、锥形瓶（150mL）、酸式滴定管、吸管（10mL、20mL）、染杯（500mL）、烧杯（100mL、400mL）、量筒（100mL）、温度计（100℃）、称量瓶、分析天平、托盘天平、干燥器、剪刀、玻璃棒、恒温水浴锅、烘箱等。

2. 染化药品　氢氧化钡、盐酸、酚酞指示剂（均为化学纯），直接耐晒蓝RGL（工业品）。

3. 实验材料　未丝光棉布或棉纱、经不同浓度和张力丝光的棉布或棉纱各两份（每份试样按各方法要求准备，不少于2g）。

4. 溶液准备

（1）$c(HCl) = 0.1mol/L$盐酸溶液。

（2）$c\left[\frac{1}{2}Ba(OH)_2\right] = 0.25mol/L$氢氧化钡溶液。称取氢氧化钡40g（应稍过量），置于1000mL蒸馏水中溶解，不断振荡，在带盖的瓶中静置一昼夜，然后吸取上层澄清液至一个带盖的储液瓶中,盖上盖子备用。

三、方法原理

1. 钡值法　丝光钡值用棉纤维丝光后与丝光前对氢氧化钡吸附能力比值的 100 倍来表示。由于棉纤维经丝光后无定形区增加,因而可及羟基增多,对化学药剂的吸附能力增加。所以丝光钡值越高,丝光效果越好。若钡值在 100 ~ 105 之间,表示未丝光;150 以上表示充分丝光;105 ~ 150 之间表示丝光不完全。一般丝光钡值在 135 以上。

2. 染色法　棉纤维经丝光后无定形区体积增加,因而可及羟基增多,对化学药剂的吸附能力增强,所以通过染色实验,若得色越深,说明丝光效果越好。

四、操作步骤

1. 钡值法

(1)将未丝光、已丝光及碱缩处理棉布的经纱抽出,分别称取约 2g(稍过量),剪断成 0.5cm 左右长,置于 105 ~ 110℃烘箱中烘至恒重(约 1.5 ~ 2h)。

(2)取出纱线放入干燥器内冷却并准确称取 2g(精确至 0.001g),分别置于 150mL 碘量瓶中。

(3)取 30mL $c\left[\frac{1}{2}\text{Ba(OH)}_2\right] = 0.25\text{mol/L}$ 氢氧化钡溶液于碘量瓶中,加盖并不断加以振荡处理 2h。同时进行空白实验。

(4)分别吸取上述浸渍液 10mL 于锥形瓶中,加酚酞指示剂 2 ~ 3 滴,用 $c(\text{HCl}) = 0.1\text{mol/L}$ 盐酸溶液滴定至红色刚消失为终点。记录消耗盐酸体积数(mL)。

(5)按下式计算钡值:

$$\text{钡值} = \frac{(V_0 - V_1) \times W_2}{(V_0 - V_2) \times W_1} \times 100$$

式中:V_1 为丝光棉浸渍液耗用盐酸溶液的体积;V_2 为未丝光棉浸渍液耗用盐酸溶液的体积;V_0 为空白试验液耗用盐酸溶液的体积;W_1 为丝光棉重量;W_2 为未丝光棉重量。

2. 染色法

(1)将直接耐晒蓝 RGL 配制成 2g/L 的染料母液备用。

(2)按染料 2%(owf)、织物 2g、浴比 1:50 的要求配制染液,并加热至 95 ~ 100℃。

(3)将经 60 ~ 70℃热水润湿并挤干的织物或纱线投入染浴,按下列工艺曲线染色:

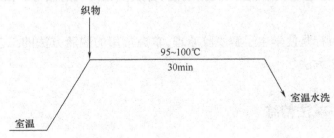

(4)染毕,取出用冷水冲洗干净并烘干。

(5)比较各试样的染色效果,并分别测定其表面色深(K/S值)。

五、注意事项

(1)丝光试样在测定前,必须充分水洗至中性,必要时可用甲基橙或刚果红指示剂检验,以免影响测定效果。

(2)滴定操作要迅速,否则影响滴定准确性。

(3)平行测试两次,每次盐酸耗量相差不应超过 0.1mL,否则说明测定结果不精确,应重新做。

(4)染色时,应保持染液体积,最好加盖表面皿,防止染液蒸发。

(5)染色过程应经常搅拌,以免染花。

六、实验报告(表 5 – 22)

表 5 – 22 实验报告

实验结果	试样名称	未丝光棉	半丝光棉1#	全丝光棉2#	碱缩棉3#
钡值法	V_0				
	V_1				
	V_2				
	W_1				
	W_2				
	丝光钡值				
染色法	K/S 值				
	贴样				

项目六 蚕丝织物的精练

蚕丝精练主要任务是去除丝胶。沸水、酸、碱、蛋白酶对丝胶有不同程度的作用,使丝胶与丝朊之间的结合力减弱,溶解度提高,借助于表面活性剂的作用,丝胶与丝素分离。脱胶(degumming)方法很多,如皂—碱法、合成洗涤剂法、合成洗涤剂—酶法等。蚕丝脱胶程度常以练减率表示。

本项目的教学目标是使学生了解脱胶原理,掌握常用的脱胶方法的工艺条件、脱胶效果影响因素及练减率测定方法。

任务一 皂—碱法精练

一、任务描述

按下列实验方案、工艺配方、工艺流程及条件对丝坯进行前处理,并比较经不同工序处理后的效果。

1. 实验方案（表 5 – 23）

表 5 – 23 实验方案

试样编号	1#	2#	3#
程 序	预处理	预处理→初练	预处理→初练→复练

2. 工艺配方（表 5 – 24）

表 5 – 24 工艺配方

工序 助剂	预处理	初练	复练
碳酸钠(g/L)	1	0.5	0.5
肥皂(g/L)	—	5	—
35%硅酸钠(g/L)	—	3.0	1.0
保险粉(g/L)	—	0.9	—
雷米邦(g/L)	—	—	2.5
pH	10.5	10 ~ 10.5	10
浴比	1:50	1:50	1:50

3. 工艺流程及条件 预处理(85℃,40min)→初练(98 ~ 100℃,40min)→复练(98 ~ 100℃,40min)→热水洗(95℃,10min)→温水洗(60℃,5min)→冷水洗(5min)→晾干或烫干→烘燥至恒重。

二、实验准备

1. 仪器设备 恒温水浴锅、扁形称量瓶、天平、烘箱、干燥器、染杯。

2. 染化药品 碳酸钠、硅酸钠、保险粉、肥皂、雷米邦 A(均为工业品)。

3. 实验材料 $50g/m^2$ 左右桑蚕丝平纹坯绸三块(每块重 1g)。

三、方法原理

丝素与丝胶虽然均为蛋白质,但它们的氨基酸组成、排列及超分子结构存在着较大差异,丝胶蛋白质中极性氨基酸含量比丝素高得多,分子排列不如丝素整齐,结晶度低,几乎无取向,所以在一定条件下丝胶能从丝素中分离出来,而不损伤丝素纤维。

四、操作步骤

(1)按配方分别配制预处理浴、初练浴(保险粉暂不加)、复练浴于染杯中。

(2)取试样 3 块,撕去毛边,用相同丝线绞缝四边,防止丝纤维掉脱。按顺序编号,精确称重(精确到 0.0002g)。

(3)将染杯放入恒温水浴中,盖上表面皿,升至规定温度后将 3 块试样同时投入预处理浴中,计时,并不时翻动试样。

(4)预处理毕,取出试样,将 1# 试样挤去溶液并清洗(95℃,10min → 60℃,5min →冷水,5min),洗毕晾干(或烫干),放入已称重的扁形称量瓶,置于 105～110℃ 烘箱内烘至恒重。

(5)将 2# 和 3# 试样投入已达规定温度的初练浴中,经常翻动试样。20min 后将试样提出液面,加入保险粉搅匀后,再放入试样翻动 1～2min,继续处理。初练结束,取出试样,其中将 2# 试样按步骤 4 中 1# 试样洗涤工艺进行清洗,晾干(或烫干),烘燥称恒重。

(6)将 3# 试样投入复练液中,操作与初练相同。练后按 1# 试样操作方法进行水洗,晾干(或烫干),烘燥称恒重。

(7)分别对经预处理、初练、复练的三块试样进行白度测量(本模块项目七任务三),并按下式计算练减率(D):

$$D = \frac{A - B}{A} \times 100\%$$

式中:A 为练前试样绝对干重(g);B 为练后试样绝对干重(g)。

五、注意事项

(1)温度对脱胶有很大影响,应严格控制温度误差在 ±1℃。

(2)精练时间可根据织物厚薄、丝坯品质加以增减。

六、实验报告(表 5 – 25)

表 5 – 25 实验报告

试样编号 实验结果	1# 预处理	2# 预处理→初练	3# 预处理→初练→复练
练前坯绸重 A(g)			
练后坯绸重 B(g)			
练减率(%)			
白度(%)			
手感			

任务二　合成洗涤剂—酶法精练

一、任务描述

按下列实验方案、工艺配方、工艺流程及条件对丝坯进行前处理,并比较经不同工序处理后的效果。

1. 实验方案(表 5 – 26)

表 5 – 26 实验方案

试样编号	1#	2#	3#
程　序	初练	初练→酶练	初练→酶练→复练

2. 工艺配方(表5-27)

表5-27　工艺配方

工序 助剂	初练	酶练	复练
分散剂 WA(g/L)	1.5	—	2.2
209 洗涤剂(g/L)	1.8	—	2.2
磷酸三钠(g/L)	0.9	—	0.9
35% 硅酸钠(g/L)	1.3	—	1.3
碳酸钠(g/L)	0.5	1.3	—
保险粉(g/L)	0.25	—	0.5
2709 碱性蛋白酶(g/L)	—	1	—
封锁剂 K(g/L)	—	—	0.22
pH	10.5	10~10.5	10
浴比	1:50	1:50	1:50

3. 工艺流程及条件　初练(98~100℃,40min)→热水(70~80℃)→水洗(60℃,10min)→酶练(43~45℃,40min)→水洗(60℃,10min)→复练(98~100℃,40min)→热水洗(70~80℃,10min)→温水洗(60℃,10min)→冷水洗(室温,10min)→晾干或烫干→烘燥至恒重。

二、实验准备

1. 仪器设备　恒温水浴锅、扁形称量瓶、天平、烘箱、干燥器、烧杯。

2. 染化药品　磷酸三钠(化学纯)、碳酸钠、硅酸钠、保险粉、209 洗涤剂、分散剂 WA、2709碱性蛋白酶(2万倍)、封锁剂 K(均为工业品)。

3. 实验材料　50g/m² 左右桑蚕丝平纹坯绸三块(每块重1g)。

三、方法原理

碱性蛋白酶(alkaline protease)对丝胶有催化分解作用,对丝素相对较稳定,所以可在一定条件下将丝胶去除而不保留丝素。但是蛋白酶不能去除蜡质和色素,因此还需借助于其他助剂进一步提高精练效果。

四、操作步骤

同本项目任务一,分别对经初练、酶练、复练的三块试样,按下式计算练减率(D)。

$$D = \frac{A - B}{A} \times 100\%$$

式中:A 为练前试样绝对干重(g);B 为练后试样绝对干重(g)。

五、注意事项

(1)酶液应现配现用。

(2)初练试样冷却至40~45℃,或在40~45℃温水中浸渍1min,挤干后再投入酶练浴。

（3）其他注意事项参照本项目任务一。

六、实验报告（表5-28）

表5-28　实验报告

试样编号 实验结果	1# 初　练	2# 初练→酶练	3# 初练→酶练→复练
练前坯绸重 A(g)			
练后坯绸重 B(g)			
练减率(%)			
白度(%)			
手感			

项目七　印染半制品质量考核

印染半制品的质量好坏直接影响到印染成品的质量，所以，织物经练漂处理后，需要考核半制品质量。如以退浆率来评价退浆工艺效果，以毛效和残脂率来评价织物煮练效果，以白度和纤维损伤程度来评价织物漂白效果等。此外，还应根据织物的加工要求及用途决定考核指标水平。

本项目的教学目标是使学生了解半制品考核内容，初步掌握各项指标的测试与评价方法。

任务一　测定织物的退浆率（碘量法）

测定织物的退浆率，首先应该了解织物上的含浆率，所以织物退浆率的测定实际上就是对织物含浆率进行定量测定。

织物上所含浆料的定量测定方法是根据浆料的性质所确定的。对于淀粉浆而言，测定方法有重量法、碘量法（也称水解法）及高氯酸钾法等。重量法是通过测定退浆前后试样的重量以求得退浆率。这种方法简便，但由于失重部分除浆料外还有其他水溶性物质及纤维绒毛，所以不够准确。碘量法是用无机酸或淀粉酶使淀粉初步水解而溶解于水中，再进一步水解成葡萄糖，然后利用葡萄糖能将碘还原的性质测定退浆前后试样上淀粉水解产物的含量，以求得退浆率。这种方法能反映织物上淀粉含量的变化，但操作难控制，易发生纤维素的水解而影响测定效果。高氯酸钾法是利用高氯酸溶液将织物上的淀粉溶解于溶液中，然后加入醋酸、碘化钾和碘酸钾溶液，使其生成蓝色络合物。此络合物水溶液的 λ_{max} 为 620nm 左右，当淀粉浓度在一定范围内时，符合朗伯—比尔定律。因此，可用比色法测定织物上淀粉含量。以上三种方法以碘量法最为常用。

一、任务描述

分别对已退浆和未退浆的织物采用碘量法测定布面含浆率，然后计算退浆率。

二、实验准备

1. 仪器设备　烧杯(200mL、800mL)、量筒(10mL、100mL)、容量瓶(500mL)、圆底烧瓶(500mL)、碘量瓶(500mL)、吸管(50mL)、称量瓶、酸式测定管、回流冷凝装置、滴管、烘箱、电炉、分析天平。

2. 染化药品　盐酸、氢氧化钠、碳酸钠、碳酸氢钠、硫代硫酸钠、碘、碘化汞、碘化钾、甲基橙指示剂、淀粉指示剂(均为化学纯)。

3. 实验材料　经酶退浆织物和未退浆织物各一块。

4. 溶液准备

(1) $c(HCl) = 1mol/L$ 的盐酸溶液。

(2) $c(NaOH) = 1mol/L$ 的氢氧化钠溶液。

(3) $c\left(\frac{1}{2}I_2\right) = 0.1mol/L$ 的碘溶液。称取20g碘化钾,用少量蒸馏水溶解,再称13g碘,缓缓加入碘化钾溶液中,并将溶液振荡至碘完全溶解,加水稀释至1L,储存在棕色瓶中备用。

(4) $c(Na_2S_2O_3) = 0.1mol/L$ 的硫代硫酸钠标准溶液。

(5) 25%硫酸溶液。

(6) 50%氢氧化钠溶液。

(7) 0.5%淀粉溶液。称取0.5g可溶性淀粉置于小烧杯中,加水10mL调成浆状,在搅拌下倒入90mL沸水中,煮沸2min后放置,取上层澄清液,加入少量碘化汞备用。

(8) 缓冲溶液。每升水中含21.25g碳酸钠和16.80g碳酸氢钠。

三、方法原理

在强酸性条件下淀粉水解成葡萄糖,利用葡萄糖的还原性将碘还原。通过硫代硫酸钠测定溶液中未被葡萄糖还原的碘的多少来计算淀粉的含量。织物上淀粉浆料越多,水解生成的葡萄糖越多,硫代硫酸钠溶液的消耗量就越少。

四、操作步骤

(1) 取退浆和未退浆织物各一块,分别称取10g左右(精确至0.001g),放在称量瓶中置于105～110℃烘至恒重,然后放在干燥器中冷却,精确称重以计算含水率。

(2) 将织物置于800mL烧杯中,加300mL蒸馏水,沸煮1h。沸煮过程中,经常补充沸热蒸馏水,以保持原液量不变。

(3) 然后加入 $c(HCl) = 1mol/L$ 的盐酸溶液30mL,再沸煮0.5h。将试样压挤去除水分,放在另一个200mL烧杯中,以100mL沸水分3次用倾泻法洗涤。将洗涤液与原液合并,置于500mL圆底烧瓶中。

(4) 加入浓盐酸15mL于萃取液中,装上回流冷凝装置,加热1.5h。冷却后,倒入500mL容量瓶中稀释到刻度。

(5) 吸取上述溶液200mL置于碘量瓶中,加50%氢氧化钠溶液4mL左右,然后加入1～2滴甲基橙指示剂,用 $c(NaOH) = 1mol/L$ 的氢氧化钠溶液滴至甲基橙变色为止。

(6) 加入缓冲溶液50mL,再加入 $c\left(\frac{1}{2}I_2\right) = 0.1mol/L$ 的碘溶液50mL,加盖置于暗处1.5h,

然后加入25%硫酸溶液15mL,以$c(Na_2S_2O_3)=0.1mol/L$的硫代硫酸钠标准溶液滴至淡黄色。加入淀粉溶液指示剂,继续滴至蓝色消失即为终点,记录硫代硫酸钠标准溶液耗用体积V_1。平行实验两次,取其平均值。

(7)以200mL蒸馏水作空白试验,按同样的操作方法滴定,记录硫代硫酸钠标准溶液耗用体积V_0。平行实验两次,取其平均值。

(8)按下式计算退浆率:

$$含淀粉率 = \frac{(V_0 - V_1) \times c_{Na_2S_2O_3} \times 0.081 \times (1+含水率)}{\frac{2}{5} \times 布样重量} \times 100\%$$

$$退浆率 = \frac{坏布含淀粉率 - 退浆后试样含淀粉率}{坏布含淀粉率} \times 100\%$$

五、注意事项
整个操作过程中,应防止萃取液溅洒到外面。

六、实验报告(表5-29)

表5-29　实验报告

实验结果 ＼ 试样编号	1#	2#
	坏布	退浆布
织物湿重(g)		
织物干重(g)		
含水率(%)		
V_1(mL)		
V_0(mL)		
含浆率(%)		
退浆率(%)		

任务二　测定织物的毛细管效应

一、任务描述
根据给定织物的种类及实际需要,合理选择表5-30中的方法,对经不同前处理工艺加工的织物进行毛细管效应的测定,并对照半制品要求进行质量评价。

表5-30

实验方法	测　试　内　容	备　注
方法一	30min 水垂直上升织物的高度(cm)	常用
方法二	液滴落于布面至液滴镜面恰好消失所需的时间(s)	适用于针织物等
方法三	水垂直上升织物2cm 高度所需的时间(s)	适用于车间快速测定

二、实验准备

1. 仪器设备　毛细管效应测定装置(图5-3)、秒表、剪刀、滴管等。

2. 染化药品　重铬酸钾或铬酸钾(实验试剂)。

3. 实验材料　经不同工艺前处理的试样若干块，方法一试样准备要求为将待测试样剪成30cm×5cm(经×纬)布条，每种试样各两块，在离布端1cm左右处作好标尺零点线，并将每块试样编号。

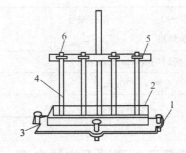

图5-3　毛细管效应测定装置
1—底座螺丝钉　2—盛液槽　3—底座
4—标尺　5—横架　6—夹子

三、方法原理

棉布的润湿性常用毛细管效应衡量。织物经退煮后，浆料及纤维素共生物已基本去除，纤维的毛细通道已打通，织物的润湿性大大提高。所以毛效可反映前处理效果的优劣，毛效越高，织物润湿所需要的时间越短，表示前处理效果越好。

四、操作步骤

1. 方法一

(1)将毛细管效应测定装置安装好并调整水平。

(2)在座盘上放上盛液槽，槽内加入约2000mL水(必要时可用5g/L重铬酸钾溶液代替)。

(3)调节液面与标尺读数零点对齐，然后升高横架，固定试样布条，使其下端的铅笔线正好与标尺零点对齐。将横架连同标尺及试样一起下降，直到标尺零点与水平面刚接触为止。

(4)分别记录5min与30min后液体沿织物上升的高度(cm)。如高度值参差不齐，读取最低值。平行测试两次，取其平均值。

2. 方法二

(1)用滴管吸取净水，从垂直于试样的1cm高度向试样滴落。

(2)当液滴刚接触试样面即按下秒表，当液滴在试样上完全铺展时按停秒表。即测定液滴落于布面至液滴镜面恰好消失所需的时间。

(3)在不同位置重复以上操作5~10次，然后取平均值。

五、注意事项

(1)平行试验的布样或试验点应间隔选取。

(2)煮练后充分水洗，否则测得的毛效值不准。

(3)方法三的操作可参照方法一，然后测量水在织物上垂直上升2cm高度时所需的时间(s)。

六、实验报告

方法一实验报告见表5-31,方法二和方法三可自拟表格,用秒(s)表示其毛效可参照。

表 5 – 31　实验报告

实验结果＼试样编号	1#	2#	3#
瞬时毛效(cm/5min)			
毛效(cm/30min)			
评价			

任务三　测试织物的白度

一、任务描述

对经氧漂白加工的织物进行白度测定,比较不同工艺的漂白效果。

二、实验准备

1. 仪器设备　白度仪或计算机测色配色仪。

2. 实验材料　氧漂试样两块(每块约 12cm×24cm)。

三、方法原理

织物经氧漂后,色素去除,对光的反射率大大提高、白度增加。白度值是通过测量试样表面漫反射的辐射亮度,然后与同一辐照条件下完全漫反射的辐射亮度之比获得的。

四、操作步骤

(1)取试样 12cm×24cm 一块,折成 6cm×6cm 八层;若为薄织物,则取 18cm×24cm,折成 6cm×6cm 十二层。

(2)将准备好的试样按白度仪操作说明进行测定。

(3)每块试样在不同部位保持经纬方向一致的情况下测定三次,取其平均值。

五、注意事项

(1)用不同型号的仪器测得的白度值没有可比性,因此,出具白度数值时应注明仪器型号。

(2)测定同一批试样时,织物折叠层数应保持一致。

(3)白度值还可用计算机测色配色仪测定(详见模块一项目三任务六)。

六、实验报告(表 5 – 32)

表 5 – 32　实验报告

实验结果＼试样编号	1#	2#
白度(%)		
特点		

任务四　测定织物的强力损伤

一、任务描述

对经不同漂白工艺加工的织物进行强力损伤率测定,并分析影响强力损伤的因素。

二、实验准备

1. 仪器设备 织物强力试验仪、剪刀、钢尺、秒表、天平。

2. 染化药品 氢氧化钠（工业品）。

3. 实验材料 未经漂白试样一份、经氧漂后试样两份（每份试样规格以满足强力测试要求为准）。

三、方法原理

棉织物漂白时天然色素被破坏去除，白度增加，纤维也不同程度受损伤，尤其工艺条件控制不当时损伤更严重。测定纤维的损伤程度，比较直观的方法是测定织物漂白前后的强力变化，但此法不能反映漂白后的潜在损伤。潜在损伤需经碱处理后才能表现出来，故可通过测定织物经碱煮后的强力变化来反应纤维损伤程度。此法比较实用。

四、操作步骤

（1）取漂白和未漂白试样各一份，按以下工艺条件进行碱煮处理，水洗、晾干后备用。

氢氧化钠	1g/L
温度	95～100℃
时间	30min
浴比	1:30

（2）将所有待测试样（包括经碱煮和未经碱煮）按模块二项目三任务一中的取样要求准备。

（3）将试样置于标准条件下[(20±3)℃，相对湿度(65±3)%]展平放置24h以上。

（4）参照模块二项目三任务一中的操作步骤，每块试验至少测试两次，取其平均值。

五、注意事项

（1）布条边纱毛羽应拉净，确保精确量取的5cm布条经纱或纬纱有完整的交织点。

（2）碱煮时试样不应暴露于液面之上。

六、实验报告（表5-33）

表5-33 实验报告

试样名称	未经漂白		氧漂1#		氧漂2#	
实验结果	碱煮前	碱煮后	碱煮前	碱煮后	碱煮前	碱煮后
断裂强力（N）						
强力损伤率（%）						

任务五　测定针织物的可缝性

一、任务描述

某企业送检针织物试样，请模拟测试服装接缝处牢度进行可缝性试验，分别对纵向损伤和横向损伤平行试验五次，然后比较其损伤率。

二、实验准备

1. 仪器设备 缝纫机（速度≥5000针/min）、洗衣机、镊子、放大镜、钢板尺。

145

2.实验材料 纬编针织物 1.5～2.0m 或纬编针织缝制品若干。取样要求如下：

（1）若为织物试样。从样品上裁取整幅条样 200mm，用于测定纵向损伤；再沿纵向裁取长 1200mm，宽 200mm 的条样，用于测定横向损伤。将试样条样沿长度方向对折，在距折痕约 10mm 处平行于折痕缝制一条直形线缝（机针与缝纫线的选择见表 5－34）。将制备好的缝合组件置于 0.5% 皂液中，在 40℃、浴比 1∶30 的条件下处理 10min，取出后在沿经纬向各搓洗 10 次，并用冷水清洗，低温下晾干。在距两端 150mm 以上的中段范围内剪取线缝长 100mm，上下两片宽度 25mm 的试样 5 块。

表 5 － 34　机针与缝纫线的选择

机针针号（Nm）	缝纫线线密度（tex）	适用织物类型
75#	R24～36（合股线）	薄型，如衬衫衣料、内衣料
90#	R45～60（合股线）	中厚型，如外衣料
100#	R75～90（合股线）	厚型，如家具布

注　Nm 为 75#、90#、100# 的机针，分别相当于习惯称谓的 11#、14#、16#。

（2）若为缝制品试样，将试样洗涤，晾干后，剪取线缝长 100mm，宽度 25mm 的试样 5 块。

三、方法原理

针织物（knitted fabrics）是由线圈组成的，在加工或缝制过程中会因纱线受损而造成脱散，尤其是纬编针织物。针织物可缝性可采用缝纫损伤和受损纱线率两个指标来反映。缝纫损伤是指织物经过缝纫，由于穿过织物的缝纫针造成纱线部分或完全断裂的现象。受损纱线是指织物中由于缝纫损伤所造成的至少有一半以上纤维断裂的纱线。测试时是将织物制成缝合组件，在规定条件洗涤、晾干，然后拆去缝纫线，选取一片织物，计数一定长度内受损纱线数及针迹数，从而评价缝纫损伤程度。

四、操作步骤

（1）在试样上居中划两条标记，使标记间的线缝长度至少为 50mm。

（2）计数每块试样标记间的针迹数 N_s。

（3）用手分别对试样的两片施加足够的张力，使接缝张开，露出缝线，检查缝纫质量的情况。

（4）在每个线迹的中央，将缝纫线剪断，从针孔中抽去缝纫线（底线可以保留），把各层织物分开，选择上层计数缝纫损伤。

（5）平行于纵向或横向剪去距针迹 5mm 以上部分，然后将标记以外部分也剪除。

（6）若针迹垂直或近似垂直于纵向，则逐一拆出每根纱线，观察纱线受损情况，计数各受损纱线上受损处数的总和 N_t；若针迹垂直或近似垂直于横向，则逐一拆下每根纱线，观察纱线受损情况，计数纱线总数 N_y 和受损纱线数 N_t。

（7）计算与结果表示。

①缝纫损伤率 D_s。

$$D_s = \frac{N_t}{N_s} \times 100\%$$

式中：N_t 为受损纱线数；N_s 为每块试样标记间的针迹数。

②纱损率 D_y。

$$D_y = \frac{N_t}{N_y} \times 100\%$$

或

$$横向实验 \quad D_y = \frac{5N_t}{LP_T} \times 100\% \qquad 纵向实验 \quad D_y = \frac{5N_t}{LP_W} \times 100\%$$

式中：N_y 为计数纱线总数；L 为标记间长度（cm）；P_T 为针织物纵向线圈密度（圈/5cm）；P_W 为针织物横向线圈密度（圈/5cm）。

（8）重复上述操作，分别计算纵向、横向损伤平均值。

五、注意事项

（1）本实验方法也适用于一般的机织物及其缝纫制品，但不适用于不能拆解的织物及制品。

（2）在剪取小块试样时，应避免任何缝纫不正常成形的部位。

六、实验报告（表5-35）

表5-35　实验报告

试样名称：		纵向线圈密度：		横向线圈密度：	
评价指标 实验结果		纵向损伤		横向损伤	
		N_s	N_t	N_s	N_t
测试结果数据（平均值）					
平均缝纫损伤率 D_s（%）					
平均纱损率 D_y（%）					

☞ **复习指导**

1. 理解各浆料的鉴别方法、原理，熟记各浆料鉴别的特征反应，准确鉴别常用浆料成分。

2. 了解织物上蜡状物质的测定方法。

3. 掌握常用织物练漂工艺原理、工艺条件、配方中各组分的作用、质量评价方法及操作规范等，并能结合实验结果正确分析影响各工艺的关键因素。

4. 掌握丝光工艺原理、工艺条件、丝光效果的质量评定方法及操作规范等。

5. 掌握半制品质量考核要求与各种常用测试方法，能正确使用、安全操作各种测试仪器。

☞ **思考题**

1. 检验混合浆中是否有淀粉浆时，如何避免其他浆料的干扰？

2. 检验淀粉—PVA 混合浆中的 PVA 浆时,消除淀粉浆干扰依据的原理是什么?

3. 酶退浆工艺的主要工艺影响因素有哪些? 说明氯化钠在酶退浆中起什么作用?

4. 分析常规煮练液中各助剂的作用?

5. 分析硅酸钠在氧漂工艺中的作用?

6. 碱—氧工作液中添加过硫酸钾起什么作用?

7. 比较冷堆法与轧蒸法的质量效果及工艺特点。

8. 试分析碱—氧轧蒸法练漂工艺的主要工艺因素有哪些?

9. 碱氧一浴法练漂与多功能精练剂练漂各有什么优缺点。

10. 通过实验,你体会到配制碱—氧练漂液时需注意哪些事项?

11. 分析比较未丝光、半丝光、全丝光和碱缩棉布或棉纱的得色量、透染性。

12. 分析织物经丝光处理后哪些性能发生了变化? 为什么?

13. 试分析丝光钡值反映了丝光织物的哪些性能? 它与染色性能变化是否一致?

14. 分析经不同程序处理后的丝织物练减率、白度变化规律。

15. 有时棉布上的天然杂质并未完全去净,但织物的毛效却很高,试分析原因。

16. 试分析煮练时蜡状物质是否去得越净越好?

17. 为什么不同的仪器测得的白度值不同?

18. 试分析前处理过程中,导致织物强力损伤的主要原因有哪些。

参考文献

[1]钱和生.织物上浆分析[J].国外纺织技术,1994(01):17-23.

[2]上海印染工业行业协会,《印染手册》(第二版)编修委员会.印染手册[M].2版.北京:中国纺织出版社,2003.

[3]全国纺织品标准化技术委员会基础标准分会.FZ/T 01032—2012 织物及制品缝纫损伤的试验方法[S].北京:中国标准出版社,2013.

模块六　染色及工艺影响因素实验

染色是一个复杂的过程,不同的染料品种,不同的纤维类别染色原理、染色方法、染色工艺条件及染色效果均不相同。目前,常用染料有活性染料、还原染料、硫化染料、分散染料、酸性染料、阳离子染料等。

本模块重点介绍常用染料的浸染和轧染染色方法、基本原理、影响染色效果的因素等。通过学习,使学生掌握常用染料的染色工艺流程及主要工艺条件,学会浸染、轧染打样的基本操作,并能合理制订常用染料的染色工艺。

项目一　纤维素纤维制品的染色

纤维素纤维常用活性染料(reactive dyes)、还原染料(vat dyes)、硫化染料(sulpher dyes)等染色,各类染料的色泽、牢度、价格等各异,可根据产品的具体要求与用途进行选择。

本项目的教学目标是使学生了解纤维素纤维常用染料的染色方法,染色工艺因素如温度、助剂等对染料上染及固色的影响,掌握染色打样常规操作,并学会活性染料固色率的测定方法。

任务一　活性染料浸染
一、任务描述

参照下列配方及条件对棉或其他纤维素纤维制品进行活性染料浸染工艺实验,比较不同温度、不同碱剂对不同类型活性染料固色率的影响,并采用洗涤法测定碱剂影响实验的固色率。

1. 温度影响实验(表6-1)

表6-1　温度影响实验方案

试样编号	1#	2#	3#	4#
低温型活性染料(%,owf)	2	2	—	—
高温型活性染料(%,owf)	—	—	2	2
氯化钠(g/L)	20	20	20	20
碳酸钠(g/L)	10	10	10	10

续表

试样编号	1#	2#	3#	4#
染色温度/染色时间	室温/30min	60℃/30min	室温/30min	60℃/30min
固色温度/固色时间	室温/30min	90℃/30min	室温/30min	90℃/30min
布重(g)	2			
浴比	1∶50			

2. 碱剂影响实验(表6-2)

表6-2 碱剂影响实验方案

试样编号	1#	2#	3#	4#
中温型活性染料(%,owf)	2	2	2	2
氯化钠(g/L)	20	20	20	20
碳酸氢钠(g/L)	—	10	—	—
碳酸钠(g/L)	—	—	10	—
氢氧化钠(g/L)	—	—	—	10
染色温度/染色时间	65℃/30min			
固色温度/染色时间	65℃/30min			
布重(g)	2			
浴比	1∶50			

二、实验准备

1. 仪器设备 染杯(250mL)、烧杯(100mL、200mL)、量筒(10mL、100mL)、移液管(10mL)、温度计(100℃)、恒温水浴锅、容量瓶(100mL、500mL)、洗耳球、电炉、电子天平、表面皿等。

2. 染化药品 氯化钠、碳酸氢钠、碳酸钠、氢氧化钠、活性染料(包括低温型、中温型、高温型)、皂粉(均为工业品)。

3. 实验材料 纯棉半制品八块(每块2g)。

4. 溶液准备 4g/L活性染料(包括低温型、中温型、高温型)母液。

三、方法原理

温度和碱剂是影响活性染料反应性的重要因素。温度高,碱性强(即染液pH高),固色反应速率和水解反应速率都会提高,但当温度和pH过高时,水解反应速率比固色反应速率增加得更快,固色率反而降低。因此,对反应性高的染料,固色温度应低一些,碱性可弱些;对反应性低的染料,固色温度应适当高一些,碱性则应强些。

活性染料固色率的测定有酸溶解法和洗涤法。酸溶解法是将染色纤维用硫酸溶解后,用光电分光光度计测定其染料含量,并与原染液中的染料量对比,求出固色率。洗涤法是在纤维染色后,用分光光度计测定所收集的残液中的染料含量,并与原染液中的染料量对比,求出固色率。洗涤法更为常用,本实验采用此法。

四、操作步骤

1. 温度与碱剂影响实验

（1）分别按表6-1和表6-2实验方案计算所需染料母液体积，准确量取后放入清洁染杯中，并加水至规定浴量，置于恒温水浴锅加热至规定染色温度。

（2）将事先用温水润湿并挤干的织物投入染浴，使其完全浸没于染液均匀上染。染色10min后加入食盐，搅拌溶解后续染20min。

（3）将染液升温至规定的固色温度，加入碱剂，搅拌溶解后固色30min。

（4）染毕，取出织物水洗、皂洗（皂粉3g/L，浴比1∶30，95℃以上，2~3min）、水洗、烘干。

（5）分别收集碱剂影响实验染色残液、水洗液和皂煮残液于500mL容量瓶，待用。

2. 固色率测定

（1）将收集的碱剂影响实验中所用的染色残液、水洗液和皂煮残液用蒸馏水稀释至500mL，从中吸取20mL，用蒸馏水稀释至100mL备用。

（2）取空白染液和皂煮液1份（不加布样，浓度及处理条件均与染色原液相同），用蒸馏水稀释至500mL，从中吸取5mL，再用蒸馏水稀释至100mL作为标准液备用。

（3）用分光光度计测定标准液的最大吸收波长，并用最大吸收波长测定残液和标准液的吸光度，按下式计算固色率：

$$Y = \frac{D}{C \times n} \times 100\%$$

$$固色率 = 100\% - Y$$

式中：Y为残液中染料含量；D为残液吸光度；C为标准液吸光度；n为标准液与残液测试浓度的比值（按上述冲稀方式$n = 20/5 = 4$）。

五、注意事项

（1）染色过程中应经常搅拌染液和翻动布样，并防止布样浮出液面。

（2）加入食盐和碱剂时，应将布样取出，搅拌均匀后再放入布样，并继续搅拌。

（3）高温染色时需加盖表面皿，防止染液蒸发。

（4）注意控制水洗浴量，以不超过300mL为宜。

（5）若按GB/T 2391—2014《反应性染料 固色率的测定方法》，需分别配制标准染料原液与标准皂煮原液，并分别收集染色残液与皂煮残液，按下式计算吸色率E与固色率F：

$$E = \left(1 - \frac{D_2 n_2}{D_1 n_1}\right) \times 100\%$$

式中：E为吸色率（%）；D_1为标准染料原液的吸光光度值；n_1为标准染料原液的稀释倍数；D_2为染色残液的吸光光度值；n_2为染色残液的稀释倍数。

$$F = E - \frac{D_4 n_4}{D_3 n_3} \times 100\%$$

式中:F 为固色率(%);D_3 为标准皂煮原液的吸光光度值;n_1 为标准皂煮原液的稀释倍数;D_2 为皂煮残液的吸光光度值;n_2 为皂煮残液的稀释倍数。

六、实验报告

1. 温度影响实验(表6-3)

表6-3 温度影响实验报告

试样编号 实验结果	1#	2#	3#	4#
贴样				
目测固色率				
结果分析				

2. 碱剂影响实验(表6-4)

表6-4 碱剂影响实验报告

试样编号 实验结果	1#	2#	3#	4#
贴样				
D				
C				
Y				
固色率(%)				
结果分析				

任务二 活性染料轧染实验

一、任务描述

参照下列工艺配方、工艺流程及条件对棉或其他纤维素纤维制品进行活性染料轧染工艺实验,比较不同固色方法对固色率的影响。

1. 工艺配方

中温型活性染料	10g/L
渗透剂 JFC	2g/L
碳酸氢钠	10g/L

2. 工艺流程及条件

织物→浸轧染液(室温,一浸一轧,轧液率70%)→烘干→汽蒸(100~102℃,1.5~2min)或焙烘(140~150℃,2~2.5min)→水洗→皂洗(皂粉3g/L,浴比1∶30,95℃以上,3min)→水洗→烘干。

二、实验准备

1. 仪器设备

烧杯(200mL、500mL)、量筒(10mL、100mL)、温度计(100℃)、小轧车、烘箱

(或蒸箱)、电炉、电子天平、角匙、玻璃棒等。

2. 染化药品 碳酸氢钠、皂粉、渗透剂 JFC、中温型活性染料(均为工业品)。

3. 实验材料 纯棉半制品一块(约 120mm×300mm)。

三、方法原理

一浴法轧染,即将活性染料和碳酸氢钠(小苏打)放在同一浴中,织物经浸渍染液、均匀轧压后,染料均匀地分布在织物上。经汽蒸或焙烘,染料上染纤维的同时,小苏打分解生成碱性较强的碳酸钠,使染料与纤维键合反应而固着,经过后处理去除浮色,提高染色牢度和鲜艳度。

四、操作步骤

(1)按配制 100mL 染液要求计算配方用量。

(2)将称取的染料置于 200mL 烧杯中,滴加渗透剂调成浆状,先加入少量蒸馏水溶解,然后加入预先溶解好的碳酸氢钠溶液,搅拌均匀后加水至规定液量待用。

(3)将织物投入染液,在室温下一浸一轧,浸渍时间为 10s 左右,浸轧后的织物悬挂在烘箱内烘干。

(4)将烘干织物一分为二,一块置于蒸箱内汽蒸,另一块置于烘箱内焙烘。

(5)取出后经水洗、皂洗、水洗、烘干,分别测定耐洗色牢度和耐摩擦色牢度(详见模块四项目三任务一和任务二)。

五、注意事项

(1)织物轧液应均匀,轧液前后不宜碰到水滴。

(2)烘干时应注意防止泳移,烘干温度在 80~90℃为宜。

六、实验报告(表6-5)

表6-5 实验报告

实验结果	固色方法		汽蒸法	焙烘法
	贴样			
耐洗色牢度		原样褪色(级)		
		白布沾色(级)		
耐摩擦色牢度		干摩(级)		
		湿摩(级)		
	结果分析			

任务三 活性染料冷轧堆染色

一、任务描述

参照下列工艺配方、工艺流程及条件对棉或其他纤维素纤维制品进行活性染料冷轧堆染色工艺实验,比较不同碱剂对固色率的影响。

1. 工艺配方(表6-6)

表6-6 工艺配方

试样编号	1#	2#	3#
中温型活性染料(g/L)	10	10	10
尿素(g/L)	10	10	10
纯碱(g/L)	10	—	—
30%烧碱(g/L)	—	6	10
35%水玻璃(g/L)	—	10	—

2. 工艺流程及条件 织物→浸轧染液(室温,一浸一轧,轧液率60%)→包封堆置(室温, 3~5h)→水洗→皂洗(皂粉3g/L,浴比1:30,95℃以上,2~3min)→水洗→烘干。

二、实验准备

1. 仪器设备 烧杯(200mL、500mL)、量筒(10mL、100mL)、小轧车、塑料薄膜、电炉、电子天平等。

2. 染化药品 烧碱、水玻璃、纯碱、尿素、中温型活性染料、皂粉(均为工业品)。

3. 实验材料 纯棉半制品三块(每块约100mm×200mm)。

三、方法原理

冷轧堆法染色是将织物浸轧含有染料和碱剂的染液后,用塑料薄膜包封好,在室温下放置一段时间,使其完成染料的扩散和固着。由于在室温下染色,染料的水解很少,又因堆置时间较长,染料的固着率较高,特别适用于反应性强、直接性低而扩散速率快的染料。

四、操作步骤

(1)按配制100mL染液要求计算配方用量。

(2)将称取的染料置于200mL烧杯中,用少量蒸馏水调匀,依次倒入预先溶解好的尿素和碳酸钠溶液,搅拌均匀后加水至规定量待用。

(3)织物投入轧染液中一浸一轧后,即用塑料薄膜包好,室温下放置3~5h。

(4)将织物水洗、皂洗、水洗、烘干。

五、注意事项

(1)严格控制轧液率,并保证轧液在织物上分布均匀。

(2)用塑料薄膜包封织物时应平整、密封、无气泡。

六、实验报告(表6-7)

表6-7 实验报告

实验结果＼试样编号	1#	2#	3#
贴样			
目测固色率			
结果分析			

任务四 还原染料隐色体浸染

一、任务描述

参照表6-8和表6-9工艺配方与条件,用还原染料染分别选用甲、乙、丙三种方法纤维素纤维制品,并进行移染性能实验,为给定的染料选择最佳染色方法和考核其匀染性。

1. 染色方法实验(表6-8)

表6-8 染色方法实验工艺配方及条件

染色条件 \ 染色方法	甲法	乙法	丙法
还原染料(%,owf)	2	2	2
渗透剂(滴)	4~5	4~5	4~5
30%(36°Bé)NaOH(mL/L)	15	10	8
保险粉(g/L)	5	5	5
食盐(g/L)	—	10	20
还原方法	全浴	干缸	干缸
还原温度(℃)	55	80	50
还原时间(min)	10	10	10
染色温度(℃)	60	50	25
染色时间(min)	40	40	40
织物重(g)	4		
浴比	1:50		

注 还原染料为还原蓝RSN、还原桃红R、还原金黄GK。

2. 移染性能实验(表6-9)

表6-9 移染性能实验工艺配方及条件

实验条件 \ 试样名称	还原蓝RSN	还原桃红R	还原金黄GK
渗透剂(滴)	2~3	2~3	2~3
30%(36°Bé)NaOH(mL/L)	15	10	8
保险粉(g/L)	5	5	5
移染时间(min)	30		
移染温度(℃)	50,80		
浴比	1:50		

二、实验准备

1. 仪器设备 染杯(250mL)、量筒(10mL、100mL)、温度计、恒温水浴锅、电炉、电子天平、表面皿等。

2. 染化药品 氢氧化钠、氯化钠、保险粉、纯碱、肥皂、渗透剂、还原蓝 RSN、还原桃红 R、还原金黄 GK(均为工业品)。

3. 实验材料 若每人只做一只染料,则准备纯棉半制品四块(每块 4g),其中一块用于移染性能实验。

三、方法原理

还原染料不溶于水,对纤维素纤维没有亲和力,但还原染料分子的共轭体系中一般含两个或几个共轭的羰基,经保险粉、烧碱处理后,分子结构中的羰基被还原,形成隐色体钠盐而溶解。织物在浸渍过程中,隐色体钠盐依靠氢键和范德瓦耳斯力上染纤维,然后在纤维上的隐色体经过氧化,转变成原来的还原染料而固着。还原染料隐色体性能不同,染色方法不同,适合的染色方法能获得较高的得色量。

若将染色织物与白织物组合体放在染色空白液中处理,色布上的染料解吸后移染至白布。若移染白布上的染料量越多,则表明该染料的移染性能越好;反之,移染性差。

四、操作步骤

1. 配制染液 每只染料分别按表 6 – 8 所示甲法、乙法、丙法的要求配制三个染浴,并按下列操作预还原。

(1)全浴法。染料放入染杯,先后加渗透剂和少量温水调匀,然后加入规定量的烧碱和保险粉,再加水至所需浴量,在 55℃下还原 10min。

(2)干缸法。染料放入染杯,先后加渗透剂和少量温水调匀,然后加 2/3 的烧碱和保险粉,使染液量为总量的 1/3。乙法采用 80℃、丙法采用 50℃,均还原 10min。将剩余的烧碱、保险粉加入染杯,并加水至所需浴量。

2. 染色方法实验

(1)将已配制好的染液分别控制温度至 60℃、50℃、25℃,将预先润湿的织物投入染液,并按甲法、乙法和丙法条件染色。

(2)乙法和丙法在染色 15min 和 30min 时各加入食盐用量的一半。

(3)染毕取出布样过一道冷水,悬挂在空气中氧化 10 ~ 15min,然后水洗、皂煮(肥皂 5g/L、纯碱 3g/L、浴比 1∶30,95℃以上,3 ~ 5min),水洗、烘干。

(4)比较甲法、乙法、丙法三块布样的得色情况,色泽最浓最艳者所用的方法即为该染料最适宜的染色方法。

3. 移染性能实验

(1)取最佳染色方法的染色织物和白织物各一块,剪成 40mm × 20mm 大小,将两者缝合在一起形成组合体。

(2)按表 6 – 9 所示配制两个染色空白液,将温度控制在 50℃和 80℃,分别投入预先润湿的染色组合体。

(3)在规定条件下处理 30min,取出后过一道冷水,悬挂在空气中氧化 10 ~ 15min,然后水洗、烘干。

（4）将试样组合体拆开，用肉眼观察被移染原色布和移染白布的同色程度，若色泽差距越小，则评定为移染性好，反之则差。也可采用评定变色用灰色样卡评级。

五、注意事项

（1）保险粉在空气中易分解，应临用前称量。

（2）若发现染料未完全溶解，可追加适量保险粉。

（3）染色时需适当翻动布样，并避免布样露出液面，以防过早被空气氧化。

六、实验报告

1. 染色方法实验（表6-10）

表6-10　染色方法实验报告

试样名称　　实验结果	还原蓝 RSN			还原桃红 R			还原金黄 GK		
	甲法	乙法	丙法	甲法	乙法	丙法	甲法	乙法	丙法
贴样									
结果分析									
染色时颜色变化									

2. 移染性能实验（表6-11）

表6-11　移染性能实验报告

染料名称		
移染条件	50℃	80℃
贴　样		
移染性能评价		

任务五　还原染料悬浮体轧染

一、任务描述

参照下列工艺配方、工艺流程及条件对棉或其他纤维素纤维制品进行还原染料悬浮体轧染工艺实验，比较干还原和湿还原、浸染与轧染对染色效果的影响。

1. 工艺配方（表6-12）

表6-12　工艺配方

工作液	染化药品	用量
悬浮液	还原蓝 RSN(g/L)	25
	扩散剂 NNO(g/L)	1
还原液	85% 保险粉(g/L)	15
	30% NaOH(mL/L)	40
皂煮液	肥皂(g/L)	5
	纯碱(g/L)	3

2. 工艺流程及条件　织物→浸轧悬浮液（室温，约10s，一浸一轧，轧液率70%）→（烘干）→浸渍还原液（室温，约10s）→薄膜还原（130～140℃，1.5～2min）→透风氧化（10～15min）→水洗→皂煮（浴比1∶30，95℃以上，3～5min）→水洗→烘干。

二、实验准备

1. 仪器设备　小轧车、烘箱、烧杯（200mL、500mL）、量筒（10mL、100mL）、电炉、电子天平、聚乙烯薄膜（40～60μm）等。

2. 染化药品　氢氧化钠、保险粉、纯碱、肥皂、扩散剂NNO、还原蓝RSN（均为工业品）。

3. 实验材料　纯棉半制品一块（每块约100mm×200mm）。

三、方法原理

将染料研磨成极细的颗粒，在分散剂的作用下制成高度分散的悬浮液，织物经浸渍与轧压，染料均匀地分布在织物上。然后经浸渍（轧）保险粉与氢氧化钠溶液、汽蒸，染料在织物上完成还原、上染过程，再经透风氧化而固色。最后水洗、皂煮后处理，以提高染色牢度及色光稳定性。

四、操作步骤

（1）按配制100mL悬浮液及还原液要求计算配方用量。

（2）将称取的染料置于200mL烧杯中，滴加扩散剂NNO溶液调成浆状，加入少量水调匀后，稀释至规定浴量成悬浮液待用。

（3）将织物投入悬浮液浸渍约10s后，用小轧车一浸一轧，然后将织物一分为二，一块烘干后用于干法还原，另一块不烘干用于湿法还原。

（4）将称取的保险粉置于200mL烧杯中，加水溶解后加入氢氧化钠，搅拌均匀并一分为二待用。

（5）将两块织物分别浸渍还原液后约10s取出，放在一片塑料薄膜上，并迅速盖上另一片塑料薄膜，压平至无气泡，置于130～140℃烘箱内还原1.5～2min。

（6）取出织物，氧化、水洗、皂洗、水洗、烘干。

五、注意事项

（1）织物浸渍还原液的时间宜短，以免染料大量溶落导致得色过浅。

（2）烘干时应防止织物上染料发生泳移，烘干后的织物需经冷却再浸渍还原液。

（3）塑料薄膜内空气应排尽，若留有气泡会影响染料的还原而形成染疵。

六、实验报告（表6-13）

表6-13　实验报告

染色工艺 实验结果	悬浮体轧染		隐色体浸染
	干法还原	湿法还原	
贴样			
透染性			
结果分析			

任务六　硫化染料浸染

一、任务描述

参照表 6-14 对棉或其他纤维素纤维制品进行硫化染料浸染工艺实验,了解不同染料适用的氧化方法与后处理方法。

表 6-14　工艺配方及条件

试样编号	1#	2#	试样编号	1#	2#
硫化元 BN(%,owf)	12	—	染色时间(min)	40	40
硫化蓝 CV(%,owf)	—	5	氧化方法	空气氧化	过硼酸钠氧化
50% 硫化钠(%,owf)	24~30	10~12	后处理方法	水洗、防脆处理	水洗、皂洗、水洗
食盐(g/L)	5	5	织物重(g)	2	2
染色温度(℃)	90~95	90~95	浴比	1:50	1:50

二、实验准备

1. 仪器设备　染杯(250mL)、烧杯(200mL、500mL)、量筒(10mL、100mL)、移液管(10mL)、表面皿、温度计、恒温水浴锅、电炉、分析天平、电子天平等。

2. 染化药品　硫化钠、氯化钠、纯碱、过硼酸钠、尿素、醋酸钠、肥皂、硫化元 BN、硫化蓝 CV(均为工业品)。

3. 实验材料　纯棉半制品两块(每块 2g)。

三、方法原理

硫化染料不溶于水,在硫化钠作用下,硫化染料分子中的含硫结构被还原,如二硫键或多硫键被还原成硫醇基,并在碱性溶液中生成隐色体钠盐,对纤维素纤维产生亲和力。隐色体上染后,经空气或氧化剂氧化,又转变成原来的硫化染料固着在纤维上。

四、操作步骤

(1)按配方要求称取染料置于染杯中;用水调成浆状。硫化钠用少量热水溶解后倒入染杯,沸煮 10min。加沸水至规定浴量。

(2)将事先用温水润湿并挤干的布样投入染浴,在规定温度下染 20min 后,取出布样,加入食盐,搅拌均匀后再投入布样续染 20min。

(3)染毕 1# 布样用 100mL 冷水轻轻洗涤并悬挂在空气中氧化 10min,然后水洗、防脆处理、干燥。防脆工艺配方及工艺条件如下:

尿素	2%(owf)
醋酸钠	1%(owf)
温度	室温
时间	10min
浴比	1:50

(4)2# 布样用 0.4g/L 过硼酸钠在 45℃下氧化 10min,然后水洗、皂洗(5g/L 肥皂,3g/L 纯碱,浴比 1:30,95℃以上,3min)、水洗、干燥。

五、注意事项

(1)染色过程中应经常翻动织物,但不宜过于剧烈,同时注意不使织物露出液面,以防过早氧化而染花,尤其是硫化元。

(2)硫化元可根据其力份大小适当调整染料用量。

六、实验报告(表6-15)

表6-15　实验报告

试样编号 实验结果	1#	2#
贴样		
染色过程中颜色变化		

任务七　硫化染料轧染

一、任务描述

参照下列工艺配方、工艺流程及条件,对棉或其他纤维素纤维制品进行硫化染料轧染工艺实验,并比较浸染与轧染的透染性。

1. 工艺配方(表6-16)

表6-16　工艺配方

工作液	染化药品	用量
染液	硫化蓝 BN(g/L)	10
	50% 硫化钠(g/L)	20
	小苏打(g/L)	10
氧化液	红矾钠(g/L)	2
	98% 硫酸(mL/L)	2.5
皂洗液	肥皂(g/L)	5
	纯碱(g/L)	3

2. 工艺流程及条件　织物→浸轧染液(65~70℃,一浸一轧,轧液率80%)→汽蒸(100~102℃,1.5~2min)→水洗→透风氧化→水洗→皂洗(浴比1:30,95℃以上,3min)→水洗→烘干。

二、实验准备

1. 仪器设备　染杯(250mL)、烧杯(200mL、500mL)、量筒(10mL、100mL)、刻度滴管(1mL)、温度计、小轧车、蒸箱(或蒸锅)、电炉、分析天平、电子天平等。

2. 染化药品　硫化钠、小苏打、红矾钠、硫酸、纯碱、肥皂、硫化蓝 BN(均为工业品)。

3. 实验材料　纯棉半制品一块(约100mm×200mm)。

三、方法原理

硫化染料易聚集,颗粒较大,还原速率慢,轧染时先将染料用硫化钠还原溶解,然后织物浸轧染料隐色体溶液,经汽蒸染料扩散而上染织物,最后经氧化固色、后处理。

四、操作步骤

(1)按配制 100mL 轧染液要求计算配方用量。

(2)将称取的染料置于 200mL 烧杯中,用少量水调匀后,加入预先用热水溶解好的硫化钠溶液,在 80℃左右还原溶解 10min,然后加入预先溶解好的小苏打溶液,加热水至规定浴量,并控制温度为 70℃左右待用。

(3)将织物投入染液,在 65~70℃下浸渍约 20s,并一浸一轧,然后放入蒸箱汽蒸 1.5~2min。

(4)取出织物,经水洗、氧化、水洗、皂洗、水洗、烘干。

五、实验报告(表 6 – 17)

表 6 – 17　实验报告

实验结果 ＼ 染色工艺	轧　染	浸　染
贴样		
透染性		

任务八　直接染料浸染

一、任务描述

参照下列工艺方案对棉或其他纤维素纤维制品进行直接染料电介质影响实验和温度影响实验,了解中性电解质与温度对直接染料染色的作用,并用残液法测定电解质影响实验的上染百分率。

1. 电解质影响实验(表 6 – 18)

表 6 – 18　电解质影响实验方案

试样编号	1#	2#	3#	4#
直接耐晒红 4BL(%,owf)	1	1	1	1
食盐(g/L)	0	2	6	10
染色温度(℃)	90			
浴比	1：50			
织物重(g)	2			

2. 温度影响实验(表 6 – 19)

表 6 – 19　温度影响实验方案

试样编号	1#	2#	3#	4#
直接耐酸大红 4BS(%,owf)	0.4	0.4	0.4	0.4
直接耐晒黄 RS(%,owf)	0.6	0.6	0.6	0.6

试样编号	1#	2#	3#	4#
食盐(g/L)	4	4	4	4
染色温度(℃)	40	60	80	95
织物重(g)	2			
浴比	1:50			

二、实验准备

1. 仪器设备 染杯(250mL)、量筒(10mL、100mL)、移液管(10mL)、温度计(100℃)、恒温水浴锅、分光光度计、容量瓶(250mL、50mL)、洗耳球、电炉、电子天平、表面皿、滤纸等。

2. 染化药品 食盐、直接耐晒红4BL、直接耐晒黄RS(均为工业品)。

3. 实验材料 棉布或黏胶纤维半制品八块(每块2g)。

4. 溶液准备 2g/L直接耐晒红4BL染料母液、2g/L直接耐晒黄RS染料母液。

三、方法原理

直接染料(directdyes)在水中电离后色素离子带负电荷,纤维素纤维在染液中也呈负电荷,染料与纤维之间靠氢键、范德瓦耳斯力上染。B类直接染料的分子结构比较复杂,对纤维有较大的亲和力,但分子中有较多的水溶性基团,染—纤间的静电斥力大,不利于上染。加入食盐等中性电解质,可以明显提高上染速率和上染百分率,即起促染作用。

A类直接染料分子结构简单,对棉纤维亲和力小,扩散速率高,匀染性好,一般70～80℃时,就能获得较高的上染百分率,若染色温度太高,平衡上染百分率下降。C类直接染料分子结构较复杂,对棉纤维亲和力大,扩散速率低,匀染性差,染色时需要较高温度、较长时间才能获得较高的上染百分率。若将这两类染料拼色,在不同的染色时段和不同的染色温度条件下染色,染物色光发生较大的变化。

四、操作步骤

1. 电解质与温度影响实验

(1)分别按表6－18和表6－19所示工艺计算所需染料母液体积,准确量取放入清洁染杯中,并加水至规定浴量,置于恒温水浴锅加热。

(2)待染液升温至40℃,在染杯中分别投入预先用温水润湿并挤干的织物,按下列工艺曲线染色。

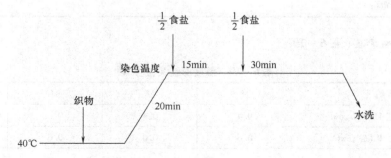

（3）染毕取出布样，分别用少量温水、冷水倾倒洗净，并晾干或烘干。

（4）若需测定上染百分率，则分别用少量温水分几次倾倒洗涤，收集全部洗涤液和残液，冷却后分别倒入250mL容量瓶，并稀释至刻度备用。

2. 测定上染百分率

（1）参照模块四项目一任务一中的方法测定直接耐晒红4BL的最大吸收波长，并绘制吸光度—浓度标准工作曲线。

（2）分别吸取染色残液各25mL，置于50mL容量瓶并稀释至刻度。

（3）用分光光度计测定残液吸光度，然后从标准曲线上查找各残液的相对浓度c，再按下式折算成上染百分率：

$$上染百分率 = (1 - c) \times 100\%$$

五、注意事项

（1）染色过程中应经常搅拌染液和翻动布样，并不宜使布样浮出液面。

（2）加入氯化钠时应将布样取出，搅拌均匀后再放入布样并继续搅拌。

（3）染毕水洗至少3次，水量每次以30~40mL为宜。

六、实验报告

1. 电解质影响实验（表6-20）

表6-20　电解质影响实验报告

试样编号 实验结果	1#	2#	3#	4#
贴样				
上染百分率（%）				
结果分析				

2. 温度影响实验（表6-21）

表6-21　温度影响实验报告

试样编号 实验结果	1#	2#	3#	4#
贴样				
色光分析				
推断染料类别				

项目二　蛋白质纤维制品的染色

蛋白质纤维制品主要采用酸性类染料染色，包括酸性染料（acid dyes）、酸性媒染染料（acid mordant dyes）和酸性含媒染料（acid premetallized dyes）；也可采用活性染料染色。

本项目的教学目标是使学生了解酸性类染料染色的染色原理、常用工艺与条件,掌握染色打样基本操作,理解酸和电解质在不同类型酸性类染料染色中的作用。

任务一 酸性染料浸染

一、任务描述

参照下列工艺方案对羊毛或其他蛋白质纤维制品进行酸性染料浸染工艺实验,了解酸与中性电解质在染色中的作用。

1. 强酸性染料染色(表6−22)

表6−22 强酸性染料染色工艺方案

试样编号	1#	2#	3#	4#
强酸性染料(%,owf)	2	2	2	2
98%硫酸(mL/L)	—	—	1.6	1.6
冰醋酸(mL/L)	—	2	—	—
元明粉(g/L)	—	—	—	5
羊毛毛线重(g)	1			
浴比	1:100			

2. 弱酸性染料染色(表6−23)

表6−23 弱酸性染料染色工艺方案

试样编号	1#	2#	3#	4#
弱酸性染料(%,owf)	2	2	2	2
冰醋酸(mL/L)	—	2.5	5	2.5
元明粉(g/L)	—	—	—	1.5
真丝织物重(g)	1			
浴比	1:100			

二、实验准备

1. 仪器设备 染杯(250mL)、烧杯(200mL、500mL)、量筒(10mL、100mL)、移液管(10mL)、刻度滴管(1mL)、温度计、恒温水浴锅、电子天平等。

2. 染化药品 硫酸、冰醋酸、元明粉(均为实验纯),强酸性染料、弱酸性染料(均为工业品)。

3. 实验材料 纯羊毛毛线四份(每份重1g)、经精练的真丝绸四块(每块重1g)。

4. 溶液准备 2g/L强酸性染料母液、2g/L弱酸性染料母液。

三、方法原理

强酸性染料分子结构简单,在水中电离后带负电荷,与纤维间的氢键和范德瓦耳斯力较小。若在强酸性条件下染色,羊毛纤维带正电荷,染料主要以静电引力上染。所以酸在强酸性染料染羊毛时起促染作用。而在此条件下中性电解质的加入,钠离子浓度增加,并抢先与羊毛纤维带正电荷结合,延缓了酸性染料的上染,故起缓染(即匀染)作用。

弱酸性染料分子结构较复杂,在水中电离后带负电荷,与纤维间的氢键和范德瓦耳斯力较大。蚕丝的等电点为 3.5～5.2,在弱酸性条件下呈电中性或带负电荷,弱酸性染料主要以氢键和范德瓦耳斯力上染蚕丝,此时电解质起促染作用。酸性增强,蚕丝将带部分正电荷,上染速率和上染百分率均提高,电解质起缓染(即匀染)作用。

四、操作步骤

(1)按配方分别配制染浴,并置于恒温水浴锅加热至50℃,测定各染液的 pH。

(2)把事先用温水润湿并挤干的毛线或织物分别投入 4 个不同染浴,按如下工艺曲线染色。

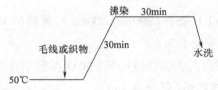

(3)染毕取出,用水洗净、晾干。

五、注意事项

(1)酸对酸性染料的上染影响很大,各染浴的玻璃搅棒不要混用。

(2)经常搅拌,避免毛线或织物浮出液面而造成染色不匀,但应注意搅拌方式,避免羊毛毛线毡并。

六、实验报告

1. 强酸性染料染色(表6-24)

表 6-24　强酸性染料染色实验报告

实验结果　　　试样编号	1#	2#	3#	4#
贴样				
目测得色量				
结果分析				

2. 弱酸性染料染色(表6-25)

表 6-25　弱酸性染料染色实验报告

实验结果　　　试样编号	1#	2#	3#	4#
贴样				
目测得色量				
结果分析				

任务二　酸性含媒染料浸染

一、任务描述

参照表6-26工艺方案对羊毛纤维制品进行酸性含媒染料浸染工艺实验,了解酸在酸性络合染料和中性染料染色中的作用。

表 6 – 26 工艺方案

试样编号	1#	2#	试样编号	1#	2#
酸性络合染料(%,owf)	2	—	平平加 O(g/L)	0.2	0.2
中性染料(%,owf)	—	2	织物重(g)	1	
98%硫酸(滴)	5~7	—	浴比	1:100	
硫酸铵(%,owf)	—	5	—	—	

二、实验准备

1. 仪器设备 染杯(250mL)、烧杯(200mL、500mL)、量筒(10mL、100mL)、移液管(10mL)、滴管、温度计、恒温水浴锅、电子天平等。

2. 染化药品 硫酸、硫酸铵(均为实验纯),平平加 O、酸性络合染料、中性染料(均为工业品)。

3. 实验材料 纯羊毛毛线两份(每份重1g)。

4. 溶液制备 2g/L酸性络合染料母液、2g/L中性染料母液。

三、方法原理

将某些金属离子以配价键的形式引入酸性染料母体中,形成的金属络合染料称酸性含媒染料,包括1:1型和1:2型两种。前者称为酸性络合染料,后者称为中性染料。

当 pH = 2~2.5 时,酸性络合染料以配价键、离子键、氢键和范德瓦耳斯力上染羊毛,上染百分率较高,染液中加入非离子表面活性剂作为染料亲和型缓染剂。

当 pH = 6~7 时,中性染料以氢键和范德瓦耳斯力上染羊毛。非离子表面活性剂同样起缓染和匀染作用。

四、操作步骤

(1)按配方配制两个染液,置于恒温水浴锅加热。

(2)当染浴温度升至40℃时,投入充分润湿并挤干的羊毛毛线,按如下工艺曲线染色。

(3)染毕,取出染物充分水洗和干燥。

五、注意事项

(1)为保证匀染,染色时经常搅拌,并控制好升温速率。

(2)注意补充沸水,维持浴比不变。

(3)羊毛在强酸性条件下染色,染后应充分水洗。

六、实验报告(表6–27)

表 6 – 27 实验报告

实验结果	试样编号	1#	2#
	贴样		
	结果分析		

项目三　合成纤维制品的染色

常用的合成纤维主要包括聚酯纤维、聚酰胺纤维和聚丙烯腈纤维。聚酯纤维制品主要采用分散染料（disperse dyes）染色；聚酰胺纤维制品主要采用弱酸性染料、中性染料及活性染料等染色；聚丙烯腈纤维主要采用阳离子染料（cationic dyes）染色，浅淡色可用分散染料染色。

本项目的教学目标是使学生掌握分散染料染涤纶、阳离子染料染腈纶的基本原理与方法，了解温度对分散染料染色的重要性，并学会分散染料固色率的测定。对于锦纶染色工艺可以参考本模块项目二任务一和任务二。

任务一　分散染料高温高压浸染

一、任务描述

参照如下工艺方案，采用高温高压法对聚酯纤维制品进行分散染料浸染工艺实验，了解不同的后处理方法对染色织物色光与牢度的影响，用萃取法测定其固色率。

分散染料	1%（owf）
分散剂 NNO	1g/L
磷酸二氢铵	2g/L
织物重	2g
浴比	1:50

二、实验准备

1. 仪器设备　高温高压染色小样机、分光光度计、烧杯（200mL、500mL）、量筒（10mL、100mL）、移液管（2mL）、容量瓶（50mL）、温度计、电炉、水浴锅、电子天平等。

2. 染化药品　磷酸二氢铵（实验纯），纯碱、肥皂、保险粉、氢氧化钠、分散剂 NNO、低温型或中温型分散染料（均为工业品），丙酮、氯苯、苯酚（均为分析纯）。

3. 实验材料　纯涤纶织物一块（重2g）。

4. 溶液准备　1g/L 分散染料悬浮液。

三、方法原理

根据分散染料升华牢度的高低，可以将其分为高温型（S 型）、中温型（SE 型）和低温型（E 型）。高温型适用于热熔染色，低温型适用于高温高压染色，中温型可用于热熔染色，也可用于高温高压染色。

高温高压法通常在130℃左右的温度下染色，该温度高于涤纶的玻璃态转变温度，纤维无定形区的分子链段运动剧烈，纤维分子间自由体积增多、增大，同时，染料分子的动能增加。随着染料颗粒解聚，染料单分子被纤维吸附，并迅速扩散进入纤维内部。然后随着染色温度降低，纤维分子链段运动停止，自由体积缩小，染料与纤维分子间以氢键、范德瓦耳斯力以及机械作用而固着。

四、操作步骤

1. 高温高压染色

(1)根据工艺方案计算染料及助剂用量。

(2)用电子天平准确称取染料置于烧杯,用分散剂和少量冷水调匀,加入磷酸二氢铵,并加水至规定浴量。

(3)将染液倒入高温高压染色小样机的不锈钢染杯中,布样用水润湿并挤干,挂在染杯的芯架上,放入染杯,加盖拧紧。

(4)按如下工艺曲线染色。

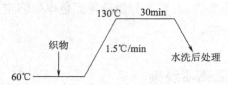

(5)把染杯装入小样机内,启动小样机,按工艺曲线运行。

(6)程序完成关闭电源,用夹子取出染杯,放入自来水中冷却。

(7)冷却至100℃以下,打开杯盖,取出布样,经水洗后一分为二,一块皂洗(肥皂5g/L,纯碱3g/L,浴比1:30,95℃以上,3min),另一块还原清洗(85%保险粉2g/L,烧碱2g/L,浴比1:30,70~75℃,3min),最后一起水洗、烘干。

2. 测定固色率

(1)试样准备。称取染色试样0.1g(精确至0.0001g)。

(2)试样萃取。将试样置于50mL容量瓶中,加入3mL氯苯—苯酚混合液(1:1),使试样完全浸没于溶剂中,然后置于沸水浴中加热使其完全溶解,冷却至室温后,在摇动下加入丙酮,使涤纶树脂絮状物全部折出,再用丙酮稀释至刻度,摇匀并加盖静置,使涤纶絮状物全部沉淀于瓶底后备用。

(3)染液制备。用移液管吸取分散染料母液1mL(相当于0.1g织物染色的染料量),置于50mL容量瓶中,加入3mL氯苯—苯酚混合液(1:1),置于沸水浴中2~3min,冷却至室温后,用丙酮稀释至刻度并摇匀,加盖静置备用。

(4)测定。用吸管分别从所制备的试样溶液和染液中的上部小心吸取澄清的有色液,用丙酮作空白溶液,在分光光度计上测定染液的最大吸收波长,并在此波长下测定试样溶液与染液的光密度。

(5)按下式计算固色率,计算结果保留到小数点后一位。

$$固色率 = \frac{E_1 \times 0.1}{E_2 \times m} \times 100\%$$

式中:E_1表示试样萃取液的光密度值;E_2表示对0.1g纤维进行染色的染浴中投入染料量的光密度值;m表示染色前试样的重量(g)。

五、注意事项

(1)若使用以甘油为加热介质的小样机时,注意补充甘油至规定液位。

（2）不锈钢染杯在染色时应密封，打开时温度应低于100℃。

（3）分散染料母液实为悬浮液，所以使用前应摇匀。

六、实验报告（表6-28）

表6-28　实验报告

实验结果　　　　试样名称	皂洗工艺	还原清洗工艺
贴样		
固色率（%）		
结果分析		

任务二　分散染料热熔轧染

一、任务描述

参照下列工艺配方、工艺流程及条件，采用热熔法对聚酯纤维制品进行分散染料轧染工艺实验，了解热熔固色前后染色织物色光与牢度的变化。

1. 工艺配方（表6-29）

表6-29　工艺配方

工作液	染化药品	用量
染　液	分散染料（g/L）	20
	渗透剂JFC（mL/L）	2
皂洗液	肥皂（g/L）	5
	纯碱（g/L）	2

2. 工艺流程及条件　织物→浸轧染液（室温，一浸一轧，轧液率60%～70%）→烘干→热熔（210℃，1.5～2min）→水洗→皂洗（浴比1∶30,95℃以上,3min）→水洗→烘干。

二、实验准备

1. 仪器设备　热熔染色小样机（或小轧车、烘箱）、烧杯（200mL、500mL）、量筒（10mL、100mL）、温度计（200℃）、电炉、电子天平等。

2. 染化药品　纯碱、肥皂、渗透剂JFC、高温型或中温型分散染料（均为工业品）。

3. 实验材料　纯涤纶或涤/棉织物一块（100mm×200mm）。

三、方法原理

织物首先浸轧染液，使染料均匀地附着在纤维表面，然后经烘干、高温热熔。由于热熔温度（180～220℃）远高于涤纶的玻璃态转变温度，纤维无定形区的分子链段剧烈运动，纤维分子间自由体积增多、增大。同时，染料分子的动能增加，固体染料在热熔时发生升华转移，若借助于助剂等染料还可能发生媒介、接触等转移。使染料单分子迅速被纤维吸附、扩散进入纤维内部。随着染色温度降低，纤维分子链段运动停止，自由体积缩小，染料与纤维分子间以氢键、范德瓦耳斯力以及机械作用而固着。

四、操作步骤

(1)按配制100mL染液要求计算配方用量。

(2)将称取的染料置于200mL烧杯中,加渗透剂和少量水,充分调匀后加水至规定浴量。

(3)织物一浸一轧(浸渍时间约10s),然后放在烘箱中烘干。

(4)取出,将烘干织物一分为二,一半经过热熔焙烘处理,另一半待用。

(5)将所有织物进行水洗、皂煮、水洗、烘干。

五、注意事项

(1)浸轧染液及烘干时应均匀,烘干温度以不超过80℃为宜。

(2)织物烘干后应立即热熔,避免遇到水滴而产生水渍。

六、实验报告(表6-30)

表6-30　实验报告

实验结果　　　　　　　　　　试样名称	未经热熔固色	经热熔固色
贴样		
结果分析		

任务三　阳离子染料浸染

一、任务描述

参照表6-31工艺方案对聚丙烯腈纤维制品进行阳离子染料浸染工艺实验,观察不同染色时段染色织物色光的变化,分析染料配伍性对拼色效果的影响。

表6-31　工艺方案

试样编号	1#	2#	试样编号	1#	2#
阳离子艳红5GN(%,owf)	0.5	0.5	元明粉(%,owf)	4	4
阳离子黄GRL(%,owf)	0.5	0.5	匀染剂1227(%,owf)	0.5	0.5
冰醋酸(%,owf)	1	3	腈纶毛线重(g)		1
醋酸钠(%,owf)	1	1	浴比		1:100

二、实验准备

1. 仪器设备　染杯(250mL)、烧杯(200mL、500mL)、量筒(10mL、100mL)、移液管(5mL、10mL)、刻度滴管(1mL)、温度计、恒温水浴锅、表面皿、电炉、电子天平等。

2. 染化药品　冰醋酸、醋酸钠、元明粉(均为实验纯),匀染剂1227、阳离子艳红5GN、阳离子黄GRL(均为工业品)。

3. 实验材料　腈纶毛线四份(每份重0.5g,每个染浴两份)。

4. 溶液准备　1g/L阳离子艳红5GN染料母液、1g/L阳离子黄GRL染料母液。

三、方法原理

腈纶所含的酸性基团在水中发生电离,使纤维表面带有负电荷。阳离子染料在水中溶解,形成带正电荷的色素离子,由于静电引力作用,染料被吸附在纤维表面。当染浴温度升高至腈纶的玻璃化温度时,染料从纤维表面向内部扩散,并与纤维上的酸性基团以离子键固着。

由于阳离子染料对腈纶的亲和力较大,移染性较差,且染座数量有限,拼色染料会产生竞染现象,若阳离子染料的配伍值不同,拼色染料的上染速率就不同,在不同时段染色织物的色光就不一致,并易造成染色不匀现象。

四、操作步骤

(1)按工艺方案配制染液,将染杯置于恒温水浴锅内加热。

(2)当温度升至60℃时,投入事先用温水润湿并挤干的腈纶毛线,按如下工艺曲线染色。

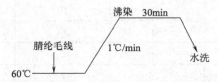

(3)沸染15min后,分别从两个染浴中各取出一份毛线,继续保温染色。

(4)染毕,取出染杯,自然冷却至70℃左右后,将毛线取出一并进行水洗、烘干。

五、注意事项

(1)染色过程中应经常搅拌,并避免腈纶毛线浮出液面。

(2)沸染时注意补充沸水或加盖表面皿。

六、实验报告(表6-32)

表6-32 实验报告

实验结果	试样编号	1#	2#
	贴样		
	比较色光		
	比较颜色深浅		
	拼色染料配伍性评价		

项目四 混纺及交织物的染色

为了改善纯纺纤维制品的服用性能,常用两种或两种以上的纤维混纺或交织,以达到取长补短的效果。如涤纶与棉(或黏胶、羊毛)混纺或交织、锦纶与棉(或涤纶)交织、羊毛与腈纶(或黏胶)混纺等。由于两种纤维的染色性能相差较大,故染色工艺要比纯纺织物复杂得多。主要染色方法有只染一种纤维、两类染料二浴法分别染两种纤维、两类染料一浴法分别染两种纤维和一类染料同时染两种纤维等,分别可得到留白、均一色(单色)或闪色(双色)的效果。

本项目的教学目标是使学生了解常用混纺或交织物,如涤/棉、锦/棉、毛/黏、毛/腈等织物的染色特点和原理,掌握常用染色工艺与操作。

任务一 涂料轧染涤/棉织物

一、任务描述

参照下列工艺配方、工艺流程及条件,采用涂料对涤棉混纺织物进行轧染工艺实验,分析不同黏合剂、交联剂用量对染料染色牢度的影响。

1. 工艺配方(表6-33)

表6-33 工艺配方

试样编号	1#	2#	3#	4#
涂料(g/L)	10	10	10	10
黏合剂(g/L)	30	30	40	40
交联剂 EH(g/L)	—	5	5	10
平平加 O(g/L)	1	1	1	1

2. 工艺流程及条件 织物→浸轧染液(室温,一浸一轧,轧液率70%)→烘干→焙烘(160℃,2min)。

二、实验准备

1. 仪器设备 染杯(250mL)、烧杯(200mL、500mL)、量筒(10mL、100mL)、温度计、小轧车、烘箱、电子天平、Y571D 型多功能摩擦色牢度仪。

2. 染化药品 涂料、黏合剂、交联剂 EH、平平加 O。

3. 实验材料 涤/棉织物半制品四块(每块约100mm×250mm)。

三、方法原理

涂料是非水溶性的色素,对纤维没有亲和力,也没有选择性,特别适用于涤/棉织物中浅色染色。涂料轧染是织物先经浸渍与轧压,把涂料均匀地分布在织物上,然后经高温焙烘,黏合剂在织物表面形成一层透明的树脂膜而将涂料机械地黏着于纤维。

四、操作步骤

(1)按配制100mL染液要求计算配方用量。

(2)将称取的涂料置于200mL烧杯中,加平平加 O 和少量水调匀,然后边搅边依次加入黏合剂、交联剂,最后在搅拌状态下加水至规定液量。

(3)将织物投入染液,室温下一浸一轧,每次浸渍时间约10s。

(4)在80℃的烘箱内将织物均匀烘干,然后于160℃焙烘2min。

(5)测定所有试样的耐摩擦色牢度(详见模块四项目三任务二)。

五、注意事项

(1)所选涂料细度应小于0.5μm,否则染色后织物上有色点。

（2）配制染浴应充分搅拌均匀,轧液及烘干也应均匀。

六、实验报告(表6–34)

表6–34　实验报告

实验结果 ＼ 试样编号		1#	2#	3#	4#
贴样					
耐摩擦色牢度	干摩(级)				
	湿摩(级)				
结果分析					

任务二　分散/活性染料—浴法轧染涤棉混纺织物

一、任务描述

参照下列工艺配方、工艺流程及条件,采用一浴法对涤棉(或涤黏)混纺织物进行分散/活性染料轧染工艺实验,分析碱剂与尿素的用量不同对分散染料、活性染料固色的影响,比较不同固色工艺对固色率的影响。

1. 工艺配方(表6–35)

表6–35　工艺配方

试样编号	1#	2#	3#
分散嫩黄 SE–6GLN(g/L)	10	10	10
活性嫩黄 K–6G(g/L)	10	10	10
碳酸氢钠(g/L)	5	10	10
尿素(g/L)	5	5	15
渗透剂 JFC(g/L)	1	1	1

2. 工艺流程及条件　织物→浸轧染液(室温,一浸一轧,轧液率65%)→烘干(90℃)→焙烘(195~200℃,2min)→[汽蒸(100~102℃,2min)]→水洗→皂煮(3g/L 洗涤剂,95℃以上,3min)→水洗→烘干。

二、实验准备

1. 仪器设备　染杯(250mL)、烧杯(200mL、500mL)、量筒(10mL、100mL)、温度计、小轧车、烘箱(或热溶染色试验机)、电炉、电子天平。

2. 染化药品　碳酸氢钠、尿素、渗透剂 JFC、分散染料、活性染料、洗涤剂(均为工业品)。

3. 实验材料　涤/棉织物半制品三块(每块约 100mm×200mm)。

三、方法原理

织物浸轧含活性染料和分散染料的染液(含碱剂),经烘干和热熔使分散染料上染涤纶,同时活性染料上染棉纤维并发生键合反应而固着。由于分散染料在高温下遇碱易水解破坏,一般要求选择碱性较弱的小苏打(即碳酸氢钠)作为活性染料的固色碱剂。尿素具有助溶、吸湿、膨化作用,有利于活性染料固色率的提高。

四、操作步骤

(1)按配制100mL染液要求计算配方用量。

(2)分别称取分散染料和活性染料,置于200mL烧杯中,加入渗透剂JFC调成浆状,然后依次加入已溶解的尿素和碳酸氢钠溶液,搅拌均匀后加水至规定浴量待用。

(3)将织物投入染液,按工艺流程及条件浸轧、烘干、焙烘。

(4)每份试样取1/2进行汽蒸,然后将所有试样在相同条件下后处理。

五、注意事项

(1)如选用的分散染料和活性染料颜色相同且浓度恰当,将得到均一色;如果不同,可能得到双色。

(2)也可以选择一浴法与二浴法工艺作比较。

六、实验报告(表6-36)

表6-36　实验报告

实验结果　　　　　　　　　　　试样编号	1#	2#	3#
贴样			
目测固色率			
结果分析			

任务三　分散/还原染料一浴法轧染涤棉混纺织物

一、任务描述

参照下列工艺配方、工艺流程及条件,采用一浴法对涤棉(或涤黏)混纺织物进行分散/还原染料轧染工艺实验,分析保险粉与氢氧化钠的用量不同对固色率的影响。

1. 工艺配方(表6-37)

表6-37　工艺配方

	试样编号	1#	2#
染液	分散嫩黄 SE-6GLN(g/L)	8	8
	还原黄 GCN(g/L)	5	5
	分散剂 NNO(g/L)	1	1
	渗透剂 JFC(g/L)	1	1
还原液	保险粉(g/L)	8	15
	氢氧化钠(g/L)	8	15
皂洗液	肥皂(g/L)	5	5
	纯碱(g/L)	3	3

2. 工艺流程及条件　织物→浸轧染液(室温,一浸一轧,轧液率65%)→烘干(90℃)→热熔(195～200℃,1.5min)→浸渍还原液(室温,约5～10s)→薄膜还原(130～140℃,1.5～2min)→透风氧化(10～15min)→水洗→皂洗(浴比1:30,95℃以上,3min)→水洗→烘干。

二、实验准备

1. 仪器设备　染杯(250mL)、烧杯(200mL、500mL)、量筒(10mL、100mL)、温度计、小轧车、烘箱(或热熔染色试验机)、电炉、电子天平。

2. 染化药品　保险粉、氢氧化钠、纯碱、肥皂、分散剂NNO、渗透剂JFC、分散染料、还原染料(均为工业品)。

3. 实验材料　涤/棉织物半制品两块(每块约100mm×200mm)。

三、方法原理

织物浸轧含还原染料和分散染料的染液,经烘干和热熔使分散染料上染涤纶,再经还原、汽蒸、氧化,使还原染料上染棉纤维。然后经皂洗后处理去除浮色,稳定色光,提高染色牢度。

四、操作步骤

(1)按配制100mL染液要求计算配方用量。

(2)分别称取分散染料和还原染料,置于200mL烧杯中,加入分散剂NNO和渗透剂JFC调成浆状,然后边搅拌边缓慢加水至规定浴量待用。

(3)按工艺流程及条件将织物浸轧、烘干后备用。

(4)将称取的保险粉置于200mL烧杯中,加温水(不超过50℃)使其溶解,然后加入烧碱,搅拌均匀后加水至规定浴量。

(5)将织物分别浸渍还原液后立即取出,放在一片塑料薄膜上,并迅速盖上另一片塑料薄膜,压平至无气泡,置于130～140℃烘箱内还原2min左右。

(6)取出织物,经氧化、水洗、皂煮、水洗、烘干。

五、注意事项

(1)还原汽蒸时间应视薄膜厚薄适当调整,以鼓起气泡但未破裂为宜。

(2)还原液应随配随用,放置时间不宜过久,以免分解。

六、实验报告(表6-38)

表6-38　实验报告

试样编号 实验结果	1#	2#
贴样		
目测固色率		
结果分析		

任务四　活性染料一浴法浸染锦棉交织物

一、任务描述

参照表6-39工艺方案,采用活性染料一浴法对锦棉交织物进行浸染工艺试验,分析上染

pH、电解质、温度对锦、棉同色性的影响。

表 6 – 39　工艺方案

试样编号	1#	2#	3#	4#
中温型活性染料(%,owf)	2	2	2	2
碳酸钠(g/L)	15	15	15	15
元明粉(g/L)	10	20	20	20
醋酸(mL/L)	0	0	2	2
染色温度/时间	65℃/70min			75℃/70min
织物重(g)	2			
浴比	1:50			

二、实验准备

1. 仪器设备　染杯(250mL)、烧杯(200mL、500mL)、量筒(10mL、100mL)、移液管(10mL)、滴管、温度计、恒温水浴锅、电子天平、表面皿等。

2. 染化药品　元明粉、碳酸钠、醋酸（均为实验纯）、中温型活性染料(工业品)。

3. 实验材料　锦棉交织物四块(每份重2g)。

4. 溶液准备　2g/L 活性染料母液。

三、方法原理

活性染料含有水溶性基团和反应性基团,染色时与锦纶和棉纤维以氢键、范德瓦耳斯力结合。且锦纶结构上存在大量的酰氨基,未端还含有氨基,在酸性条件下,氨基可以发生电离,与活性染料中电离的磺酸基以盐式键的方式结合,所以活性染料上染锦纶时,加酸可以起促染作用。活性染料上染纤维后,在适当的条件下与棉纤维中的伯羟基发生固色反应,从而提高染色牢度。

四、操作步骤

(1)按表6–39工艺方案配制染液,置于恒温水浴锅内加热。

(2)当染浴温度升至规定染色温度时,分别投入充分润湿并挤干的织物,按下列工艺曲线染色。

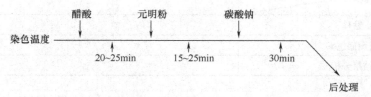

(3)染毕,取出染物,充分水洗、皂洗(中性洗涤剂1g/L,70℃)、水洗、烘干。

五、注意事项

(1)染色温度与醋酸用量等对锦棉交织物中两种纤维的色泽影响较大,所以应严格控制工艺条件。

（2）将试样经纬纱拆分，可以更明显地观察两种纤维的色差。

六、实验报告（表6-40）

表6-40　实验报告

试样编号 实验结果	1#	2#	3#	4#
贴　　样				
目测两种纤维的色差				
结果分析				

任务五　弱酸性/直接染料一浴法浸染毛黏混纺织物

一、任务描述

参照表6-41工艺方案，采用弱酸性/直接染料一浴法对毛黏混纺织物进行浸染工艺试验，分析染色pH和电解质用量对毛、黏同色性的影响。

表6-41　工艺方案

试样编号	1#	2#	3#
弱酸性染料（%，owf）	1	1	1
直接染料（%，owf）	1	1	1
硫酸铵（%，owf）	1	3	3
元明粉（%，owf）	20	20	40
织物重（g）		2	
浴比		1:50	

二、实验准备

1. 仪器设备　染杯（250mL）、烧杯（200mL、500mL）、量筒（10mL、100mL）、移液管（10mL）、滴管、温度计、恒温水浴锅、电子天平、表面皿等。

2. 染化药品　元明粉、硫酸铵（均为实验纯），弱酸性染料、直接染料（均为工业品）。

3. 实验材料　毛黏混纺织物三块（每份重2g）。

4. 溶液准备　1g/L弱酸性染料母液、1g/L直接染料母液。

三、方法原理

酸性/直接染料一浴法工艺通常在弱酸性染浴中进行，此时直接染料主要上染黏胶纤维，酸性染料主要上染羊毛，中性电解质对直接染料上染起促染作用，对酸性染料上染因染浴pH而异，通常可通过调节染液pH和控制染色温度使两种纤维上的上染量达到一致。

四、操作步骤

（1）按表6-48所示工艺配方配制染液（元明粉先加总量的一半），置于恒温水浴锅内加热。

（2）当染液温度升至40℃左右时，分别投入充分润湿并挤干的织物，按下列工艺曲线染色。

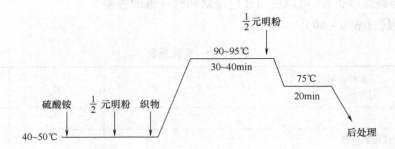

（3）染毕，取出染物，充分水洗、烘干，必要时可进行固色处理。

五、注意事项

（1）有的直接染料也能上染羊毛，但得色较黏胶浅；有的直接染料对羊毛只是沾色，所以应注意选用在羊毛上沾色较少的直接染料，或选择在两种纤维上得色大致相近的直接染料。

（2）保证匀染元明粉应分批加，且不宜加得过早。

六、实验报告（表6-42）

表6-42　实验报告

试样编号 实验结果	1#	2#	3#
贴　样			
目测两种纤维的色差			
结果分析			

任务六　弱酸性/阳离子染料一浴法浸染毛腈混纺织物

一、任务描述

参照表6-43工艺方案，弱酸性/阳离子染料一浴法对毛腈混纺织物进行浸染工艺试验，分析染色pH和抗沉淀剂对毛、腈同色性的影响。

表6-43　工艺方案

试样编号	1#	2#	3#
A:弱酸性染料(%,owf)	1	1	1
B:阳离子染料(%,owf)	1	1	1
C:醋酸(mL/L)	1	1	3
D:元明粉(%,owf)	20	20	20
E:抗沉淀剂(%,owf)	0	2	2
织物重(g)		2	
浴比		1:50	

二、实验准备

1. 仪器设备 染杯(250mL)、烧杯(200mL、500mL)、量筒(10mL、100mL)、移液管(10mL)、滴管、温度计、恒温水浴锅、电子天平、表面皿等。

2. 染化药品 元明粉、醋酸(均为实验纯),抗沉淀剂、弱酸性染料、阳离子染料(均为工业品)。

3. 实验材料 毛腈混纺织物三块(每份重2g)。

4. 溶液准备 1g/L弱酸性染料母液、1g/L阳离子染料母液。

三、方法原理

毛腈混纺织物中的腈纶组分用阳离子染料染色,羊毛组分用弱酸性染料染色,但由于腈纶染色用染料与羊毛染色用染料的电荷相反,容易导致阳离子染料与阴离子染料发生作用而沉淀,故常在染浴中加入抗沉淀剂。

四、操作步骤

(1)按表6-50所示工艺配方配制染液,按C→D→B→E→A顺序加料,将染液置于恒温水浴锅内加热。

(2)当染液温度升至50℃左右时,分别投入充分润湿并挤干的织物,按下列工艺曲线染色。

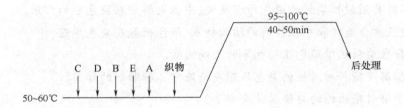

(3)染毕,取出染物,充分水洗、烘干。

五、注意事项

(1)注意选用对羊毛沾色较轻的阳离子染料,如阳离子黄7GL、黄2RL、艳红5GN、红2BL、红X-GRL、翠蓝GB等。

(2)染毕应缓慢降温水洗,避免骤冷而影响织物手感。

六、实验报告(表6-44)

表6-44 实验报告

实验结果 \ 试样编号	1#	2#	3#
贴 样			
目测两种纤维的色差			
结果分析			

👉 **复习指导**

1. 了解各类染料的结构特点和染色性能。
2. 掌握各类染料适用的纤维种类及其染色原理。
3. 掌握各类染料常用染色方法及工艺。
4. 掌握各类染料染色助剂的作用。
5. 掌握小样染色(包括浸染和轧染)的匀染措施。

👉 **思考题**

1. 影响活性染料反应性的因素有哪些?
2. 碱剂和尿素对活性染料轧染得色量有何影响?
3. 影响还原染料还原溶解的因素是什么?
4. 比较还原染料隐色浸染和悬浮体轧染的特点。
5. 比较硫化染料和还原染料染色性能、主要工艺条件和染色牢度。
6. 中性电解质在直接染料染色中有何作用?
7. 保证直接染料在拼色过程中色光稳定的方法是什么?
8. 比较不同类别酸性染料的染色原理及酸、中性电解质在染色中的作用。
9. 比较酸性络合染料和中性染料的结构特点、染色性能及染色原理。
10. 分析分散染料热熔染色法固色率的影响因素。
11. 简述阳离子染料对腈纶的染色原理及染液中各种助剂的作用。
12. 阳离子染料染腈纶的匀染措施有哪些?
13. 涂料染色的优缺点及实现涂料浸染的措施有哪些?
14. 影响混纺织物同色性的因素有哪些? 通常采用哪些方法和措施来保证混纺织物的同色性?

参考文献

[1] 全国染料标准化技术委员会. GB/T 2391—2014 反应性染料 固色率的测定[S]. 北京:中国标准出版社,2014.

[2] 全国染料标准化技术委员会. GB/T 9337—2009 分散染料 高温染色上色率的测定[S]. 北京:中国标准出版社,2010.

模块七　印花及原糊性能测试

织物印花是对织物进行局部着色,获得花纹图案的工艺过程。印花色浆中的染料(或涂料)借助于助剂、原糊的作用,实现对织物的局部着色,上染原理同染色。因此不同织物一般需要选用不同的染料进行印花。

印花分为直接印花(direct printing)、拔染印花(discharge printing)、防染印花(resist printing)、防印印花、转移印花(transfer printing)、喷墨印花(ink jet printing)等多种方法。

本模块重点介绍常用纤维制品的直接印花、防拔染印花工艺方法、操作程序;常用印花原糊的制备及应用性能分析测试方法等。通过本模块的学习,使学生掌握常用印花工艺及打样操作,学会根据不同的纤维材料、染料性能及工艺要求等合理制订印花工艺。

项目一　常用原糊的制备及其应用性能测定

在织物印花中,原糊(stock paste)是增稠剂、黏着剂、载递剂,起着举足轻重的作用。原糊质量直接影响色泽均匀性、鲜艳度、给色量、花纹轮廓清晰度等。无论哪一种糊料均要求具有较高的成糊能力,较稳定的化学性质和分散状态,对染料亲和力应较低,印花后易于洗除等性能。

印花用糊料一般可分为离子型和非离子型两大类,典型的离子型有海藻酸钠和羧甲基纤维素(CMC),典型的非离子型有玉米淀粉等品种。通常原糊的制备有煮糊法、碱化法、溶解法、乳化法、合成法等多种方法。可根据原糊的性能,采用最适宜的方法进行制糊。影响原糊性能的因素有流变性、水合性、渗透性等。

本项目的教学目标是使学生掌握常用印花原糊制备方法,了解常用印花原糊的性能及其测试方法,掌握回转式黏度计 NDJ - 1 的使用方法。

任务一　常用原糊的制备
一、任务描述
参照表 7 - 1 所示实验方案制备各种原糊,观察并比较它们的外观性状。

表 7 - 1　实验方案

序　号	1#	2#	3#	4#	5#	6#	7#
原糊名称	小麦淀粉糊	印染胶糊	玉米淀粉糊	海藻酸钠糊	合成龙胶糊	乳化糊	合成增稠剂糊
糊料(或油)(%)	12	65	12	8	4	70	2

二、实验准备

1. 仪器设备　恒温水浴锅、强力搅拌机、烧杯（50mL、250mL、500mL）、量筒（10mL、100mL）、刻度吸管（10mL）、玻璃棒等。

2. 染化药品　氢氧化钠、硫酸、氨水（均为化学纯），平平加 O、煤油、小麦淀粉、玉米淀粉、海藻酸钠、合成龙胶、印染胶、合成增稠剂等（均为工业品）。

三、方法原理

淀粉难溶于水，在水中受热或经碱作用可以产生剧烈的膨化，利用此性质即可制成原糊；海藻酸钠和合成龙胶的水溶性较好，能直接溶于水而分别制成原糊；乳化糊是利用两种不同而互不相溶的溶液，在乳化剂的作用下经快速搅拌，使其中一种溶液成为连续的外相，另一种成为不连续的内相而制成原糊；合成增稠剂原糊是由三个或更多的单体通过乳液聚合法共聚而合成的产物，分散于水中，然后再加入氨水，中和增稠而制成原糊。

四、操作步骤

1. 小麦淀粉糊的制备　小麦淀粉糊采用煮糊的方法制备，配方见表 7-2。

表 7-2　小麦淀粉糊的制备配方

成　分	数　量	成　分	数　量
小麦淀粉（g）	12	总量（g）	100
蒸馏水（mL）	x	—	—

称取小麦淀粉 12g 于 250mL 烧杯中，先用少量蒸馏水调成浆状，再加蒸馏水至规定的总量。将烧杯放入水浴锅中加热，并不断搅拌，淀粉液由乳白色逐渐变成半透明状。当温度升至 95℃时保温 10min，然后从水浴中取出冷却、备用。

小麦淀粉糊放置时间过久黏度会降低，最好随用随配，长久放置需加适量防腐剂。

2. 印染胶糊的制备　印染胶糊也是采用煮糊的方法制备，配方见表 7-3。

表 7-3　印染胶糊的制备配方

成　分	数　量	成　分	数　量
印染胶（g）	65	蒸馏水（mL）	x
煤油（g）	2	总量（g）	100

称取印染胶 65g 于 250mL 烧杯中，边搅拌边缓慢加入热水，直至无干粉粒为止。加入煤油，然后将烧杯放入沸水浴中加热 30~40min。沸煮过程中应不断搅拌，并适当补充蒸发水量。最后成为深棕色半透明糊状，则煮糊完毕，取出烧杯冷却、备用。

印染胶糊放置过久表面会结皮，可在表层加少量煤油预防。

3. 玉米淀粉糊的制备　玉米淀粉糊若采用煮糊法制备的原糊黏性较差，一般采用碱化法较为合适。碱化法是利用玉米淀粉在碱中膨化的性能，不加温而制备得到原糊。配方见表 7-4。

表7-4 玉米淀粉糊的制备配方

成 分	数 量	成 分	数 量
玉米淀粉(g)	12	蒸馏水(mL)	x
30%烧碱(mL)	3	总量(g)	100
98%硫酸(mL)	1	—	—

称取玉米淀粉12g于250mL烧杯中,先用少量蒸馏水调成浆状,再加入适量的蒸馏水搅拌成悬浮状,在不断搅拌的情况下,吸取30%烧碱3mL,慢慢滴入上述悬浮液中,加完后继续搅拌,使淀粉充分膨化呈透明的糊状。吸取5mL蒸馏水于50mL小烧杯中,将1mL98%硫酸滴入蒸馏水中,然后将此硫酸溶液慢慢滴加到淀粉糊中,边滴加边搅拌,并不断测试糊中的pH至中性。呈中性后加蒸馏水至总量,搅拌均匀后备用。如仍偏碱性,可继续用稀释后的硫酸中和。

玉米淀粉糊放置过久黏度会降低,最好用时再制备,长久放置需加入适量防腐剂。

4. 海藻酸钠糊的制备 海藻酸钠糊采用溶解法制备,配方见表7-5。

表7-5 海藻酸钠的制备配方

成 分	数 量	成 分	数 量
海藻酸钠(g)	8	总量(g)	100
蒸馏水(mL)	x	—	—

量取92mL蒸馏水于250mL烧杯中,加热至80℃。将预先称好的海藻酸钠分多次撒入热水中,边撒边搅拌,撒完后继续搅拌30min,呈半透明糊状为止。

在制得的海藻酸钠糊中,常含有没有溶解的颗粒,故应放置片刻,待颗粒充分溶胀、溶解后使用。如若急用,可用滤布过滤后使用。

5. 合成龙胶糊的制备 合成龙胶糊也是采用溶解法制备,配方见表7-6。

表7-6 合成龙胶糊的制备配方

成 分	数 量	成 分	数 量
合成龙胶(g)	4	总量(g)	100
蒸馏水(mL)	x	—	—

量取96mL蒸馏水于250mL烧杯中,加热至60℃。将预先称好的合成龙胶撒入热水中,边撒边搅拌,撒完后继续搅拌至无颗粒为止。放置片刻,待颗粒充分溶胀、溶解后使用。如要久放可加少许防腐剂。

6. 乳化糊的制备 乳化糊必须采用高速搅拌成糊法制备,配方见表7-7。

表7-7 乳化糊的制备配方

成 分	数 量	成 分	数 量
煤油(g)	70	蒸馏水(mL)	x
平平加O(g)	2	总量(g)	100

称取规定量的平平加 O 于 250mL 烧杯中,加温水溶解后再冷却至室温。用强力搅拌机以 1000r/min 以上的速度搅拌,并滴加煤油(开始缓慢些,以后稍快些),加完后继续搅拌 30min 即成乳化糊。

7. 合成增稠剂糊的制备　合成增稠剂原糊采用分散、中和的方法制备。合成增稠剂有粉状、乳液状或分散液状。粉状合成增稠剂在快速搅拌下分散于水中,然后加入氨水,中和聚合物分子中的羧酸基而增稠,即制成原糊,配方见表 7 – 8。

表 7 – 8　合成增稠剂糊的制备配方

成　分	数　量	成　分	数　量
合成增稠剂(g)	2	蒸馏水(mL)	x
25% 氨水(mL)	1	总量(g)	100

量取 97mL 的蒸馏水于 250mL 烧杯中,吸取 25% 氨水 1mL,加入蒸馏水中,在快速搅拌下,将预先称好的合成增稠剂加入氨水溶液中,使合成增稠剂体积剧烈膨化,继续搅拌至呈半透明糊状即可。

五、注意事项

(1)原糊制备过程中,除乳化糊使用电动搅拌机外,其他都可以用手工搅拌。搅拌时用力应均匀,不要过猛,以防捅破烧杯造成返工或出现大量气泡影响测定结果。如若气泡较多,需静止一段时间后再继续进行操作。

(2)为便于实验室小样印花刮印操作,所调色浆一般较厚,因此本实验原糊的含固量比实际生产应用中略高。

六、实验报告(表 7 – 9)

表 7 – 9　实验报告

序　号	1#	2#	3#	4#	5#	6#	7#
原糊名称	小麦淀粉糊	印染胶糊	玉米淀粉糊	海藻酸钠糊	合成龙胶糊	乳化糊	合成增稠剂糊
色　泽							
透明度							

任务二　测定原糊的印花黏度指数

一、任务描述

选择合适的转子与转速分别测定各种原糊的黏度,然后计算印花黏度指数(printing viscosity index,简称 PVI)。

二、实验准备

1. 仪器设备　NDJ – 1 旋转式黏度计、烧杯(100mL)、高型烧杯(100mL、250mL)。

2. 染化药品　自制小麦淀粉、玉米淀粉、海藻酸钠、合成龙胶、印染胶、合成增稠剂等原糊。

三、方法原理

印花原糊黏度指数是衡量色浆流变性能的指标之一,将它定义为同一流体在剪切速率相差

10 倍时所具有的黏度之比。即选用同一种型号的转子,以 $n\mathrm{r/min}$ 和 $10n\mathrm{r/min}$ 两种转速分别测定原糊的黏度 η_n 和 η_{10n},按下式计算该原糊的 PVI 值:

$$PVI = \frac{\eta_{10n}}{\eta_n}$$

同一原糊在高转速下的黏度要比低转速下的黏度小,所以 PVI 值取值范围在 $0.1 \sim 1.0$ 之间。

四、操作步骤

(1)安装调试黏度计,选用适当的转子,通过连接螺杆装上转轴(图 7 - 1)。

(2)选择适当的转速(有 6r/min、12r/min、30r/min、60r/min 四档,建议选择 6r/min、60r/min)。

(3)将转子浸入盛有原糊的高型烧杯中,使转子液面标志和液面持平。

(4)在恒温条件下测定原糊的黏度,并将测得的读数 a 乘上转子黏度系数 K,即得原糊的黏度值 $\eta(\mathrm{mPa \cdot s})$。黏度系数详见表 7 - 10。

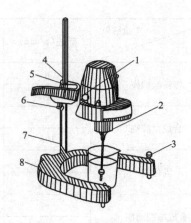

图 7 - 1 NDJ - 1 旋转式黏度计外形图
1—转速指示点 2—连接螺杆 3—水平调节螺钉 4—夹头紧松螺钉 5—升降夹头 6—手柄固定螺钉 7—支柱 8—支架

表 7 - 10 黏度系数表

系数 K 转速(r/min) 转子规格	60	30	12	6
0	0.1	0.2	0.5	1
1	1	2	5	10
2	5	10	25	50
3	20	40	100	200
4	100	200	500	1000

五、实验报告(表 7 - 11)

表 7 - 11 实验报告

实验结果 原糊名称	转速(r/min)	读数 a	系数 K	$\eta(\mathrm{mPa \cdot s})$	PVI 值
小麦淀粉糊	n				
	$10n$				
玉米淀粉糊	n				
	$10n$				
印染胶糊	n				
	$10n$				

实验结果 原糊名称	转速(r/min)	读数 a	系数 K	η(mPa·s)	PVI 值
海藻酸钠糊	n				
	$10n$				
合成龙胶糊	n				
	$10n$				
乳化糊	n				
	$10n$				
合成增稠剂糊	n				
	$10n$				

任务三　测定原糊的耐酸、碱稳定性

一、任务描述

在待测原糊中分别加入适量酸或碱,观察原糊的色泽和黏度变化,比较并评价各种原糊的耐酸、碱稳定性。

二、实验准备

1. 仪器设备　NDJ-1 旋转式黏度计、烧杯(100mL)、高型烧杯(100mL、250mL)。

2. 染化药品　氢氧化钠、盐酸(均为化学纯),自制小麦淀粉、玉米淀粉、海藻酸钠、合成龙胶、印染胶、合成增稠剂等原糊。

3. 溶液准备　3mol/L 氢氧化钠溶液、3mol/L 盐酸溶液。

三、方法原理

若原糊对酸或碱的稳定性好,其黏度相对比较稳定,外观性状也不会发生明显变化。反之,可能发生水解,导致黏度明显降低,也有可能发生凝胶或色变等。

四、操作步骤

(1)称取已制备好的原糊各两份(约30g)于100mL 烧杯中。

(2)分别加入 3mol/L 氢氧化钠、3mol/L 盐酸溶液 1~2 滴,搅拌均匀后放置片刻。

(3)观察原糊色泽和黏度变化情况,并记录结果,以此判断原糊的耐酸、碱稳定性。也可用黏度计测定滴加酸、碱液前后的黏度变化。

五、实验报告(表7-12)

表7-12　实验报告

实验结果 原糊名称	耐酸稳定性		耐碱稳定性	
	色泽变化	黏度变化	色泽变化	黏度变化
小麦淀粉糊				
玉米淀粉糊				

实验结果 原糊名称	耐酸稳定性		耐碱稳定性	
	色泽变化	黏度变化	色泽变化	黏度变化
印染胶糊				
海藻酸钠糊				
合成龙胶糊				
乳化糊				
合成增稠剂糊				

任务四　测定原糊的耐硬水稳定性

一、任务描述

分别在原糊中加入含有不同金属离子的盐溶液,观察原糊色泽和黏度变化,比较并评价各种原糊的耐硬水稳定性。

二、实验准备

1. 仪器设备　NDJ-1旋转式黏度计、烧杯(100mL)、高型烧杯(100mL、250mL)。

2. 染化药品　氯化铁、氯化锌、氯化钙(均为化学纯),自制小麦淀粉、玉米淀粉、海藻酸钠、合成龙胶、印染胶、合成增稠剂等原糊。

3. 溶液准备　40%氯化铁溶液、40%氯化锌溶液、40%氯化钙溶液。

三、方法原理

若原糊对硬水稳定性好,其黏度相对比较稳定,外观性状不会发生明显的变化。反之,可能发生凝胶或色变等。

四、操作步骤

(1)称取已制备好的原糊各三份(约30g)于100mL烧杯中。

(2)分别加入40%氯化铁、40%氯化锌、40%氯化钙溶液2mL,搅拌均匀后放置片刻。

(3)观察原糊的色泽和黏度变化情况,并记录结果,以此判断此原糊的耐硬水稳定性。也可用黏度计测定滴加氯化铁、氯化锌、氯化钙溶液前后的黏度变化。

五、实验报告(表7-13)

表7-13　实验报告

实验结果 原糊名称	耐氯化铁稳定性		耐氯化锌稳定性		耐氯化钙稳定性	
	色泽变化	黏度变化	色泽变化	黏度变化	色泽变化	黏度变化
小麦淀粉糊						
玉米淀粉糊						
印染胶糊						
海藻酸钠糊						

实验结果 原糊名称	耐氯化铁稳定性		耐氯化锌稳定性		耐氯化钙稳定性	
	色泽变化	黏度变化	色泽变化	黏度变化	色泽变化	黏度变化
合成龙胶糊						
乳化糊						
合成增稠剂糊						

任务五　测定原糊的抱水性

一、任务描述

用滤纸法测定常用印花原糊的抱水性能。

二、实验准备

1. 仪器设备　SC69－02 型水分快速测定仪、烧杯(100mL)。

2. 染化药品　自制小麦淀粉、玉米淀粉、海藻酸钠、合成龙胶、印染胶、合成增稠剂等原糊。

三、方法原理

印花原糊的抱水性(也即水合性)是指糊料网裹水分的能力。通过测定原糊中的水分在滤纸上上升的高度,来评价原糊的抱水性。上升高度越低,抱水性越好。

四、操作步骤

(1)称取已制备好的某原糊25g 于 100mL 烧杯中,加入 25mL 蒸馏水稀释搅匀。

(2)将划有刻度线的滤纸(10cm×2cm)垂直插入原糊内,保持刻度线与原糊水平面持平。

(3)分别记录 5min、15min、30min、45min 时,滤纸上水的上升高度。上升高度越低,抱水性能越好。

五、实验报告(表7-14)

表 7-14　实验报告

实验结果 原糊名称	水的上升高度(cm)				抱水性
	5min	15min	30min	45min	
小麦淀粉糊					
玉米淀粉糊					
印染胶糊					
海藻酸钠糊					
合成龙胶糊					
乳化糊					
合成增稠剂糊					

任务六　测定原糊的易洗涤性

一、任务描述

用洗涤称重法测定常用印花原糊的易洗涤性能。

二、实验准备

1. 仪器设备 印花网框（或聚酯薄膜版）、刮刀、印花垫板、SW－12型皂洗机、电子台秤（或托盘天平）、电炉、烘箱、烧杯（50mL、250mL、500mL）、量筒（10mL、100mL）、熨斗等。

2. 染化药品 自制小麦淀粉、玉米淀粉、海藻酸钠、合成龙胶、印染胶、合成增稠剂等原糊。

三、方法原理

印花原糊的易洗涤性（又称脱糊性）是指糊料从印花织物上洗除的难易程度。对未脱糊印花织物水洗前后分别称重，根据减量法计算水洗脱糊率。以脱糊率大小评价原糊的易洗涤性，脱糊率越高，易洗涤性越好。

四、操作步骤

（1）剪取布样20cm×20cm，抽去边纱，烘干后称取恒重为W（精确至0.0001g）。

（2）用调制好的原糊在布样上印制15cm×15cm方块图案，经烘干、汽蒸（100～102℃，10min）、烘干后称取恒重为W_A（精确至0.0001g）。

（3）将样布在SW－12型皂洗机中按浴比1：100，温度为（50±1）℃，时间10min，洗两次。

（4）将水洗后的样布烘干后称取恒重为W_B（精确至0.0001g），按下式计算脱糊率：

$$脱糊率 = \frac{W_A - W_B}{W_A - W} \times 100\%$$

式中：W为原布样重（g）；W_A为印花后布样重（g）；W_B为洗涤后布样重（g）。

五、实验报告（表7－15）

表7－15 实验报告

原糊名称 实验结果	小麦淀粉糊	玉米淀粉糊	印染胶糊	海藻酸钠糊	合成龙胶糊	乳化糊	合成增稠剂糊
W							
W_A							
W_B							
脱糊率（%）							
易洗涤性							

项目二　纤维素纤维制品的直接印花

活性染料直接印花有一相法和两相法之分，可以应用在纤维素纤维、蛋白质纤维和聚酰胺纤维等多种织物上。活性染料是纺织品印花中使用最普遍的一类染料。

活性染料—涂料共同印花是指在同一块织物的不同部位分别印制活性染料和涂料，通过优势互补，获得满意的印制效果。

本项目的教学目标是使学生了解直接印花与共同印花的特点，掌握活性染料—相法直接印花和活性染料—涂料共同印花的工艺条件与操作方法,理解各种助剂的性能及作用。

任务一 活性染料直接印花

一、任务描述

参照下列工艺配方、工艺流程及条件,用活性染料对棉织物进行直接印花,比较不同工艺方案的印制效果,并分析碳酸氢钠用量对表面给色量的影响。

1. 工艺配方(表7-16)

表7-16 工艺配方

试样编号	1#	2#	3#	4#
活性染料1(%)	3	3	—	1.5
活性染料2(%)	—	—	3	1.5
尿素(%)	5	5	5	5
防染盐S(%)	1	1	1	1
碳酸氢钠(%)	1	2	2	2
8%海藻酸钠糊(%)	50	50	50	50

2. 工艺流程及条件 织物→印花→烘干(80~90℃)→汽蒸(100~102℃,7~8min)→冷流水冲洗→皂洗(中性皂粉3g/L,95~100℃,2~3min)→热水洗(60~80℃,5min)→冷水洗→熨干。

二、实验准备

1. 仪器设备 印花网框(或聚酯薄膜版)、刮刀、印花垫板、电子台秤(或托盘天平)、电炉、烘箱、蒸箱(或蒸锅)、搪瓷杯(100mL、500mL)、烧杯(50mL、250mL、500mL)、量筒(10mL、100mL)、熨斗等。

2. 染化药品 碳酸氢钠、尿素(均为化学纯),K型活性染料(或M型、B型等)、防染盐S、中性皂粉(或洗涤剂)(均为工业品),自制8%海藻酸钠糊。

3. 实验材料 棉织物(或黏胶纤维织物、麻织物)。

三、方法原理

纤维素纤维织物以活性染料、碱剂和原糊等调成的色浆印花,经汽蒸,染料与纤维发生化学反应形成共价键,使染料固着在纤维上,形成一定的花纹图案。

四、操作步骤

(1)按配制30g色浆要求计算染料及助剂用量。

(2)分别称取尿素、防染盐S于50mL小烧杯中,加入适量蒸馏水溶解(可在水浴中适当加热),然后倒入已称取染料的烧杯中溶解染料,将烧杯放在水浴中加热,使染料充分溶解。

(3)称取8%海藻酸钠原糊于100mL搪瓷杯中,将已溶解好的染料分多次加入原糊中,并边加边搅拌,再把溶解好的碱剂加入,加蒸馏水至总量,搅拌均匀待用。

（4）将白布放在印花垫板上，花版覆盖在白布上，在花版的一端倒上色浆，用刮刀均匀用力刮浆，抬起花版，将花纹处色浆烘干。在同一块试验样布上先印单色浆，然后将两个单色浆以一定比例混合成拼色浆，继续印制。

（5）将印花布样用衬布包好，放在蒸箱中汽蒸 7～8min，再经冷流水冲洗、皂洗、热水洗、冷水洗和熨干。

五、注意事项

（1）任选两只活性染料（可选用同种类型的，也可选用不同类型的，但反应性应相近）分别调制单色浆，拼色浆可由单色浆按比例混合得到。

（2）若印制黏胶纤维织物，需要调整尿素的用量，或在印花前浸轧尿素。

（3）冷流水冲洗要充分，以免沾污白地。

六、实验报告（表 7－17）

表 7－17 实验报告

实验结果＼试样编号	1#	2#	3#	4#
贴样				
比较表面给色量				

任务二　活性染料—涂料共同印花

一、任务描述

参照下列工艺配方、工艺流程及条件，用活性染料和涂料对棉织物进行共同印花，比较不同的黏合剂及涂料浆刮印顺序对印制效果的影响。

1. 工艺配方

（1）活性染料，参照本项目任务—表 7－16 中 2# 或 3# 配方用量。

（2）涂料工艺配方见表 7－18。

表 7－18 涂料工艺配方

试样编号	1#	2#
涂料（%）	6	6
尿素（%）	5	5
增稠剂（%）	30	30
黏合剂 A（%）	30	—
黏合剂 B（%）	—	30

2. 工艺流程及条件　织物→印花→烘干（80～90℃）→焙烘（150℃，2～3min）→汽蒸（100～102℃，7～8min）→冷流水冲洗→皂洗（中性皂粉 3g/L，95～100℃，2～3min）→热水洗（60～80℃，5min）→冷水洗→熨干。

二、实验准备

1. 仪器设备 印花网框(或聚酯薄膜版)、刮刀、印花垫板、电子台秤(或托盘天平)、电炉、蒸箱(或蒸锅)、焙烘箱、搪瓷杯(100mL、500mL)、烧杯(50mL、250mL、500mL)、量筒(10mL、100mL)、刻度吸管(10mL)、洗耳球、熨斗等。

2. 染化药品 碳酸氢钠、尿素(均为化学纯)、K 型活性染料(或 M 型、B 型等)、防染盐 S、涂料、黏合剂(选择 A 和 B 两个品种)、合成增稠剂、中性皂粉(均为工业品),自制 8% 海藻酸钠糊。

3. 实验材料 棉织物(或黏胶纤维织物)四块。

三、方法原理

织物分别用活性染料色浆、涂料色浆印花,焙烘后涂料结膜固着,经汽蒸使活性染料与纤维素纤维反应而固着,最终使织物获得不同色泽的图案效果。

四、操作步骤

(1)制备色浆。参照本项目任务一中的操作步骤制备活性染料色浆,参照本模块项目四任务一中的操作步骤制备涂料色浆。

(2)选择一花框用于印制涂料色浆,另一满地罩印框用于印制活性染料色浆,按先涂料浆后活性染料浆、先活性染料浆后涂料浆的操作要求各印制一块织物。

(3)四块织物均按上述工艺流程要求进行烘干、焙烘、汽蒸、水洗、皂洗、水洗等。

五、注意事项

(1)选择涂料用黏合剂时应考虑与活性染料、海藻酸钠浆叠碰印时的稳定性,且固色温度应适中。

(2)黏胶纤维织物印花时应调整尿素的用量,或在印花前浸轧尿素。

(3)冷流水冲洗要充分,以免沾污白地。

六、实验报告(表7-19)

表 7-19 实验报告

实验结果 ＼ 印花工艺	1#	2#
贴 样		
线条轮廓清晰度		
色浆叠碰印效果		

项目三 蛋白质纤维制品的直接印花

蛋白质纤维制品的直接印花常用酸性染料和中性染料,其中强酸性染料由于易沾污白地,故只选择性地使用。弱酸性染料在印花生产中应用较广泛,可用于丝绸、羊毛等织物,也可用于皮革的直接印花。但由于酸性、中性染料的色牢度远满足不了市场的要求,而且中性染料的重金属问题也引起人们的重视。因此,近年来活性染料在真丝及其混纺或交织面料上的印花得到了发展。

本项目的教学目标是使学生熟悉酸性染料、活性染料色浆中各助剂的作用,掌握酸性染料直接印花和活性染料直接印花的工艺与操作方法。

任务一 酸性染料直接印花
一、任务描述

参照下列工艺配方、工艺流程及条件,用酸性染料对蚕丝织物进行直接印花,比较不同工艺方案的印制效果,并分析硫酸铵用量对表面给色量的影响。

1. 工艺配方(表7-20)

表7-20 工艺配方

试样编号	1#	2#	3#	4#
酸性染料1(%)	1.5	1.5	—	0.75
酸性染料2(%)	—	—	1.5	0.75
尿素(%)	5	5	5	5
硫酸铵(%)	1	3	3	3
12%玉米淀粉糊(%)	50	50	50	50

2. 工艺流程及条件 织物→印花→烘干(70~80℃)→汽蒸(100~102℃,12~15min)→冷流水冲洗→热水洗(60~80℃,5min)→冷水洗→熨干。

二、实验准备

1. 仪器设备 印花网框(或聚酯薄膜版)、刮刀、印花垫板、电子台秤(或托盘天平)、电炉、烘箱、蒸箱(或蒸锅)、搪瓷杯(100mL、500mL)、烧杯(50mL、250mL、500mL)、量筒(10mL、100mL)、熨斗等。

2. 染化药品 尿素、硫酸铵(均为化学纯),弱酸性染料(两种不同颜色,工业品),自制12%玉米淀粉糊。

3. 实验材料 经精练的真丝绸织物(或毛织物)四块、pH试纸。

三、方法原理

蛋白质纤维织物以活性染料、释酸剂和原糊等调成的色浆印花,经汽蒸使染料渗透、扩散,并与纤维以氢键、范德瓦耳斯力及离子键力作用,从而使染料固着在纤维上,形成一定的花纹图案。

四、操作步骤

(1)按配制30g色浆要求计算染料及助剂用量。

（2）将称取的染料置于 50mL 小烧杯中，加少量蒸馏水调成浆状，再加入尿素和蒸馏水，搅拌均匀，使染料完全溶解后备用。

（3）称取 12% 玉米淀粉糊于 100mL 搪瓷杯中，将已溶解好的染料分多次加入原糊中，并边加边搅拌，再把溶解后的硫酸铵加入，最后搅拌均匀待用。用 pH 试纸测定每种色浆的 pH，并记录。

（4）将白布放在印花垫板上，花版覆盖在白布上，在花版的一端倒上色浆，用刮刀均匀用力刮浆，抬起花版，将花纹处色浆烘干。在同一块试验样布上先印单色浆，然后将两个单色浆以一定比例混合成拼色浆，继续印制。

（5）将印花布样用衬布包好，放在蒸箱中汽蒸 12～15min，再经冷流水冲洗、热水洗、冷水洗和熨干。

五、注意事项

（1）可任选两只弱酸性染料分别调制单色浆，拼色浆可由单色浆按比例混合得到。

（2）羊毛织物印花可先经氯化或高锰酸钾处理，以获得较深的色泽。

（3）冷流水冲洗要充分，以免沾污白地。

六、实验报告（表 7–21）

表 7–21　实验报告

试样编号 实验结果	1#	2#	3#	4#
色浆 pH				
贴样				
比较表面给色量				

任务二　活性染料直接印花

一、任务描述

参照下列工艺配方、工艺流程及条件，用活性染料对蚕丝织物进行直接印花，比较不同工艺方案的印制效果，并分析尿素、碳酸氢钠用量及不同的原糊对表面给色量与印制效果的影响。

1. 工艺配方（表 7–22）

表 7–22　工艺配方

试样编号	1#	2#	3#	4#
活性染料（%）	3	3	3	3
尿素（%）	1	3	3	3
碳酸氢钠（%）	1	1	2	2
防染盐 S（%）	1	1	1	1
8% 海藻酸钠糊（%）	50	50	50	—
4% 合成龙胶糊（%）	—	—	—	50

2. 工艺流程及条件 织物→印花→烘干(60~80℃,5~10min)→汽蒸(100~102℃,10~15min)→冷流水冲洗→皂洗(中性皂粉2g/L,90~95℃,2~3min)→热水洗(60~80℃,5min)→冷水洗→中和(冰醋酸0.5g/L)→冷水洗→熨干。

二、实验准备

1. 仪器设备 印花网框(或聚酯薄膜版)、刮刀、印花垫板、电子台秤(或托盘天平)、电炉、烘箱、蒸箱(或蒸锅)、搪瓷杯(100mL、500mL)、烧杯(50mL、250mL、500mL)、量筒(10mL、100mL)、熨斗等。

2. 染化药品 尿素、碳酸氢钠、冰醋酸(均为化学纯),KN型活性染料(或M型、B型、BF型等)、防染盐S、中性皂粉(均为工业品),自制8%海藻酸钠糊、4%合成龙胶糊。

3. 实验材料 经精练的真丝绸织物四块。

三、方法原理

蛋白质纤维织物以活性染料、弱碱剂和原糊等调成的色浆印花,经汽蒸,染料与纤维发生化学作用,使染料固着在纤维上,形成一定的花纹图案。

四、操作步骤

(1)按配制30g色浆要求计算染料及助剂用量。

(2)分别称取尿素、防染盐S于50mL小烧杯中,加入适量蒸馏水溶解(可在水浴中适当加热),然后倒入已称取染料的烧杯中溶解染料,将烧杯放在水浴中加热,使染料充分溶解。

(3)称取原糊于100mL搪瓷杯中,将已溶解好的染料分多次加入原糊中,并边加边搅拌,再加入已溶解好的碳酸氢钠,加蒸馏水至总量,搅拌均匀待用。

(4)将白布放在印花垫板上,花版覆盖在白布上,在花版的一端倒上色浆,用刮刀均匀用力刮浆,抬起花版,将花纹处色浆烘干。在同一块试验样布上先印单色浆,然后将两个单色浆以一定比例混合成拼色浆,继续印制。

(5)将印花布样用衬布包好,放在蒸箱中汽蒸10~15min,再经冷流水冲洗、皂洗、热水洗、冷水洗、中和、冷水洗和熨干。

五、注意事项

(1)也可以选择其他复合原糊代替合成龙胶糊,与海藻酸钠糊比较花型轮廓清晰度。

(2)汽蒸后冷流水冲洗要充分,然后皂洗,以免沾污白地。

六、实验报告(表7-23)

表7-23 实验报告

试样编号 实验结果	1#	2#	3#	4#
贴样				
比较表面给色量				
比较花型轮廓清晰度				

项目四　化学纤维及其混纺织物的直接印花

　　涤棉混纺织物使用广泛,其印花产品中的浅色品种可以采用分散染料直接印花,而中、深色品种则需采用两种不同类型的染料同浆印花,如分散染料与活性染料同浆印花(combination printing)等。另外对手感、牢度要求不高的品种,可以采用涂料直接印花。

　　分散染料与活性染料同浆印花的特点是印制的织物色泽鲜艳、色谱齐全、手感好。但应选择对棉沾污较小、耐碱性好的分散染料,对涤纶沾污较小、碱剂用量少的活性染料。其印花工艺按照活性染料的固色方式而不同,可分为一步印花法和两步印花法两种,以一步印花法工艺最为常用。

　　涂料直接印花是依靠黏合剂和交联剂将涂料机械地固着于纤维。涂料印花的品质牢度与黏合剂的质量有着直接关系。随着高分子化学的发展,黏合剂性能不断地改进,涂料印花质量也随之大幅度提高,从而使涂料印花的应用越来越广泛。

　　本项目的教学目标是使学生了解混纺织物印花基本要求和适用工艺,熟悉涂料印花中各助剂的作用,掌握涂料印花和分散/活性染料同浆印花的工艺方法。

任务一　涂料直接印花
一、任务描述

　　参照下列工艺配方、工艺流程及条件,用涂料对涤棉混纺织物进行直接印花,比较不同工艺方案的印制效果,并分析黏合剂用量对牢度与手感的影响。

1. 工艺配方(表7-24)

表7-24　工艺配方

试样编号	1#	2#	3#	4#
涂料1(%)	6	6	—	3
涂料2(%)	—	—	6	3
尿素(%)	5	5	5	5
增稠剂(%)	30	30	30	30
自交联黏合剂(%)	20	40	40	40

2. 工艺流程及条件　织物→印花→烘干(80~90℃)→焙烘(150~160℃,3min)。

二、实验准备

1. 仪器设备　印花网框(或聚酯薄膜版)、刮刀、印花垫板、电子台秤(或托盘天平)、焙烘定形样机(或烘箱)、搪瓷杯(100mL、500mL)、烧杯(50mL、250mL、500mL)、量筒(10mL、100mL)、熨斗等。

2. 染化药品　尿素(化学纯),涂料、自交联黏合剂、乳化糊(或合成增稠剂)(均为工业品)。

3. 实验材料　涤纶或涤棉混纺织物四块。

三、方法原理

织物用涂料、黏合剂、助剂等调成的色浆印花,然后经过焙烘或汽蒸,在织物上形成具有一定弹性和耐磨性的透明树脂薄膜,将涂料机械地固着在纤维上,形成一定的花纹图案。

四、操作程序

(1)按配制30g色浆要求计算涂料及助剂用量。

(2)分别称取尿素置于50mL小烧杯中,加入蒸馏水溶解。依次称取黏合剂、增稠剂和涂料于100mL搪瓷杯中,并搅拌均匀,然后在搅拌过程中,将已溶解好的尿素慢慢倒入,最后搅拌均匀待用。

(3)将白布放在印花垫板上,花版覆盖在白布上,在花版的一端倒上色浆,用刮刀均匀用力刮浆,抬起花版,将花纹处色浆烘干。在同一块试验样布上先印单色浆,然后将两个单色浆以一定比例混合成拼色浆,继续印制。

(4)将印花布样绷在针框上,在焙烘机中以150~160℃焙烘固色3min。

(5)测定印花织物的摩擦牢度。

五、注意事项

(1)根据不同种类黏合剂要求,选择是否加入交联剂和焙烘温度等。

(2)增稠剂可以选择乳化糊,也可以选择合成增稠剂,并根据色浆的厚薄调整其用量。

(3)根据织物的渗化性能选择是否加入尿素。

(4)分别调制单色浆,拼色浆可由单色浆按比例混合得到。

六、实验报告(表7-25)

表7-25 实验报告

实验结果 \ 试样编号	1#	2#	3#	4#
贴样				
摩擦牢度				
手感				

任务二 分散/活性染料同浆印花

一、任务描述

参照下列工艺配方、工艺流程及条件,用分散染料和活性染料对涤棉混纺织物进行同浆直接印花,比较不同工艺方案的印制效果,并分析不同的固色方法对表面给色量的影响。

1. 工艺配方(表7-26)

表7-26 工艺配方

试样编号	1#	2#	3#	试样编号	1#	2#	3#
活性染料(%)	3	—	1.5	防染盐S(%)	1	1	1
分散染料(%)	—	3	1.5	碳酸氢钠(%)	2	2	2
尿素(%)	5	5	5	8%海藻酸钠糊(%)	50	50	50

2. 工艺流程及条件 织物→印花→烘干(80~90℃)→焙烘(200℃,时间1.5min)→[汽蒸(100~102℃,7min)→]冷流水冲洗→皂洗(中性皂粉3g/L,95~100℃,2~3min)→热水洗(60~80℃,5min)→冷水洗→熨干。

二、实验准备

1. 仪器设备 印花网框(或聚酯薄膜版)、刮刀、印花垫板、电子台秤(或托盘天平)、电炉、烘箱、焙烘定形小样机、蒸箱(或蒸锅)、搪瓷杯(100mL、500mL)、烧杯(50mL、250mL、500mL)、量筒(10mL、100mL)、熨斗等。

2. 染化药品 尿素、碳酸氢钠(均为化学纯),活性染料、分散染料、防染盐S、中性皂粉(或洗涤剂)(均为工业品),自制8%海藻酸钠糊。

3. 实验材料 涤棉混纺织物半制品三块。

三、方法原理

涤棉混纺织物以分散染料、活性染料及相应的助剂共同调成的色浆印花,经烘干、焙烘、(汽蒸),使活性染料和分散染料分别固着在棉纤维和涤纶上,形成一定的花纹图案。

四、操作步骤

(1)按配制30g色浆要求计算染料及助剂用量。

(2)分别称取尿素和防染盐S于50mL小烧杯内,加入蒸馏水使之溶解(可在水浴中加热),然后倒入已称取活性染料的50mL小烧杯中溶解染料,将小烧杯在水浴中加热使染料充分溶解。

(3)称取8%海藻酸钠原糊于100mL搪瓷杯中,将已溶解好的活性染料分多次加入,并边加边搅拌,再把溶解好的碱剂和水加入,最后搅拌均匀待用。

(4)分别称取尿素和防染盐S于50mL小烧杯内,加入蒸馏水使之溶解(可在水浴中加热),然后倒入已称取分散染料的50mL小烧杯中,并搅拌均匀。

(5)称取8%海藻酸钠原糊于100mL搪瓷杯中,将已调匀的分散染料分多次加入,并边加边搅拌,再把溶解好的碱剂和水加入,最后搅拌均匀待用。

(6)将白布放在印花垫板上,花版覆盖在白布上,在花版的一端倒上色浆,用刮刀均匀用力刮浆,抬起花版,将花纹处色浆烘干。在同一块实验样布上分别印上活性染料色浆、分散染料色浆,然后将两个单色浆以一定比例混合成拼色浆,继续印制。

(7)将印花布样先经焙烘,然后各剪取一半用衬布包好,其中一半放在蒸箱中汽蒸。所有试样按工艺要求经强力冷水冲洗、皂煮、热水洗、冷水洗和熨干。

五、注意事项

(1)活性染料应选择耐高温的品种,分散染料应选择耐碱的品种。

(2)活性染料、分散染料单色浆分别印花后,再按一定比例混合制备拼色浆并印花。

(3)冷流水冲洗要充分,以免沾污白地。

六、实验报告(表7-27)

表7-27　实验报告

实验结果	试样编号	1#		2#		3#	
		焙　烘	焙烘→汽蒸	焙　烘	焙烘→汽蒸	焙　烘	焙烘→汽蒸
贴样							
比较色泽							

项目五　防染(印)印花

防染印花是在织物上先印(绘)上含防染剂的色浆,然后再进行染地(若采用罩印地色,称防印印花)。在印(绘)有防染剂花纹部分,能有效地阻止地色染料固着,从而获得防白或色防效果。在实际生产中,应用较多的有活性染料地色防染印花和不溶性偶氮染料地色防染印花,由于不溶性偶氮染料大多被禁用,其防染印花的应用越来越少,而活性染料地色的防染印花成了比较有代表性的印花工艺。

本项目的教学目标是使学生掌握涂料防活性染料地色印花、活性染料防活性染料地色印花的常用工艺方法、各种助剂的作用。

任务一　涂料防活性染料地色印花

一、任务描述

参照下列工艺配方、工艺流程及条件,用活性染料作地色,涂料作花色,对棉织物进行防染(印)印花,比较不同工艺方案的防印效果,并分析硫酸铵用量对防印效果的影响。

1. 工艺配方　防印浆配方和地色罩印浆配方分别见表7-28和表7-29。

表7-28　防印浆配方

试样编号	1#防白浆	2#防白浆	3#色防浆	试样编号	1#防白浆	2#防白浆	3#色防浆
涂料(%)	—	—	5	3%合成龙胶糊(%)	50	50	—
尿素(%)	—	—	5	增稠剂(%)	—	—	30
硫酸铵(%)	3	6	6	自交联黏合剂(%)	—	—	40

表7-29　地色罩印浆配方

成　分	用　量	成　分	用　量
活性染料(%)	3	碳酸氢钠(%)	1.5
尿素(%)	5	8%海藻酸钠糊(%)	50
防染盐S(%)	1	—	—

2. 工艺流程及条件 织物→防印浆印花→烘干(80~90℃)→满地罩印→烘干(60~80℃,5~10min)→汽蒸(100~102℃,7min)→冷流水冲洗→皂洗(中性皂粉3g/L,95~100℃,2~3min)→热水洗(60~80℃,5min)→冷水洗→熨干。

二、实验准备

1. 仪器设备 印花网框(或聚酯薄膜版)、刮刀、印花垫板、电子台秤(或托盘天平)、电炉、烘箱、蒸箱(或蒸锅)、搪瓷杯(100mL、500mL)、烧杯(50mL、250mL、500mL)、量筒(10mL、100mL)、熨斗等。

2. 染化药品 碳酸氢钠、硫酸铵、尿素(均为化学纯)、K型活性染料(或KN型、M型、B型、BF型等)、涂料、防染盐S、自交联黏合剂、乳化糊(或合成增稠剂)、中性皂粉(或洗涤剂)(均为工业品),自制3%合成龙胶糊、8%海藻酸钠糊。

3. 实验材料 棉织物若干块。

三、方法原理

织物以涂料、自交联黏合剂、乳化糊和酸剂等调制成的色浆印花,经满地罩印或轧染活性染料,再经汽蒸使涂料固着在纤维上,防染浆处因含酸剂,活性染料不能固着,而在防染浆以外的其他部位,染料正常上染和固色,从而形成一定的花纹图案。

四、操作步骤

1. 制备防白浆 按配制30g色浆要求计算配方用量。

(1)称取硫酸铵于50mL小烧杯中,加蒸馏水使其溶解完全后备用。

(2)称取3%合成龙胶糊于100mL搪瓷杯中,将溶解好的硫酸铵分多次加入,并边加边搅拌,搅拌均匀后备用。

2. 制备色防浆 按配制30g色浆要求计算配方用量。

(1)分别称取尿素和硫酸铵于50mL小烧杯中,加入蒸馏水溶解完全后待用。

(2)依次称取黏合剂、增稠剂和涂料于100mL搪瓷杯中,并搅拌均匀,然后在搅拌的过程中,将已溶解好的尿素和硫酸铵慢慢倒入,最后搅拌均匀待用。

3. 制备罩印浆 按50g色浆要求计算配方用量。

(1)分别称取尿素、防染盐S于50mL小烧杯中,加少量蒸馏水溶解(可水浴加热),然后倒入已称取活性染料的小烧杯中溶解染料,将小烧杯在水浴中加热使活性染料(X型除外)充分溶解。

(2)称取8%的海藻酸钠原糊于100mL搪瓷杯中,将已溶解好的活性染料分多次加入,并边加边搅拌,再把溶解好的碳酸氢钠和水加入,最后搅拌均匀待用。

4. 印花与后处理

(1)将白布放在印花垫板上,花版覆盖在白布上,在花版的一端倒上防白浆或涂料色防浆,用刮刀均匀用力刮浆,抬起花版,将花纹处色浆烘干。最后,满地罩印活性防印浆并烘干。可在同一块实验样布上印上防白浆和色防浆。

(2)将印花布样用衬布包好,放在蒸箱中汽蒸,然后经冷流水冲洗、皂洗、热水洗、冷水洗和熨干。

五、注意事项

(1)先印防白浆,后印色防浆。

(2)增稠剂可以选择乳化糊,也可以选择合成增稠剂,并根据涂料色防浆的厚薄调整其用量。

(3)涂料色防浆中,根据织物的渗化性能选加尿素。

六、实验报告(表7-30)

表7-30 实验报告

实验结果 \ 试样编号	1#防白浆	2#防白浆	3#色防浆
贴样			
防印效果			

任务二 活性染料防活性染料地色印花

一、任务描述

参照下列工艺配方、工艺流程及条件,用 KN 型活性染料作地色,K 型活性染料作花色,对棉织物进行防染(印)印花,比较不同工艺方案的防印效果,并分析亚硫酸钠用量对防染效果的影响。

1. 工艺配方 防染(印)浆配方地色罩印浆和轧染液配方分别见表7-31和表7-32。

表7-31 防染(印)浆配方

试样编号	1#防白浆	2#防白浆	3#色防浆	4#色防浆
K 型活性染料(%)	—	—	4	4
尿素(%)	—	—	5	5
防染盐 S(%)	—	—	1	1
碳酸氢钠(%)	—	—	2	2
亚硫酸钠(%)	3	5	4	6
8%海藻酸钠糊(%)	50	50	50	50
工艺要求	防印	防印	防印	防染

表7-32 地色罩印浆和轧染液配方

试样编号	1#罩印浆(用于防印)	2#轧染液(用于防染)
KN 型活性染料(g)	4	2
尿素(g)	5	3
防染盐 S(g)	2	0.5
碳酸氢钠(g)	2	2
8%海藻酸钠糊(g)	50	—
加水合成	100g	100mL

2. 工艺流程及条件 织物→印花→烘干(80~90℃)→满地罩印或浸轧染液→烘干→汽蒸(100~102℃,防印工艺 7min,防染工艺 2min)→冷流水冲洗→皂洗(中性皂粉 3g/L,95~100℃,2~3min)→热水洗(60~80℃,5min)→冷水洗→熨干。

二、实验准备

1. 仪器设备 印花网框(或聚酯薄膜版)、刮刀、印花垫板、电子台秤(或托盘天平)、电炉、烘箱、蒸箱(或蒸锅)、搪瓷杯(100mL、500mL)、烧杯(50mL、250mL、500mL)、量筒(10mL、100mL)、熨斗等。

2. 染化药品 亚硫酸钠、碳酸氢钠、尿素(均为化学纯)、KN 型活性染料、K 型活性染料、防染盐 S、中性皂粉(或洗涤剂)(均为工业品),自制 8% 海藻酸钠糊。

3. 实验材料 棉织物若干块。

三、方法原理

棉织物以非乙烯砜类活性染料、亚硫酸钠、原糊等调成的色浆印花,再满地罩印或轧染乙烯砜型活性染料,经汽蒸使乙烯砜类活性染料在亚硫酸钠的作用下活性基团失活,不能固着在纤维上,而防染浆以外的其他部位,活性染料正常上染固色,形成一定的花纹图案。

四、操作步骤

1. 制备防白浆 按配制 30g 色浆要求计算配方用量。

(1)称取亚硫酸钠于 50mL 小烧杯中,加蒸馏水使其溶解完全后备用。

(2)称取 8% 海藻酸钠糊于 100mL 搪瓷杯中,将溶解好的亚硫酸钠分多次加入,并边加边搅拌,搅拌均匀后备用。

2. 制备色防浆 按配制 30g 色浆要求计算配方用量。

(1)分别称取尿素、防染盐 S 于 50mL 小烧杯内,加少量蒸馏水溶解(可水浴加热),然后倒入已称取活性染料的小烧杯中溶解染料,将小烧杯在水浴中加热使活性染料充分溶解。

(2)称取 8% 的海藻酸钠原糊于 100mL 搪瓷杯中,将已溶解好的活性染料分多次倒入,并边加边搅拌,再把溶解好的碳酸氢钠、亚硫酸钠和水加入,搅拌均匀后待用。

3. 制备罩印浆 按配制 50g 色浆要求计算配方用量。

(1)分别称取尿素、防染盐 S 于 50mL 小烧杯中,加少量蒸馏水溶解(可水浴加热),然后倒入已称取活性染料的小烧杯中溶解染料,将小烧杯在水浴中加热使活性染料充分溶解。

(2)称取 8% 的海藻酸钠原糊于 100mL 搪瓷杯中,将已溶解好的活性染料分多次倒入,并边加边搅拌,再把溶解好的碳酸氢钠和水加入,并加水至规定量,搅拌均匀待用。

4. 制备轧染液

(1)分别称取尿素、防染盐 S 于 50mL 小烧杯中,加少量蒸馏水溶解(可水浴加热),然后倒入已称取活性染料的小烧杯中溶解染料,将小烧杯在水浴中加热使活性染料充分溶解。

(2)将预先溶解好的碳酸氢钠倒入染液中,搅拌均匀后加水至规定量待用。

5. 印花与后处理

(1)将白布放在印花垫板上,花版覆盖在白布上,在花版的一端倒上防白浆或色防浆,用刮刀均匀用力刮浆,抬起花版,将花纹处色浆烘干。可反复刮印和烘干,直至印完,最后满地罩印防印浆并烘干。在一块实验样布上印1#和2#防白浆,另两块实验样布分别印3#色防浆和4#色防浆。

(2)将印有1#和2#防白浆、3#色防浆的实验样布满地罩印活性地色浆,印有4#色防浆的实验样布浸轧活性地色染液,然后分别烘干。

(3)将印花布样分别按不同工艺要求放入蒸箱中汽蒸,然后经冷流水冲洗、皂洗、热水洗、冷水洗和熨干。

五、注意事项

(1)防染印花试样在浸轧地色染液时,浸渍时间不宜过长,且不宜用玻璃棒剧烈搅动,以免影响防染效果。

(2)罩印地色宜采用较小目数的筛网,并应注意刮印压力不宜过大。

六、实验报告(表7-33)

表7-33　实验报告

试样编号　实验结果	1#防白浆	2#防白浆	3#色防浆	4#色防浆
贴样				
防染(印)效果				

项目六　拔染印花

拔染印花是在已染地色的织物上,用能破坏地色的化学药品(拔染剂)调浆印花,印花部分的地色被破坏,形成白色或其他色泽的花纹图案。拔染用的地色主要是偶氮结构的染料,如偶氮结构的活性染料、直接染料、酸性染料等。常用的拔染剂有雕白粉、氯化亚锡等。

本项目的教学目标是使学生熟悉拔染色浆中各助剂的作用,掌握活性染料和酸性染料地色拔染印花常用工艺方法。

任务一　偶氮染料地色拔染印花

一、任务描述

参照下列工艺配方、工艺流程及条件,用偶氮染料作地色,还原染料作花色,对棉织物进行拔染印花,比较不同工艺方案的拔染效果,并分析雕白粉用量对拔染效果的影响。

1. 工艺配方(表7-34)

表7-34　工艺配方

试样编号	1#拔白浆	2#拔白浆	3#还原染料色拔浆	4#涂料色拔浆
还原桃红 R(%)	—	—	2	
涂料(%)	—	—	—	6

续表

试样编号	1#拔白浆	2#拔白浆	3#还原染料色拔浆	4#涂料色拔浆
雕白粉(%)	20	25	30	20
1:2 蒽醌分散液(%)	2	2	2	—
30%氢氧化钠(%)	5	5	—	—
增白剂 VBL(%)	0.5	0.5	—	—
12%玉米淀粉糊(%)	50	50	50	—
碳酸钾(%)	—	—	10	—
酒石酸(%)	—	—	—	1
尿素(%)	—	—	—	3
黏合剂(%)	—	—	—	30 ~ 40
乳化糊(%)	—	—	—	20 ~ 30

2. 工艺流程及条件 织物→印花→烘干(80 ~ 90℃)→汽蒸(100 ~ 102℃,10min)→透风(2min)→冷水洗→热水洗(60 ~ 80℃,5min)→皂煮(肥皂 3g/L,碳酸钠 3g/L,100℃,3 ~ 5min)→热水洗(60 ~ 80℃,5min)→冷水洗→熨干。

二、实验准备

1. 仪器设备 印花网框(或聚酯薄膜版)、刮刀、印花垫板、电子台秤(或托盘天平)、电炉、烘箱、蒸箱(或蒸锅)、搪瓷杯(100mL、500mL)、烧杯(50mL、250mL、500mL)、量筒(10mL、100mL)、刻度吸管(10mL)、洗耳球、熨斗等。

2. 染化药品 氢氧化钠、碳酸钾、尿素、酒石酸、无水乙醇碳酸钠(均为化学纯),超细粉还原桃红 R、增白剂 VBL、雕白粉(或专用拔染剂)、蒽醌、涂料、黏合剂、乳化糊、肥皂(均为工业品),自制 12%玉米淀粉糊。

3. 实验材料 偶氮染料地色棉织物四块。

三、方法原理

用含有雕白粉的还原染料色拔浆、涂料色拔浆对偶氮染料染色织物印花,经烘干、汽蒸,使偶氮染料地色被破坏消色,同时还原染料或涂料固着在纤维上,形成一定的花纹图案。

四、操作步骤

1. 制备1:2 蒽醌分散液 用1份蒽醌和2份酒精(无水乙醇:水 =1:1)配制而成。

2. 制备拔白浆 按配制 30g 色浆要求计算配方用量。

(1)分别称取雕白粉和增白剂 VBL 于 50mL 小烧杯中,加蒸馏水溶解后备用。

(2)称取 12%玉米淀粉糊于 100mL 搪瓷杯中,依次加入 1:2 蒽醌分散液、雕白粉溶液、增白剂溶液,并边加边搅拌,最后再加入 30%氢氧化钠,搅拌均匀后备用。

3. 制备3#还原染料色拔浆 按配制 30g 色浆要求计算配方用量。

(1)分别称取雕白粉和碳酸钾于 50mL 小烧杯中,加入蒸馏水溶解完全,再加入还原染料调成浆状后备用。

（2）称取12%玉米淀粉糊于100mL搪瓷杯中,将上述染液分多次加入,并边加边搅拌,最后加入蒽醌分散液,搅拌均匀后待用。

4. 制备4#涂料色拔浆　按配制30g色浆要求计算配方用量。

（1）分别称取尿素、酒石酸和雕白粉于50mL小烧杯中,加入蒸馏水溶解完全（可水浴加热）。

（2）依次称取黏合剂、乳化糊和涂料于100mL搪瓷杯中,搅拌均匀后将已溶解好的上述溶液分多次慢慢加入,并边加边搅拌,搅拌均匀后待用。

5. 印花与后处理

（1）将地色布放在印花垫板上,花版覆盖在色布上,在花版的一端倒上色浆,用刮刀均匀用力刮浆,抬起花版,将花纹处色浆烘干。可在同一块实验样布上印上拔白浆和色拔浆。

（2）将印花布样用衬布包好,放在蒸箱中汽蒸,然后经透风、冷水洗、热水洗、皂煮、热水洗、冷水洗和熨干。

五、注意事项

（1）可用专用拔染剂替代雕白粉,用量一般为10%～15%。

（2）地色宜选用易拔的品种,还原染料最好用基本色浆。

（3）可根据涂料色防浆的厚薄调整乳化糊的用量。

（4）根据黏合剂种类决定是否加入交联剂。

六、实验报告（表7-35）

表7-35　实验报告

实验结果 ＼ 试样编号	1#拔白浆	2#拔白浆	3#还原染料色拔浆	4#涂料色拔浆
贴样				
拔染效果				

任务二　活性染料地色拔染印花

一、任务描述

参照下列工艺配方、工艺流程及条件,用活性染料作地色,涂料作花色,对棉织物进行拔染印花,比较不同工艺方案的拔染效果,并分析不同的拔染剂及用量对拔染效果的影响。

1. 工艺配方（表7-36）

表7-36　工艺配方

试样编号	1#拔白浆	2#拔白浆	3#色拔浆	4#色拔浆
涂料（%）	—	—	5	5
专用拔染剂（%）	10	15	15	—
氯化亚锡（%）	—	—	—	8～9

续表

试样编号	1#拔白浆	2#拔白浆	3#色拔浆	4#色拔浆
尿素(%)	3	3	3	3
冰醋酸(%)	—	—	—	1.5
草酸(%)	—	—	—	0.3
乳化糊(%)	20~30	20~30	20~30	20~30
黏合剂(%)	—	—	30~40	30~40

2. 工艺流程及条件　织物→印花→烘干(80~90℃)→汽蒸(100~102℃,15min)或焙烘(160~165℃,3min)→冷流水冲洗→皂洗(中性皂粉 3g/L,95~100℃,2~3min)→热水洗(60~80℃,5min)→冷水洗→熨干。

二、实验准备

1. 仪器设备　印花网框(或聚酯薄膜版)、刮刀、印花垫板、电子台秤(或托盘天平)、电炉、烘箱、蒸箱(或蒸锅)、搪瓷杯(100mL、500mL)、烧杯(50mL、250mL、500mL)、量筒(10mL、100mL)、刻度吸管(10mL)、洗耳球、熨斗等。

2. 染化药品　氯化亚锡、尿素、冰醋酸、草酸(均为化学纯),专用拔染剂、涂料、黏合剂、乳化糊、中性皂粉(或洗涤剂)(均为工业品)。

3. 实验材料　活性染料地色棉织物四块。

三、方法原理

用含还原剂的拔白浆、还原染料或涂料色拔浆分别印制活性染料染色的棉织物,经烘干、汽蒸,使活性染料地色被破坏而消色,同时还原染料或涂料固着在纤维上,形成一定的花纹图案。

四、操作步骤

1. 制备拔白浆　按配制 30g 色浆要求计算配方用量。

(1)分别称取尿素、专用拔染剂于 50mL 小烧杯中,加入少量蒸馏水溶解完全。

(2)依次称取黏合剂、乳化糊于 100mL 搪瓷杯中,搅拌均匀,然后将已溶解好的上述溶液分多次慢慢加入,并边加边搅拌,搅拌均匀后待用。

2. 制备 3#色拔浆　按配制 30g 色浆要求计算配方用量。

(1)分别称取尿素、专用拔染剂于 50mL 小烧杯中,加入少量蒸馏水溶解完全。

(2)依次称取黏合剂、乳化糊和涂料于 100mL 搪瓷杯中,搅拌均匀,然后将已溶解好的上述溶液分多次慢慢加入,并边加边搅拌,搅拌均匀后待用。

3. 制备 4#色拔浆　按配制 30g 色浆要求计算配方用量。

(1)分别称取尿素、氯化亚锡于 50mL 小烧杯内,加入少量蒸馏水溶解完全。

(2)依次称取黏合剂、乳化糊和涂料于 100mL 搪瓷杯中,搅拌均匀后加入冰醋酸和草酸,然后将已溶解好的上述溶液分多次慢慢倒入,并边加边搅拌,搅拌均匀后待用。

4. 印花与后处理

(1)将地色布放在印花垫板上,花版覆盖在色布上,在花版的一端倒上色浆,用刮刀均匀用力刮浆,抬起花版,将花纹处色浆烘干。可在同一块实验样布上,印上拔白浆和色拔浆。

（2）将印花布样用衬布包好,放在蒸箱中汽蒸或焙烘,然后经冷流水冲洗、皂洗、热水洗、冷水洗和熨干。

五、注意事项

（1）地色要选用易拔的活性染料品种。

（2）根据所选用的黏合剂决定是否添加交联剂。

六、实验报告（表 7-37）

表 7-37　实验报告

实验结果＼试样编号	1#拔白浆	2#拔白浆	3#色拔浆	4#色拔浆
贴样				
拔染效果				

任务三　酸性染料地色拔染印花

一、任务描述

参照下列工艺配方、工艺流程及条件,用偶氮结构的酸性染料作地底色,蒽醌结构的酸性染料作花色,对蚕丝织物进行拔染印花,比较不同工艺方案的拔染效果,并分析氯化亚锡用量对拔染效果的影响。

1. 工艺配方（表 7-38）

表 7-38　工艺配方

试样编号	1#拔白浆	2#拔白浆	3#色拔浆	试样编号	1#拔白浆	2#拔白浆	3#色拔浆
酸性染料（%）	—	—	1.4	冰醋酸（%）	1.6	1.6	1.6
氯化亚锡（%）	3	5	5	草酸（%）	0.5	0.5	0.5
尿素（%）	4	4	4	3%合成龙胶糊（%）	50	50	50

2. 工艺流程及条件　织物→印花→烘干（70~80℃）→汽蒸（100~102℃,15~20min）→冷流水冲洗→热水洗（60~80℃,5min）→冷水洗→熨干。

二、实验准备

1. 仪器设备　印花网框（或聚酯薄膜版）、刮刀、印花垫板、电子台秤（或托盘天平）、电炉、烘箱、蒸箱（或蒸锅）、搪瓷杯（100mL、500mL）、烧杯（50mL、250mL、500mL）、量筒（10mL、100mL）、刻度吸管（10mL）、洗耳球、熨斗等。

2. 染化药品　草酸、冰醋酸、氯化亚锡、尿素（均为化学纯）,酸性染料（工业品）,自制3%合成龙胶糊。

3. 实验材料　酸性染料地色蚕丝织物三块。

三、方法原理

选择耐还原剂的酸性染料(如蒽醌类)或涂料制成色拔浆,分别印制偶氮结构的酸性染料染色蚕丝织物,经烘干、汽蒸,使地色酸性染料遭到破坏而被消色,印花处酸性染料或涂料固着在纤维上,从而形成一定的花纹图案。

四、操作步骤

1. 制备拔白浆 按配制30g色浆要求计算配方用量。

(1)分别称取尿素、草酸于50mL小烧杯中,加入蒸馏水溶解后,再加入醋酸和氯化亚锡,溶解完全后待用。

(2)称取3%合成龙胶糊于100mL搪瓷杯中,将已溶解好的上述溶液分多次加入,并边加边搅拌,搅拌均匀后待用。

2. 制备酸性染料色拔浆 按配制30g色浆要求计算配方用量。

(1)分别称取酸性染料、尿素和草酸于50mL小烧杯中,加入蒸馏水溶解后,再加入醋酸和氯化亚锡,溶解完全后待用。

(2)称取3%合成龙胶糊于100mL搪瓷杯中,将上述溶液分多次加入,并边加边搅拌,搅拌均匀后待用。

3. 印花与后处理

(1)将地色布放在印花垫板上,花版覆盖在色布上,在花版的一端倒上色浆,用刮刀均匀用力刮浆,抬起花版,将花纹处色浆烘干。可在同一块实验样布上印上拔白浆和色拔浆。

(2)将印花布样用衬布包好,放在蒸箱中汽蒸,然后经冷流水冲洗、热水洗、冷水洗和熨干。

五、注意事项

(1)地色酸性染料宜选用易拔的品种(如单偶氮类),花色酸性染料应选用耐拔的品种(如蒽醌类、三芳甲烷类等)。

(2)地色和花色均可采用活性染料代替酸性染料,选择要求同酸性染料。

(3)先印拔白浆,后印色拔浆,并印在同一块实验样布上。

六、实验报告(表7-39)

表7-39 实验报告

实验结果 试样编号	1#拔白浆	2#拔白浆	3#色拔浆
贴样			
拔染效果			

项目七　艺术印染

手工艺术印染是一门历史悠久的工艺美术种类,中国古代人们将其称为染缬。手工印染品种繁多,包括雕版印、蜡染、手绘、扎染等。传统的手工印染具备实用性与艺术性的双重功能,在老百姓的家居生活中有着广泛的运用。如扎染(knot dyeing),古代称扎缬、绞缬或染缬,起源于秦汉时期,是我国特有的民间工艺美术。随着时代的发展和科技的进步,扎染产品从图案、花色到染色工艺不断推陈出新,一代胜过一代。在当今回归自然、追求个性的纺织品流行趋势的影响下,因手工制作的扎染产品被设计师们用于时装领域而备受人们关注。

喷墨印花技术是一种全新的印花方式,它摒弃了传统印花需要制版的复杂环节,直接在织物上喷印,提高了印花的精度,实现了小批量、多品种、多花色印花,而且解决了传统印花占地面积大、污染严重等问题,具有广阔的发展前景。

转移印花是先将染料色料印在转移印花纸上,然后通过热处理使图案中染料转移到纺织品上,并固着形成图案的一种特殊印花方式。转移印花后不需要水洗处理,可获得色彩鲜艳、层次分明、花形精致的效果。

本项目的教学目标是使学生了解扎染、蜡染基本原理,掌握数码喷墨印花上浆工艺、转移印花工艺及操作规范,掌握扎染、蜡染的方法和常用技巧。

任务一 织物转移印花

一、任务描述

参照下列工艺流程及条件进行分散染料涤纶织物的转移印花,比较不同工艺方案的转移印花效果,并分析温度与时间对转移印花效果、摩擦牢度及升华牢度的影响。

1. 工艺条件(表7-40)

表7-40 工艺条件

试样编号	1#	2#	3#	4#
转移温度(℃)	150	200	250	200
时间(s)	30	30	30	70

2. 工艺流程 转移印花纸→织物转移印花→冷流水洗→皂洗(皂粉3g/L,85℃左右,2~3min)→热水洗(60~80℃,3min)→冷水洗→熨干。

二、实验准备

1. 仪器设备 电子台秤(或托盘天平)、蒸汽熨斗、烧杯(50mL、250mL、500mL)、量筒(10mL、100mL)、摩擦牢度仪、升华牢度仪等。

2. 染化药品 皂粉(或洗涤剂,工业品)。

3. 实验材料 已印制花纹的转移印花纸、平纹涤纶织物四块。

三、方法原理

热升华转移印花是一种利用印刷的方式将特殊的印花染料印刷到转印纸上,再通过加热、加压的方式,将染料转移到织物上的工艺技术。

四、操作步骤

（1）用事先制好的转移印花纸与平纹涤纶织物贴合，用蒸汽熨斗分别在150~250℃，30~70s条件下转移印花。

（2）将已转移印花好的织物，进行冷流水洗、皂洗、热水洗、冷水洗和熨干。最后测试织物的摩擦牢度、升华牢度，并记录在实验报告中。

五、注意事项

（1）在加热升华的过程中，为了使染料定向扩散，可将被染物的底板下一侧抽真空，以提高印花质量。

（2）冷流水冲洗要充分，以免沾污白地。

六、实验报告（表7-41）

表7-41　实验报告

实验结果 / 试样编号		1#	2#	3#	4#
贴 样					
耐摩擦色牢度	干摩（级）				
	湿摩（级）				
升华牢度（级）					

任务二　织物喷墨印花

一、任务描述

参照下列工艺配方、工艺流程及条件，用活性染料对棉织物进行喷墨印花，比较不同工艺方案的喷墨印花效果，并分析上浆率对喷墨印花效果、摩擦牢度的影响。

1.工艺配方（表7-42）

表7-42　工艺配方

试样编号	1#	2#	3#
8%海藻酸钠糊（%）	8	9	10
硫酸钠（%）	3	3	3
碳酸氢钠（%）	2	2	2
尿素（%）	10	10	10
加水至	100%	100%	100%

2.工艺流程及条件　调浆→织物上浆→烘干（100℃左右烘干为宜）→喷印（双向，4PASS）→汽蒸（100~104℃，10~15min）→冷流水洗三遍→热水洗（60~80℃，3min）→皂洗（中性皂粉3g/L，85℃左右，2~5min）→热水洗（60~80℃，3min）→冷水洗→熨干。

二、实验准备

1.仪器设备　电子台秤（或托盘天平）、数码喷墨印花机、小轧车、热定形机、烘箱、汽蒸机、摩擦牢度仪、搪瓷杯(100mL、500mL)、烧杯(50mL、250mL、500mL)、量筒(10mL、100mL)、熨斗等。

2. 染化药品 碳酸氢钠、硫酸钠(均为化学纯),活性染料墨水、尿素、中性皂粉(或洗涤剂)(均为工业品),自制8%海藻酸钠糊。

3. 实验材料 纯棉漂白织物三块。

三、方法原理

纤维素纤维织物用碱剂和原糊等调成的浆料进行上浆,再通过数码印花机喷印活性染料到织物上,经汽蒸,染料与纤维发生化学反应,使染料固着在纤维上,形成一定的花纹图案。

四、操作步骤

(1)分别称取尿素、硫酸钠、碳酸氢钠于50mL小烧杯中,加蒸馏水溶解后备用。

(2)称取8%的海藻酸钠糊于100mL搪瓷杯中,将已溶解好的上述溶液分多次加入,并边加边搅拌,最后加水至总量,搅拌均匀后待用(注意:温度不能超过50℃,过高部分碳酸氢钠会分解,会造成糊料pH不稳定,影响印花时染料的发色效果)。

(3)将织物浸渍在调制好的糊料中30~60s,取出织物在小轧车上进行一浸一轧(轧液率70%~90%)。最后,将已上浆的织物在热定形机上烘干定形。

(4)将已上浆烘干的织物,平整的粘贴在数码印花机导带上面,再将事先安排好的花型输入数码印花机的计算机中,最后进行数码印花机喷印。

(5)将喷印好的织物,放置到烘箱里把喷印在织物表面的墨水烘干(温度不能过高,避免织物烘黄、变性)。

(6)将已喷印烘干的织物,进行汽蒸,再进行冷流水冲洗、热水洗、皂洗、熨干等步骤。最后测试织物摩擦牢度,并记录在实验报告中。

五、注意事项

(1)织物在上浆时,要注意轧浆均匀。

(2)若印制黏胶纤维织物时,需要调整尿素的用量,一般增加至15%。

(3)若印制棉针织物时,必须剪除卷边部分,保证织物平整无皱褶的粘贴在导带上面。

(4)刚打印完的织物一定要将喷印在织物上的墨水烘干,避免搭色。

(5)刚烘干打印而未汽蒸的织物,切勿遇水,避免墨水渗化,影响花型图案完整。

(6)印花织物汽蒸后,冷流水冲洗要充分,以免沾污白地。

六、实验报告(表7-43)

表7-43 实验报告

实验结果	试样编号	1#	2#	3#
贴样				
耐摩擦色牢度	干摩(级)			
	湿摩(级)			

任务三 扎染

一、任务描述

选择合适的织物与染料,参照下列工艺流程设计扎染图案,制作扎染创意作品。

选择布料→设计图案→手工扎制→浸泡润湿→拧(甩)干→染色→水洗→皂洗→水洗→拆线→水洗→晾干→熨平。

二、实验准备

1.仪器设备 染杯(250mL)、烧杯(500mL、1000mL)、量筒(10mL、100mL)、移液管(5mL、10mL)、滴管、温度计、电炉、电子天平等。

2.染化药品 参见模块六中不同织物用各种染料的染色工艺。

3.实验材料 可选择经前处理的棉、毛、丝、麻、天丝及黏胶纤维织物等,要求薄型织物质地细密、厚型织物质地疏松。

三、方法原理

扎染主要利用针、线等工具根据自己设计的图案将织物扎紧,然后进行染色及后处理。由于扎紧处染料无法渗透,所以织物上能形成了各式图案,产生晕色、变色等特殊效果,使扎染作品具有很强的个性和艺术魅力。

四、操作步骤

1.扎染技巧

(1)捆扎法(图7-2)。任意提起织物的一角,用线自由捆扎,捆扎要紧,但不要太密,否则会少了扎染的色晕感觉,扎紧后的面料造型像宝塔。绕线可以自下而上,或自上而下。

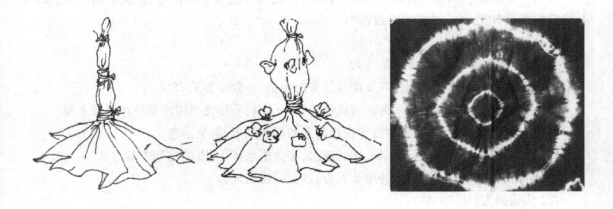

图7-2 捆扎法

(2)缝绞法。缝绞法利用针线缝织物,将所缝之处的线抽紧打结,越紧越好,保证良好的防染。针法不同,形成的效果不同。如平针缝绞法可形成线状纹样,或制作花形、叶形、动物等。根据需要进行单层、双层、多层平缝,针脚间距离根据面料厚薄而定,一般在0.5~1cm(图7-3)。

采用卷针缝绞法可以得到斜线的点状纹样,即将布料对折卷缝,也可以用画粉画出纹样,捏起布料双层卷缝。针脚必须绕过对折线,绕线长短、针脚疏密视情况而定,可以单向绕针,也可以十字绕针(图7-4)。

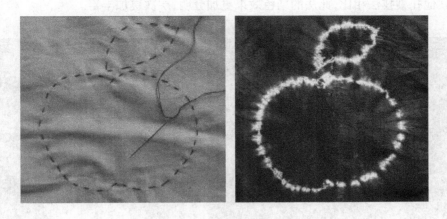

图7-3　平针缝绞法

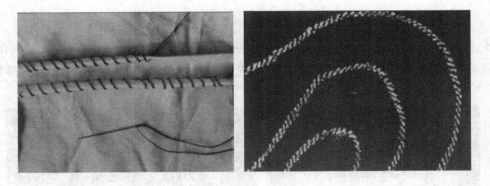

图7-4　卷针缝绞法

(3)打结扎法(图7-5)。此法有长条打结、边角打结、斜角打结和多点打结等多种形式。打结力度不同直接影响扎染效果,即晕染效果。

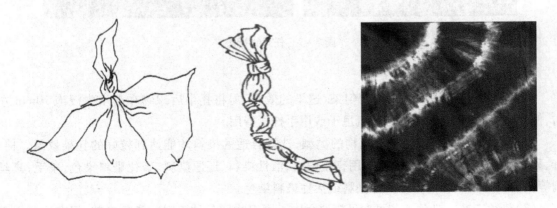

图7-5　打结扎法

(4)夹扎法(图7-6)。此法利用各种形状的木板或竹板,如圆形、三角形、多边形、圆柱形等将折叠后的织物夹住,并用绳、线扎紧,夹板处的织物由于夹板的挤压作用产生一系列的特殊纹理。与其他扎染技法相比,此法的染色效果更加分明,层次更加丰富。

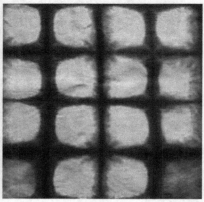

图7-6 夹扎法

(5)任意皱折法(图7-7)。任此法先将织物在单面或双面状态下任意皱折,然后用绳、线扎紧,再染色,染色结束后再按照同样的方法进行二次染色或多次染色,最终形成多色套染效果。

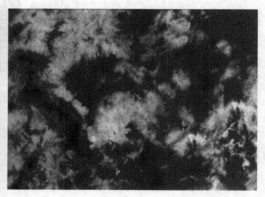

图7-7 任意皱折法

2. 织物染色

(1)染前浸渍处理。为了达到匀染、透染的效果,需将扎染后织物在温水中浸泡10min左右,使织物完全润湿,然后用甩干机甩干或用手拧干待用。

(2)染料的选择。根据被染织物的类型,选择合适的染料才能达到较好的扎染效果。棉、麻、黏胶等纤维素纤维织物通常选用直接染料、活性染料、还原染料、硫化染料染色,羊毛、真丝绸等蛋白质纤维织物可选用酸性染料或活性染料染色。

(3)染色工艺。染色工艺可参见模块六中不同织物用各种染料的染色工艺,但需注意以下几点：

①染料浓度。染料以中、高浓度染色的扎染效果较好，染料对织物的上染率较高，图案较清晰。

②染色温度及时间。不同类型的染料，其染色温度及时间各不相同，可根据实际情况自行调整。

③助剂。为了达到良好的匀染、透染效果，可适当在染液中加入促染剂、匀染剂、渗透剂及固色剂等，这主要取决于染料、织物的性能及染色工艺。

④染色后处理。染色结束后需经充分水洗、皂洗等，以去除织物表面的浮还需进一步水洗，最后晾干、熨平。

五、注意事项

（1）扎花力度要紧，否则会影响扎染效果。

（2）染色搅拌时，可采用小幅度翻动，不宜快速搅拌，以免影响扎染效果。

六、实验报告（表 7 - 44）

表 7 - 44　实验报告

实验结果　　试样编号	1#	2#	3#
贴样			

任务四　蜡染

一、任务描述

参照下列工艺配方、工艺流程及条件，制作蜡染创意作品，分析影响蜡染效果的主要因素。

1. 工艺配方（表 7 - 45）

表 7 - 45　工艺配方

工作液	染化药品	用量
蜡液	石蜡（%）	60
	蜂蜡（%）	40
染液	靛蓝染料（%，owf）	2
	太古油（滴）	3 ~ 5
	85% 保险粉（g/L）	30
	氢氧化钠（g/L）	10
	氯化钠（g/L）	20
	浴比	1 : 50

2. 工艺流程及条件　织物→画蜡→晾干→裂蜡或甩蜡→染色（室温，30min）→空气氧化

(30min)→冷水淋洗→除蜡(洗衣粉 20g/L,95~100℃,10min)→皂煮(洗衣粉 3g/L,95~100℃,3~5min)→热水洗(60~80℃,5min)→冷水洗→熨干。

二、实验准备

1. 仪器设备 电子台秤(或托盘天平)、控温电炉、蜡壶、毛笔、排笔、搪瓷杯(100mL、500mL)、烧杯(50mL、250mL、500mL)、量筒(10mL、100mL)、熨斗等。

2. 染化药品 氢氧化钠、保险粉(均为化学纯),石蜡、蜂蜡、靛蓝染料、洗衣粉(或肥皂、洗涤剂)(均为工业品)。

3. 实验材料 纯棉粗平布。

三、方法原理

棉织物用液态的石蜡和蜂蜡,在所需花纹处进行各种手法的涂绘,然后再经靛蓝染料染色,涂蜡部位染料不能完全上染,能在花样防染部分贯穿着不规则的精细脉纹,从而形成蜡染特有的花纹图案。

四、操作步骤

(1)分别称取石蜡 60g 和蜂蜡 40g 于 100mL 搪瓷杯中,在控温电炉上加热至 85℃ 左右,使混合蜡熔融备用。

(2)称取靛蓝染料于 50mL 小烧杯中,以太古油调成浆状,加入少量蒸馏水调匀,再加 2/3 氢氧化钠和 2/3 保险粉,盖上表面皿放置 30min,使靛蓝染料还原成黄绿色的隐色体。

(3)将剩余的蒸馏水在 100mL 烧杯中溶解余下的 1/3 氢氧化钠和 1/3 保险粉,搅拌均匀,待染色前将隐色体溶液加入,搅拌均匀备用。

(4)按设计的图案,用毛笔、排笔和蜡壶画蜡,也可以采用点蜡和泼蜡法,以产生抽象的图案效果。画蜡晾干后,可进行随意折压或创意设计,产生自然的冰纹。

(5)将织物放入已配制好的染色液中,于室温染色 30min(15min 时加入氯化钠),取出悬挂在空气中氧化 30min,织物染色部位由黄绿色逐渐变成蓝色。如需染深色,可进行多次浸染、氧化。

(6)将染色后的布样先经冷水淋洗,再经除蜡、皂煮、热水洗、冷水洗和熨干。

五、注意事项

(1)绘蜡时,蜡液温度控制在 85℃ 左右,以免过低或过高影响防染效果。

(2)若除蜡不净,可反复多次进行除蜡。

(3)也可用其他低温型染料染色。

六、实验报告(表7-46)

表7-46 实验报告

实验结果 ＼ 试样编号	1#	2#	3#
贴样			

复习指导

1. 掌握直接印花、拔染印花、防染印花和防印印花的实验原理。
2. 根据原糊性能的不同,掌握不同原糊的制糊方法及应用范围。
3. 掌握不同印花方法的特点、工艺原理、操作流程及质量评定。
4. 掌握不同的印花色浆中,各种助剂的作用及其用量对印花效果的影响。
5. 掌握常用印花方法的工艺条件、操作要点及印花效果的影响因素。
6. 理解传统手工印染方法的基本原理,掌握其工艺条件与操作要点。
7. 理解数码喷墨印花的原理,掌握其上浆工艺条件及操作要点。

思考题

1. 试分析原糊成糊率高低的影响因素。
2. 试分析碱剂在纤维素纤维活性染料直接印花工艺实验中对色浆稳定性及印花效果的影响。
3. 试分析硫酸铵在蛋白质纤维活性染料直接印花工艺实验中对印花效果的影响。
4. 试分析涂料印花手感与牢度的影响因素。
5. 活性染料—涂料共同印花对黏合剂的选择有何要求?
6. 在涂料防活性染料地色印花工艺实验中,硫酸铵用量与防印效果之间有何关系。
7. 试分析影响活性染料地色防染印花效果的因素有哪些?
8. 在不溶性偶氮染料地色拔染印花工艺实验中,分析色浆中各助剂的作用。
9. 分析尿素、碱剂对分散/活性染料同浆印花印制效果的影响。
10. 分析数码喷墨印花与活性染料直接印花工艺的不同之处。
11. 扎染运用了什么印花原理? 多套色的扎染作品如何获得?

参考文献

[1]王授伦. 纺织品印花实用技术[M]. 北京:中国纺织出版社,2002.

[2]王宏. 染整技术:第三册[M]. 北京:中国纺织出版社,2005.

[3]李晓春. 纺织品印花[M]. 北京:中国纺织出版社,2002.

[4]鲍小龙,刘月蕊.手工印染艺术[M].上海:东华大学出版社,2009.

[5]薛朝华,贾顺田.纺织品数码喷墨印花技术[M].北京:化学工业出版社,2008.

模块八　后整理及质量评价

纺织品后整理是指通过物理、化学或物理化学联合的方法,改善纺织品外观和内在品质,提高纺织品服用性能或其他应用性能,或赋予纺织品某种特殊功能的加工过程。根据织物整理的效果可把其分为暂时性和持久性整理两种。按照整理的方法又可分为机械和化学整理。根据整理的目的还可分为稳定织物形态,改善织物手感、外观及其他服用性能,赋予织物新的功能等整理加工过程。

项目一　柔软整理

纤维经过练漂加工后,有的纤维去除了油脂、蜡质,有的纤维被酸、碱、氧化剂等腐蚀了表面,还有的织物表面附着或残存着化工原料等,所以使织物手感粗糙发硬,降低了织物的服用性能,故需进行柔软整理(softening finish)。

柔软整理分为机械和化学整理两种方法。本项目主要介绍化学整理,即选用合适的柔软剂改善织物的手感。

本项目的教学目标是使学生了解化学柔软整理的基本原理,掌握常用的柔软整理工艺方法及条件,了解弯曲长度仪及织物悬垂仪的使用方法及原理,学会评价织物的手感及悬垂性能。

任务一　织物柔软整理

一、任务描述

参照下列工艺配方、工艺流程及条件对织物进行柔软整理,用感观法比较整理前后织物的手感及白度,并按照本项目任务二所述,测试不同工艺的整理效果。

1. 工艺配方(表8-1)

表8-1　工艺配方

试样编号	1#	2#
阳离子型柔软剂(g/L)	20	—
30%氨基改性硅油乳液(g/L)	—	10
乙 酸	—	调节 pH = 5.0 ~ 6.0

2. 工艺流程及条件　织物→浸轧整理液(室温,二浸二轧,轧液率70% ~75%)→预烘

$(80 \sim 90℃, 5min) \rightarrow$ 焙烘（1#:120℃, 2min; 2#:160℃, 40s）。

二、实验准备

1. 仪器设备 电子台秤（或托盘天平）、电炉、小轧车、烘箱、焙烘定形小样机、烧杯（250mL、500mL、1000mL）、量筒（100mL）、温度计（100℃）、刻度吸管（10mL）、洗耳球、搪瓷盘、熨斗等。

2. 染化药品 乙酸（化学纯）、阳离子型柔软剂、30% 氨基改性硅油乳液、pH 试纸（均为工业品）。

3. 实验材料 纯棉织物（或涤棉混纺织物）三块。

三、方法原理

大多数纤维在水中带负电荷，阳离子型柔软剂能较容易地吸附于纤维表面，使疏水性的脂肪链牢固地与纤维结合，从而减少织物组分间、纱线间和纤维间的摩擦力，减少织物与人手间的摩擦力，形成丰满、滑爽、柔软的手感。对于合成纤维制品，经阳离子柔软剂整理后还能获得一定的抗静电效果。

有机硅柔软剂是具有聚硅氧烷结构的一类化合物，在焙烘的过程中，有机硅主体—Si—O—链发生极化作用，其中氧原子和织物表面的羟基形成氢键，使有机硅的甲基位于被处理织物的外侧，这些定向排列的甲基层使链间分子引力降低，从而使甲基硅氧烷分子呈螺旋形或线圈形结构，降低纤维间的静、动摩擦系数，大大提高织物的柔软、滑爽性能。

四、操作步骤

(1) 按配制 100mL 整理液计算配方用量。

(2) 分别称取柔软剂于 200mL 烧杯中，加入适量软水，搅拌均匀后备用。其中，氨基硅类柔软整理液以乙酸调节 pH 为 5.0 ~ 6.0 后备用。

(3) 将织物投入整理液中，均匀浸透（约 10 ~ 20s）后，在小轧车上轧去多余的溶液，再浸轧一次，然后烘干。

(4) 将织物绷在针框上，放入焙烘定形小样机中处理规定时间。

(5) 将织物冷却后待测试与评价。

五、注意事项

(1) 阳离子型柔软剂不宜与其他阴离子型助剂共浴。

(2) 应注意氨基改性硅油乳液的稳定性。

(3) 织物在浸轧时要浸透均匀。

六、实验报告（表 8-2）

表 8-2 实验报告

试样编号 实验结果	未经整理的试样	整理后试样	
		1#	2#
贴样			
手感			
白度			

任务二　织物手感与悬垂性评价

一、任务描述

采用仪器测定方法评价织物经不同的柔软整理工艺整理后的手感与悬垂性。

二、实验准备

1. 仪器设备　剪刀、弯曲长度仪、YG811型计算机式织物悬垂仪。

2. 实验材料　未经柔软整理和柔软整理后纯棉织物(或涤棉混纺织物)若干块。

三、方法原理

本实验采用弯曲长度仪来评定织物的手感,用织物悬垂仪来测定织物的悬垂性能。

1. 弯曲长度仪　一矩形试样放在水平平台上,试样长轴与平台长轴平行。沿平台长轴方向推进试样,使其伸出平台并在自重下弯曲。伸出部分端悬空,由尺子压住仍在平台上的试样另一端(图8−1)。当试样的头端通过平台的前缘达到与水平线呈41.5°倾角的斜面上时,伸出长度等于试样弯曲长度的两倍,由此计算试样的弯曲长度。试样弯曲长度越小,说明试样手感越柔软。

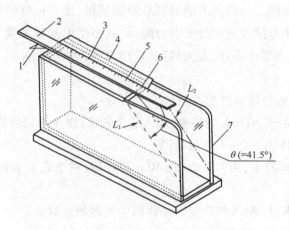

图8−1　弯曲长度仪示意图
1—试样　2—钢尺　3—刻度　4—平台　5—标记D　6—平台前缘　7—平台支撑

2. 织物悬垂仪　将规定面积的圆形试样置于圆形夹持盘间,织物因自重而沿圆夹持盘周围下垂(图8−2),用与水平面相垂直的平行光线照射,得到试样投影图,通过光电转换计算或描图求得悬垂系数。试样的悬垂系数越小,说明试样越柔软。

四、操作步骤

1. 手感测试

(1)试样准备。随机剪取6块试样,试样尺寸为(25±1)mm×(250±1)mm。其中,3块试样的长边平行于织物纵向,另3块试样的长边平行于织物的横向。试样取至少离布边100mm处,并尽可能少用手摸。在恒温恒湿环境中[温度(20±2)℃,相对湿度(65±2)%]平衡24h。

(2)仪器调试。将试样放在平台上,试样的一端与平台的前缘重合。将钢尺放在试样上,钢尺的零点与平台上的标记D对准。

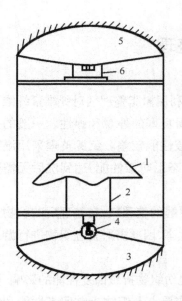

图8-2　织物悬垂性测定仪示意图
1—试样　2—夹持盘　3、5—反光镜
4—光源　6—光电管

（3）测试。以一定的速度向前推动钢尺和试样，使试样伸出平台的前缘，并在其自重下弯曲，直到试样伸出端与斜面接触。记录标记 D 对应的钢尺刻度作为试样的伸出长度。对同一试样的另一面重复一次操作，再次重复对试样的另一端的两面进行实验。

（4）结果计算。每个试样测试四次，记录四个弯曲长度，计算平均值。

2. 悬垂性测试

（1）试样准备。在离样品布边 100mm 内，裁取直径为 240mm，无折痕的试样两块。在恒温恒湿环境中［温度（20±2）℃，相对湿度（65±2）%］平衡24h。在每块圆形试样的圆心上剪直径为 4mm 的定位孔。

（2）仪器调试。打开电源，仪器预热 15～20min，调整光源灯泡和光电管，使它们分别处于两个抛物面反光镜的焦点处。调节调零旋钮，使表头指针指"零"，零点漂移 ±1%。将标准样板置于圆夹持盘上，使标准样板遮光后检查表头读数与标准样板所对应的悬垂系数是否相符，误差不得超过 ±2%，否则需调整仪器。

（3）测试。参阅 YG811 型计算机式织物悬垂仪使用说明书进行如下操作：打开计算机织物悬垂仪，打开试样仓门，装好试样轻按三下，拉出投影盖板上试样夹持盘后关上试验仓门；点击"取图像"图标，按"停止"获取图像；点击"二值化"，按"阈值测试"；点击"修正轮廓线"修至理想状态；点击"手绘轮廓线"对图片进行修补；点击"计算"，算出投影面积和悬垂系数。

五、注意事项

（1）测试织物弯曲长度时，试样如果有卷曲或扭转现象，可将试样放在平面间轻压几小时。对于特别柔软、卷曲或扭转现象严重的织物，不宜用此法。

（2）为避免试样黏附，平台表面应涂有或盖有一层聚四氟乙烯（PTFE）。

（3）选用的织物悬垂仪型号不同，操作有所不同。

六、实验报告（表8-3）

表8-3　实验报告

实验结果 ＼ 试样编号	未经整理的试样	整理后试样	
		1#	2#
平均弯曲长度（cm）			
投影面积（cm²）			
悬垂系数			
评　价			

项目二　免烫与抗皱整理

免烫与抗皱整理(wash – wear and crease resistant finish)是利用树脂整理剂对纤维素纤维及其混纺织物进行适当的处理,以提高织物的防皱性能,使之获得良好的外观和弹性。一般的抗皱整理采用干态交联工艺,可获得良好的干防皱性能,但湿防皱性能较差。免烫整理采用湿态或潮态交联,然后再进行干态交联,可获得优良的干、湿两种状态下防皱性能,达到洗后无需熨烫的效果,但是工艺烦琐。

抗皱整理的效果可以用折皱回复性能来衡量。若选用含甲醛的整理剂,在整理后的织物上会残留一定量的游离甲醛,当含量超过标准时,将对人体产生危害,因此需对整理织物进行游离甲醛量含量检测。

本项目的教学目标是使学生了解防皱整理对纤维素及其混纺织物折皱回复性能的影响,熟悉防皱整理液中各种助剂的作用,掌握防皱整理工艺条件、操作要点及织物折皱回复性能和缩水率的测试方法。

任务一　织物树脂整理

一、任务描述

参照下列工艺配方、工艺流程及条件对织物进行树脂整理,用感观法比较整理前后织物的手感及白度,并按照本项目任务二至任务四所述,测试不同工艺的整理效果。

1. 工艺配方(表8-4)

表8-4　工艺配方

试样编号	1#	2#	试样编号	1#	2#
2D 树脂(g/L)	150	—	氯化镁(g/L)	20	—
低甲醛(或无甲醛)整理剂(g/L)	—	150	次磷酸钠(g/L)	—	10
			渗透剂 JFC(g/L)	2	2

2. 工艺流程及条件　织物→浸轧整理液(室温,二浸二轧,轧液率70%~75%)→预烘(80~90℃,5min)→焙烘(160℃,2~3min)→热水洗(60~80℃,5min)→皂洗(洗衣粉3g/L,95℃以上,3~5min)→热水洗(60~80℃,5min)→冷水洗→熨干。

二、实验准备

1. 仪器设备　电子台秤(或托盘天平)、电炉、烘箱、小轧车、焙烘定形小样机、烧杯(100mL、250mL、500mL、1000mL)、量筒(10mL、100mL)、刻度吸管(10mL)、温度计(100℃)、洗耳球、熨斗等。

2. 染化药品　氯化镁(含结晶水)、次磷酸钠或亚磷酸钠(均为化学纯),2D 树脂、低甲醛(或无甲醛)整理剂、渗透剂 JFC(均为工业品)。

3. 实验材料　纯棉织物(或涤棉混纺织物)三块。

三、方法原理

在一定的条件下,织物浸轧树脂整理液,经烘干、焙烘,整理剂在纤维素的大分子或基本结构单元之间建立适当的交联,限制织物在形变时由于纤维大分子或基本结构单元之间的相对位移,减少了新的氢键的形成,提高了织物受外力产生的形变回复性。

四、操作步骤

(1)按配制 200mL 整理液计算配方用量。

(2)分别称取氯化镁或次磷酸钠、渗透剂 JFC 于 200mL 烧杯中,加入蒸馏水溶解完全,再加入抗皱整理剂,搅拌均匀后备用。

(3)将织物置于整理液中均匀浸透(约 10~20s)后,在小轧车上轧去多余的溶液,再浸轧一次,然后绷在针框上,放入烘箱中预烘干,再放入焙烘定形小样机中焙烘规定时间。

(4)将织物经热水洗、皂洗、热水洗、冷水洗和熨干后待测试与评价。

五、注意事项

(1)织物在浸轧时要均匀浸透,且预烘不宜采用接触式烘干方式。

(2)配制整理液时,严格按照操作顺序,以免出现凝聚现象。

(3)留作测试织物上游离甲醛含量的试样,应在熨干后立即并分别用塑料袋密封,以免影响测试结果。

(4)必要时,可与柔软整理同浴进行,但应注意合理选用柔软剂。

六、实验报告(表 8 - 5)

表 8 - 5　实验报告

试样编号 实验结果	未经整理的试样	整理后试样	
		1#	2#
贴样			
手感			
白度			

任务二　测定织物的折皱回复性能(垂直法)

一、任务描述

采用仪器测定方法评价织物经不同树脂整理工艺整理后的折皱回复性能。

二、实验准备

1. 仪器设备　织物折皱弹性仪(图 8 - 3)。

2. 实验材料　未经防皱整理和经过防皱整理的纯棉织物(或涤棉混纺织物)共三块。

三、方法原理

织物的防皱性能可以用折皱回复角(crease recovery angle)来表示,折痕回复角的测定有两种方法,即水平法和垂直法。国内常用垂直法,即将一定形状和尺寸的试样,在规定条件下折叠并承受一定压力负荷,经过一定时间后去除负荷,试样的一端被夹持固定,另一端将自行回复,通过测定试样回复到原来状态的程度即为折皱回复角。折皱回复角越大，说明织物的防皱性能越好。

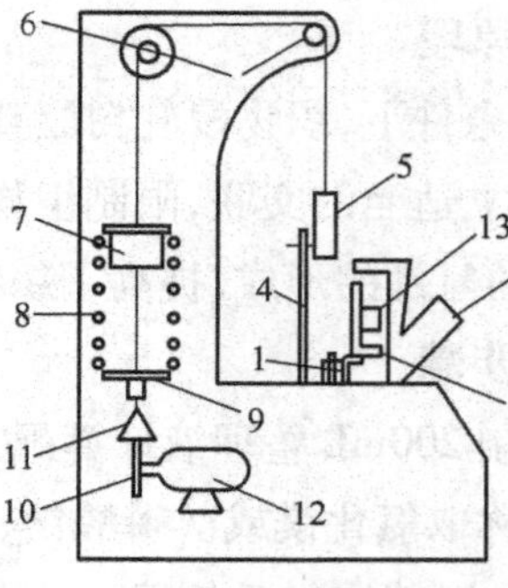

四、操作步骤

（1）试样准备。取织物正面经向、纬向各五个，形状为凸字形的待测试样（图8－4）。试样需在恒温恒湿环境［温度（20±2）℃，相对湿度（65±2）%］中平衡24h后再进行测试。

（2）装样。将试样的固定翼装入试样夹内，使试样的折叠线与试样的折叠标记线重合，沿折线对折试样，不要在折叠处施加任何压力，然后在对折好的试样上放上透明压板，再加上压力重锤（图8－5）。

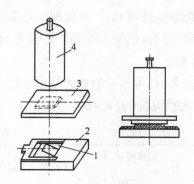

图8－3　YG541型折皱弹性仪示意图

1—支撑电磁铁　2—试样翻板　3—光学投影仪　4—重锤导轨　5—重锤　6—滑轮　7—电磁铁　8—弹簧　9—电磁铁闷盖　10—传动链轮　11—三角形顶块　12—电动机　13—试样

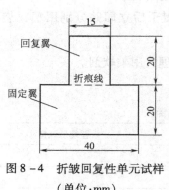

图8－4　折皱回复性单元试样

（单位：mm）

图8－5　试样加压装置示意图

1—试样　2—试样夹　3—压板　4—重锤

（3）测试。开启电源，仪器开始工作，当试样承受压力负荷达到规定时间（5min±5s）后，迅速卸除压力负荷，并将试样夹连同透明压板一起翻转90°，随即卸去透明压板，开始计时，这时试样回复翼打开。

（4）以试样卸除负荷后5min读得折皱回复角作为该试样的实验结果，用测角装置分别读得折皱回复角，读至最临近1°。

（5）如果试样的自由翼有轻微卷曲或扭曲，以其根部挺直部位的中心线为基准读取折皱回复角。

（6）记录实验数据，并计算经、纬向折皱回复角平均值，然后将经、纬向的折皱回复角平均值相加（经弹＋纬弹），精确到小数点1位，以评价织物的防皱性能。

五、注意事项

（1）准备折皱回复角测定试样，应严格按照织物的经、纬向及大小要求剪取。

（2）水平法测定折皱回复角，请参见标准GB/T 3819—1997。

六、实验报告(表8-6)

表8-6 实验报告

实验结果	试样编号	未经整理的试样	整理后试样	
			1#	2#
折皱回复角(°)	经向平均			
	纬向平均			
	经向平均+纬向平均			
折皱回复性能评价				

任务三 测定织物的平整度

一、任务描述

参照 AATCC 标准,评价织物经不同树脂整理工艺整理后的平整度。

二、实验准备

1. 仪器设备 电子天平、全自动洗衣机、滚筒式干燥机、电熨斗、标准样照等。

2. 染化药品 标准洗涤剂。

3. 实验材料 92cm×92cm 镇重织物若干块[每块重(130±10)g]、38cm×38cm 试验样布三块。镇重织物的具体规格要求是:纯棉半制品[52×48,16 英支;(155±5)g/m²]或涤棉混纺织物半制品(50×50,16 英支;52×48,(155±5)g/m²]或涤棉混纺织物半制品[50×50,32 英支;48×48,(155±5)g/m²]。

三、方法原理

将待测试样在规定条件下经手洗或机洗,然后烘干。在标准光源和观察区域内,把经处理的试样与标准样照对比评级。

四、操作步骤

1. 试样准备 沿平行经、纬纱线方向裁取 38cm×38cm 试验样布三块,最好每块试样含不同的经、纬纱线,并标记经纱方向。为了防止不洗涤过程中出现织物磨损后纱线脱落损失,应作锁边或缝合处理。

2. 手洗

(1)称取(20±0.1)g 标准洗涤剂,放在容积为 10L 的容器中,加入温水(7.57±0.06)L 调匀,并使洗涤液温度保持在(41±3)℃。

(2)将待测试样在没有扭曲的情况下投入上述洗涤液中,湿透并洗涤(2±0.1)min。

(3)取出试样,在温度为(41±3)℃的(7.57±0.06)L 水中漂洗一次,然后垂直悬挂自然晾干。

(4)洗涤晾干后的试样参照平整度标准样照评级(图8-6和表8-7)。级别越高,织物平整度越好,表示其抗皱能力越强。

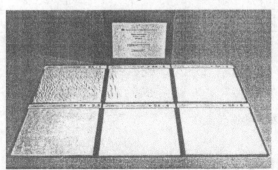

图8-6 表面平整度标准样照

表8-7 评级标准及说明

级　别	说　明
SA—5	相当于 SA—5 标准样照,非常平整,外观类似于轧光和抛光
SA—4	相当于 SA—4 标准样照,比较平整,外观类似于轧光和抛光
SA—3.5	相当于 SA—3.5 标准样照,相对平整,但无轧光和抛光外观
SA—3	相当于 SA—3 标准样照,不够平整
SA—2	相当于 SA—2 标准样照,有明显的折皱
SA—1	相当于 SA—1 标准样照,严重折皱

3. 机洗

(1)称取(66 ±0.1)g 标准洗涤剂,投入待测试样与镇重织物,以产生一个(1.8 ±0.06)kg 的负荷。

(2)在规定条件下洗涤。对普通棉类一般采用(49 ±3)℃,时间 12min。

(3)洗毕,将织物取出,抹平后放在筛网上自然晾干,或采用滚筒式干燥机于(66 ±5)℃ 烘干。

(4)参照平整度标准样照评级(图 8 -2 和表 8 -7)。级别越高,织物平整度越好,表示其抗 皱能力越强。

五、注意事项

(1)在评级前,试样应在标准大气压下[(21 ±1)℃,(65 ±2)%]放置4h。

(2)评级时,应在特定的环境下进行,保持试样与标准样照悬挂高度为 1.5m 左右,观测者 距离样板(120 ±3)cm,并需由 3 个受训人员分别独立评价。

(3)试样经水洗后,应在干燥前去除洗涤折皱,但不能扭曲或拉伸织物。

六、实验报告(表 8 -8)

表8-8 实验报告

试样编号 实验结果	未经整理的试样	整理后试样	
		1#	2#
外观			
评级			

任务四　测定织物的缩水率

一、任务描述

测试织物用不同树脂整理工艺整理后的缩水率。

二、实验准备

1. 仪器设备　缩水测试机、烘箱、缝纫线、针、笔、直尺。

2. 实验材料　经树脂整理和未经树脂整理的纯棉织物各一块(生产大样)。

三、方法原理

织物在加工过程中因持续受到经向张力,导致经向伸长,纬向收缩。由于经向伸长形成不稳定状态,在织物内部存在着潜在的收缩。这种织物浸湿后,便会发生不同程度的收缩,即长度变短。根据湿处理前后长度的变化计算缩水率的大小。

四、操作步骤

1. 机械缩水法

(1)取全幅布样长 500mm,试验前放置 10h 以上,使其尺寸稳定。

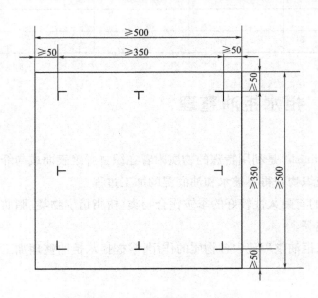

图 8-7　缩水率试样的测量点标记(单位:mm)

(2)分别用耐洗、耐水渗化的颜料、油墨或缝线,沿经、纬向各作三对标记,每对的两标记间距离不小于 350mm(图 8-7)。必要时,可采用 250mm × 250mm 尺寸的布样,经、纬向各作三对标记,每对标记间相距 200mm。

(3)在 M988 型缩水测试机[波轮转速为(500 ± 20)r/min]的水箱内放(60 ± 2)℃热水至规定标记,投入试样(一般每次放置 3 ~ 4 块,随织物厚薄而异),加盖封闭保温,启动电动机,连续搅拌处理 15min。

(4)取出布样,放在平整水池中,沿经向叠成四折,并用手压挤去水分。然后将样布平摊在金属网上,在(60 ± 5)℃的烘房或缩水烘箱内烘干,取出,冷却 0.5h。

(5)量度各个标记间距离(试验前、后的实测距离),以经向或纬向测得三次数据的算术平均值为准。

$$缩水率 = \frac{实验前实测长度 - 实验后实测长度}{实验前实测长度} \times 100\%$$

2. 浸渍缩水法

(1)取纯棉织物 500mm 全幅试样一块,试样标记方法同机械缩水法。

(2)将试样放入盛有皂液的浸渍容器中,皂液浓度为 5g/L,浴比 1:50,温度(60 ± 2)℃,处理 10min。

(3)取出布样,用温水漂洗,并在水中轻轻理平后,再折叠,小心挤去水分(但不得用手拧绞),然后将试样展开,放入垫有毛衬布的烘箱内的筛网上进行烘干。

(4)取出后冷却半小时,测量各组标记间距,计算方法同机械缩水法。

五、注意事项

(1)某些纤维织物,如真丝绸、黏胶纤维织物等,不宜采用剧烈的机械缩水法,一般采用浸渍缩水法。

（2）在测量实验前后织物长度时,应使织物自然平铺,不宜用力拉伸,以免影响测量结果。

六、实验报告(表8－9)

表8－9 实验报告

实验结果 \ 试样名称	未经树脂整理的试样		经树脂整理后试样	
	经 向	纬 向	经 向	纬 向
实验前长度				
实验后长度				
缩水率(%)				

项目三 拒水拒油整理

拒水拒油整理(water and oil repellent finish)是利用特殊的物质附着在织物纤维表面或与纤维发生化学反应,从而改变其表面性能,使织物获得不被水和油润湿的加工过程。

拒水拒油整理剂的品种比较多,常用的有耐久性较好的季铵化合物类、树脂衍生物类、脂肪酸金属配价络合物类、有机硅类、有机氟类等。

本项目的教学目标是使学生了解拒水拒油整理液中各物质的作用,掌握拒水拒油整理加工工艺和拒水拒油性能的测试方法。

任务一 织物拒水整理

一、任务描述

参照下列工艺配方、工艺流程及条件对织物进行拒水整理,用感观法比较整理前后织物的手感、白度或色泽变化,并按照本项目任务二至任务四所述,测试不同工艺的整理效果。

1. 工艺配方(表8－10)

表8－10 工艺配方

试样编号	1#（树脂衍生物类）	2#（有机硅类）	3#（有机氟类）
拒水剂 AEG(g/L)	60	—	—
30%聚二甲基硅氧烷(g/L)	—	60	—
30%聚甲基氢基硅氧烷(g/L)	—	40	—
拒水剂 AG－480(g/L)	—	—	60
硫酸铝(g/L)	3	—	—
乙酸(g/L)	15	1.5	—
乙酸锌(g/L)	—	2	—

试样编号	1# （树脂衍生物类）	2# （有机硅类）	3# （有机氟类）
氯化镁（g/L）	—	—	1
交联剂（g/L）	—	—	10
pH	4.5~5.5	5.5~6	3

2. 工艺流程及条件　织物→浸轧整理液（室温，二浸二轧，轧液率70%~75%）→烘干（80~90℃,5min）→焙烘（160℃,2~3min）→热水洗（60~80℃,3min）→冷水洗→熨干。

二、实验准备

1. 仪器设备　实验用小轧车、焙烘定形小样机、电子天平、量筒（100mL）、烧杯（250mL）、刻度吸管（10mL）、搪瓷盘。

2. 染化药品　硫酸铝、乙酸、乙酸锌、氯化镁（含结晶水）（均为化学纯），拒水剂AEG、30%聚二甲基硅氧烷、30%聚甲基氢基硅氧烷、拒水剂AG-480、交联剂（均为工业品）。

3. 实验材料　纯棉织物（或涤棉混纺织物）四块。

三、方法原理

用长链脂肪烃化合物型拒水剂处理织物，整理剂的反应性基团或极性基团定向吸附于纤维表面，而整理剂的碳氢长链或连续排列的—CH$_3$等基团排列于织物表面，形成疏水性的连续薄膜，减少了固体表面张力，达到拒水的目的。

有机硅拒水整理剂一般是具有聚硅氧烷结构的一类化合物，在焙烘的过程中，有机硅主体—Si—O—链发生极化作用，其中氧原子和织物表面的羟基形成氢键，从而使有机硅分子发生弯曲，使有机硅的甲基基团位于被处理织物的表面，产生拒水作用。也可能是有机硅拒水剂分子链上的活泼氢或由其水解形成的—OH与—Si—OH在催化剂作用下交联缩合成网状聚合物，在纤维表面形成一层薄膜而达到拒水作用。

经氟系拒水拒油整理剂整理后，氟树脂或多或少地聚合成膜，连续地覆盖在纤维上，含氟高分子链附着于纤维上有一定的方向性，其中氟碳链侧基有序或无序地排列在连续薄膜表面，疏水、疏油的氟烷基使织物产生拒水拒油效果。

四、操作步骤

（1）整理液配制（按200mL整理液计算配方用量）。

①拒水剂AEG整理液。称取硫酸铝于50mL烧杯中，加入适量的蒸馏水使之完全溶解（可在水浴中加热）。称取拒水剂AEG于250mL烧杯中，加入适量的蒸馏水搅拌均匀，再加入溶解好的硫酸铝溶液和乙酸，最后加蒸馏水至总量，搅匀后备用。

②有机硅拒水整理液。称取乙酸锌于250mL烧杯中，加入适量的蒸馏水使之完全溶解（可在水浴中加热）。分别称取30%聚二甲基硅氧烷和30%聚甲基氢基硅氧烷于250mL烧杯中，加入适量的蒸馏水搅拌均匀，再加入溶解好的乙酸锌溶液和乙酸，最后加蒸馏水至总量，搅匀后备用。

③有机氟拒水拒油整理液。称取氯化镁于50mL烧杯中，加入适量的蒸馏水使之完全溶解

（可在水浴中加热）。称取拒水剂 AG—480 于 250mL 烧杯中,加入适量的蒸馏水搅拌均匀,再加入交联剂,最后加蒸馏水至总量,搅匀后备用。

（2）分别将织物置于整理液中均匀浸渍(约 10～20s),然后在小轧车上轧去多余的溶液,再浸轧一次后将织物绷在针框上,放入烘箱中预烘干。

（3）将烘干后的织物放入焙烘定形小样机中焙烘 2～3min,经热水洗、冷水洗和熨干后待测试与评价。

五、注意事项

（1）拒水拒油剂的种类较多,可根据情况选用,并适当调整用量和选用助剂。

（2）为保持整理液的稳定性,应根据整理剂的不同要求调节浸轧液的 pH。

六、实验报告(表8-11)

表 8-11　实验报告

试样编号 实验结果	未经整理的试样	整理后试样		
		1#	2#	3#
贴样				
白度或色泽变化				
手感				

任务二　测定织物的防水性能(沾水法)

一、任务描述

采用沾水法评价织物经不同拒水整理工艺整理后的拒水效果。

二、实验准备

1. 仪器设备　织物沾水仪。

2. 实验材料　未经拒水整理和经过拒水整理的纯棉织物(或涤棉混纺织物)共四块。

三、方法原理

将试样安装在卡环上并与水平呈 45° 角放置,试样中心位于喷嘴下方至规定的距离。用规定体积的蒸馏水或去离子水喷淋试样。通过试样外观与评定标准及图片的比较,确定其沾水等级(spray rating)。

四、操作步骤

（1）在织物的不同部位剪取试样(每份取三块),规格为 200mm × 200mm,试样应平整无折痕,尽可能使试样具有代表性。

（2）用试样夹持器夹紧试样,使织物形成

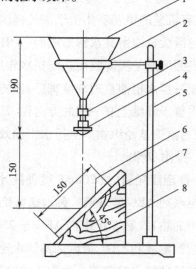

图 8-8　沾水仪示意图(单位:mm)

1—玻璃漏斗(φ150mm)　2—支承环

3—胶皮管　4—淋水喷嘴　5—支架

6—试样　7—试样支座　8—底座

无皱纹的光滑平面,放到沾水仪中(图8-8),实验时织物正面朝上。除另有要求,否则应将织物经向与水流方向平行。将250mL实验用水迅速而平稳地倒入漏斗中,持续喷淋25~30s。喷淋停止后,迅速将夹有试样的夹持器拿开,使织物正面向下几乎呈水平,然后对着一个固体硬物轻轻敲打一下夹持器,水平旋转夹持器180°后,再轻轻敲打夹持器一下。

(3)敲打结束后,根据表8-12或图8-9立即对夹持器上试样正面润湿程度进行评级。对于深色织物,图片对比不十分令人满意,可依据表8-12文字描述进行评级。

表8-12　沾水现象文字描述

沾水等级	沾水现象描述
0级	整个试样表面完全润湿
1级	受淋表面完全润湿
1~2级	试样表面超出喷淋点处润湿,润湿面积超出受淋表面一半
2级	试样表面超出喷淋点处润湿,润湿面积约为受淋表面一半
2~3级	试样表面超出喷淋点处润湿,润湿面积少于受淋表面一半
3级	试样表面喷淋点处润湿
3~4级	试样表面等于或少于半数的喷淋点处润湿
4级	试样表面有零星的喷淋点处润湿
4~5级	试样表面没有润湿,有少量水珠
5级	试样表面没有水珠或润湿

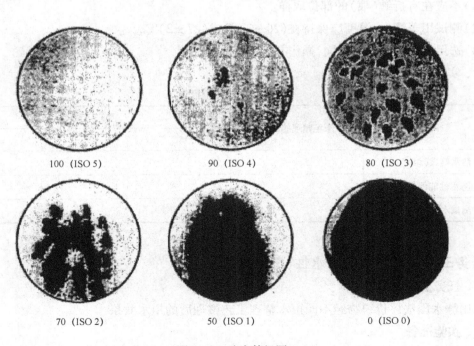

图8-9　沾水等级图

（4）分别测定经拒水整理与未经整理织物的沾水等级，每份试样平行测定三次，然后求取三次的平均值即为该织物的沾水等级。

（5）计算所有试样沾水等级的平均值，修约至最接近的整数级或半级，并按照表8－13评价试样的防水性能。

表8－13　织物防水性能的评价

沾水等级	防水性能评价
0级	不具有抗沾湿性能
1级	
1~2级	抗沾湿性能差
2级	
2~3级	抗沾湿性能较差
3级	具有抗沾湿性能
3~4级	具有较好的抗沾湿性能
4级	具有很好的抗沾湿性能
4~5级	具有优异的抗沾湿性能
5级	

五、注意事项

（1）不应在有折皱（痕）的部位取样。

（2）测试用蒸馏水，温度应保持在(20 ± 2)℃或(27 ± 2)℃。

（3）选用的织物沾水仪不同，操作有所不同。

六、实验报告（表8－14）

表8－14　实验报告

试样编号 实验结果	未经整理的试样	整理后试样		
		1#	2#	3#
沾水等级（级）				
防水性能评价				
测试水温（℃）				

任务三　测定织物的防水性（静水压法）

一、任务描述

采用静水压法评价织物经不同拒水整理工艺整理后的拒水效果。

二、实验准备

1. 仪器设备　YG（L）812数显式织物静水压测试仪。

2. 实验材料 未经拒水整理和经过拒水整理的纯棉织物(或涤棉混纺织物)共四块。

三、方法原理

以织物承受的静水压(penetration hydrostatic pressure)来表示水透过织物所遇到的阻力。在标准大气压条件下,试样的一面承受持续上升的水压,直到另一面出现三处渗水为止,记录第三处渗水点出现时的压强值,并以此评价试样的防水性能。

四、操作步骤

(1)在织物的不同部位剪取试样(每份 5 块),规格为 $\phi165mm$,尽可能使试样具有代表性。

(2)将试样放在静水压测试头上,使试样与水面接触,调整并压紧试样,不能使水在测试前透过试样。详细内容参阅 YG(L)812 数显式织物静水压测试仪说明书。

(3)启动升压泵,对试样进行加压,以 (6.0 ± 0.3) kPa/min[$((60 \pm 3)$ cm H_2O/min)]的水压上升速度对试样施加持续递增的压强,观察试样渗水现象,记录试样上第三处水珠刚出现时的静水压值。不考虑那些形成以后不再增大的细微水珠,且在织物同一处渗出的连续性水珠不作累计。

(4)分别测定拒水整理与未整理织物的静水压值,每份试样平行测定 5 次,然后求取 5 次的平均值,保留一位小数。以 kPa(或 cm H_2O)表示每个试样的静水压值及其平均值 P。

(5)参照表 8-15 给出试样的抗静水压等级或防水性能评价。对于同一个样品的不同类型试样,分别给出抗静水压等级或防水性能评价。

表 8-15 抗静水压等级和防水性能评价

抗静水压等级	静水压值 P(kPa)	防水性能评价
0 级	$P < 4$	抗静水压性能差
1 级	$4 \leqslant P < 13$	具有抗静水压性能
2 级	$13 \leqslant P < 20$	
3 级	$20 \leqslant P < 35$	具有较好的抗静水压性能
4 级	$35 \leqslant P < 50$	具有优异的抗静水压性能
5 级	$P \geqslant 50$	

注 不同水压上升速度测得的静水压值不同,此表中的数据是基于水压上升速度为 6.0kPa/min 得出的。

五、注意事项

(1)测试用蒸馏水或去离子水必须是洁净的,温度应保持在 (20 ± 2)℃或 (27 ± 2)℃。不应在有较深折皱(痕)的部位取样。

(2)如需测定织物接缝处的静水压值,宜使接缝处位于试样的中间位置。

(3)如果无法确定织物的正面,则对于单面涂层织物取其一面与水接触,其他织物的两面分别测试,并分别记录结果。

(4)实验时,如果出现织物破裂水柱喷出或复合织物出现充水鼓起现象,则应记录此时的静水压值,并在报告中说明实验现象。

(5)在试样夹紧装置边缘处出现第三处水珠,且导致第三处水珠的静水压值低于同一样品其他试样的最低值时,该试样重做。

六、实验报告(表8-16)

表8-16 实验报告

实验结果　　　试样编号	未经整理的试样	整理后试样		
		1#	2#	3#
静水压值(kPa)				
防水性能评价				

任务四 测定织物的拒油性

一、任务描述

测试织物经不同拒油整理工艺整理后的拒油效果。

二、实验准备

1. 染化药品 白矿物油、正十六烷、正十四烷、正十二烷、正癸烷、正辛烷、正庚烷(均为化学纯),白矿物油(工业品)。

2. 实验材料 未经拒油整理和经过拒油整理的纯棉织物(或涤棉混纺织物)共四块。

三、方法原理

将所选取的具有不同表面张力的一系列碳氢化合物标准试液滴加在试样表面,然后观察其润湿、芯吸和接触角情况。拒油等级(oil repellent rating)以没有润湿试样的最高标准试液编号表示。

四、操作步骤

(1)在织物的不同部位剪取试样(每份取三块),规格为 200mm×200mm。试样应平整、无折痕,且具有代表性,应包含织物上的不同组织结构或不同颜色。实验前,试样应在 GB/T 6529—2008 规定的大气中调湿至少 4h。

(2)将一块试样正面朝上平放在光滑的工作台上,从编号 1 的标准试液开始(表8-17),在代表试样物理和染色性能的 5 个部位上,分别小心地滴加一小滴(体积约0.05mL),液滴之间的间距约 4.0cm。滴液时,吸管口应保持距试样表面约 0.6cm 的高度,不要碰到试样。约以 45°角观察液滴(30±2)s,按图8-10评定每个液滴,并立即检查试样的反面有没有被润湿。

表8-17 标准试液

标准试液编号	组成	密度(kg/L)	25℃时表面张力(N/m)
1	白矿物油	0.84~0.87	0.0315
2	白矿物油:正十六烷=65:35(体积分数)	0.82	0.0296
3	正十六烷	0.77	0.0273
4	正十四烷	0.76	0.0264

标准试液编号	组成	密度(kg/L)	25℃时表面张力(N/m)
5	正十二烷	0.75	0.0247
6	正癸烷	0.73	0.0235
7	正辛烷	0.70	0.0214
8	正庚烷	0.69	0.0198

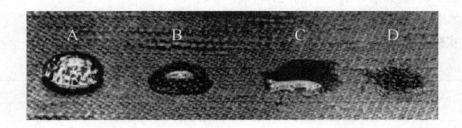

图 8 – 10   液滴类型示例

A 类—液滴清晰,具有大接触角的弧形   B 类—圆形液滴在试样上部分发暗

C 类—芯吸明显,接触角变小或完全润湿   D 类—完全润湿,表现为试样和液滴的交界面变深(发灰、发暗),液滴消失

(3)若试样没有出现任何渗透、润湿或芯吸现象,则在液滴附近不影响前一个实验的地方滴加高一个编号的标准试液,观察(30 ± 2)s 后评定每个液滴,并立即检查试样的反面有没有被润湿。继续以上操作,直至有一种标准试液在(30 ± 2)s 内使试样发生润湿或芯吸现象。每块试样最多滴加 6 种标准试液。

(4)参照以下描述,评定试样对某种标准试液是否"有效"。

无效:5 个液滴中的 3 个(或 3 个以上)液滴为 C 类和(或)D 类。

有效:5 个液滴中的 3 个(或 3 个以上)液滴为 A 类。

可疑的有效:5 个液滴中的 3 个(或 3 个以上)液滴为 B 类或为 B 类和 A 类。

(5)织物的拒油等级以(30 ± 2)s 期间内,未润湿试样的最高标准试液的编号表示,即以"无效"试液的前一级"有效"试液的编号表示。编号数值越高,标明织物的防油污效果越好,最高为 8 级。

(6)参照表 8 – 18 给出试样的拒油等级和拒油性能评价。

表 8 – 18   拒油等级和拒油性能评价

拒油等级	拒油性能评价
≥6 级	具有优异的拒油性能
≥5 级	具有较好的拒油性能
≥4 级	具有拒油性能

五、注意事项

(1)试样被润湿通常表现为试样和液滴界面发暗或出现芯吸或液滴接触角变小的现象。对黑色和深色织物,可根据液滴闪光的消失确定为被润湿。

(2)按2小滴或以上一致的等级来确定拒油等级,如果2滴等级不一致,应增加测试点数,以出现频率最多的结果为拒油等级。

(3)如若不能配齐标准试液体系中的试剂,可根据各级试剂的表面张力值,依实际情况自选油剂,如正丁醇(表面张力 23.8×10^{-5} N/cm)代替正癸烷;异丙醇(表面张力 21.1×10^{-5} N/cm)代替正辛烷,表面张力相差不大作为6级和7级。

(4)如果1~8号标准试液都能润湿,则可认为该织物的拒油等级是0级。

六、实验报告(表8-19)

表8-19 实验报告

试样后编号 实验结果	未经整理的试样	整理后试样		
		1#	2#	3#
拒油等级(级)				
拒油效果评价				

项目四 阻燃整理

阻燃整理(flame-retardant finish)是利用含磷、溴、氯、氮、锑等化学元素组成的整理剂沉积或与纤维形成共价键而附着在纤维表面,不同程度地阻碍织物遇火源时火焰的迅速蔓延,且当火源移去后不再出现燃烧,即无剩余燃烧和阴燃现象的特殊整理加工。

阻燃整理剂的品种较多,非耐久阻燃剂有硼砂—硼酸、磷酸及其铵盐类,半耐久阻燃剂有锑—钛络合物、金属氧化物类,耐久阻燃剂有四羟甲基氯化磷、N-羟甲基丙酰胺膦酸酯、乙烯基膦酸酯低聚物、氯化磷腈、十溴联苯醚—三氧化二锑等各种类型。可根据对织物阻燃程度的要求选择合适的阻燃剂。

本项目的教学目标是使学生了解阻燃整理液中各物质的作用,掌握阻燃整理加工工艺和阻燃性能的测试方法。

任务一 织物阻燃整理

一、任务描述

参照下列工艺配方、工艺流程及条件对织物进行阻燃整理,用感观法比较整理前后织物的重量、手感白度或色泽变化,并根据本项目任务二和任务三所述,测试不同工艺的整理效果。

1. 工艺配方(表8-20)

表8-20　工艺配方

试样编号	1# 非耐久整理工艺	2# 耐久性整理工艺	试样编号	1# 非耐久整理工艺	2# 耐久性整理工艺
硼砂(g/L)	120	—	DBDPO—AO(g/L)		500
硼酸(g/L)	60	—	聚丙烯酸酯(g/L)		200
尿素(g/L)	80	—			
JFC(g/L)	1	2	柔软剂(g/L)	—	50

2. 工艺流程及条件

(1)1# 非耐久整理工艺。织物→浸轧整理液(室温,二浸二轧,轧液率70%~75%)→烘干(100~110℃,3~5min)。

(2)2# 耐久整理工艺。织物→浸轧整理液(室温,二浸二轧,轧液率70%~75%)→预烘(80~90℃,5min)→焙烘(160℃,2~3min)。

二、实验准备

1. 仪器设备　实验用小轧车、焙烘定形小样机、电子天平、量筒(100mL)、烧杯(250mL)、刻度吸管(10mL)、搪瓷盘等。

2. 染化药品　硼砂(含结晶水)、硼酸、尿素(均为化学纯),渗透剂JFC、十溴联苯醚(DBDPO)—三氧化二锑(AO)阻燃整理剂、聚丙烯酸酯乳液、柔软剂(均为工业品)。

3. 实验材料　纯棉(或涤棉混纺织物)三块。

三、方法原理

织物经硼砂、硼酸或十溴联苯醚(DBDPO)—三氧化二锑(AO)阻燃整理剂处理,在高温下整理剂沉积于纤维的表面,形成覆盖层而隔绝空气、火源和可燃性气体对纤维的作用,达到一定的阻燃效果。

四、操作步骤

(1)整理液配制(按200mL整理液计算配方用量)。

①1# 非耐久整理液。分别称取硼砂、硼酸、尿素和渗透剂JFC于50mL烧杯中,加入规定量的蒸馏水溶解完全(可在水浴中加热)备用。

②2# 耐久整理液。分别称取DBDPO—AO阻燃整理剂、聚丙烯酸酯黏合剂、柔软剂、渗透剂JFC于50mL烧杯中,加入规定量的蒸馏水,搅拌均匀后备用。

(2)分别将织物置于整理液中均匀浸渍10~20s,取出在小轧车上轧去多余的溶液,再浸轧一次,然后绷在针框上,放入烘箱中预烘(1# 非耐久整理试样烘干即可)。

(3)将试样放入焙烘定形小样机中焙烘规定时间后,留作阻燃性能测试用。

五、注意事项

(1)织物浸轧时要浸透均匀。

(2)使用的黏合剂要与阻燃剂有相容性,以保持溶液的稳定。

六、实验报告(表8-21)

表8-21 实验报告

试样编号 实验结果	未经整理的试样	整理后试样	
		1#非耐久整理工艺	2#耐久整理工艺
贴样			
重量(g)			
手感			
白度或色泽变化			

任务二 垂直法测定织物的燃烧性能

一、任务描述

用垂直法测试织物经不同阻燃整理工艺整理后的阻燃效果。

二、实验准备

1. 仪器设备 秒表、阻燃性能测定仪。

2. 实验材料 未经阻燃整理和经过阻燃整理的纯棉织物(或涤棉混纺织物)共三块。

三、方法原理

用规定的点火器产生的火焰对垂直方向上的试样底边中心点火,在规定的点燃时间后,测量试样的续燃时间(afterflame time)、阴燃时间(afterglow time)和损毁长度(damaged length)。

续燃时间是指在规定的实验条件下,移开火源后材料持续有焰燃烧的时间。阴燃时间是指当有焰燃烧终止后,或者移开火源后,材料持续无焰燃烧的时间。损毁长度是指材料在规定方向上的最大损毁长度。

四、操作步骤

(1)从距布边1/10幅宽的部位剪取试样,规格尺寸为300mm×80mm,长边要与织物的经向(纵向)或纬向(横向)平行,经、纬向各取五块。试样需在恒温恒湿[温度(20±2)℃,相对湿度(65±2)%]环境中平衡8~24h,直至达到平衡,取出放入密闭容器内待测。

(2)关闭阻燃性能测定仪(图8-11)实验箱前门,打开气体供给阀,点燃点火器,调节火焰高度,使其稳定达到(40±2)mm。在开始第一次实验前,火焰应在此状态下稳定燃烧至少1min,然后熄灭火焰。

(3)将试样装入阻燃性能测定仪的试样夹(图8-12)中,试样应尽可能保持平整,试样的底边应与试样夹的底边相齐,试样夹的边缘要用足够量的夹子夹紧,然后将安装好的试样夹上端承挂在支架上,侧面被试样夹固定装置固定,使试样夹垂直挂于实验箱中心。

(4)关闭阻燃性能测定仪实验箱门,点燃点火器,待火焰稳定后,移动火焰,使试样底边正好处于火焰中点位置的上方,点燃试样。此时距试样从密封容器内取出的时间必须在1min以内。

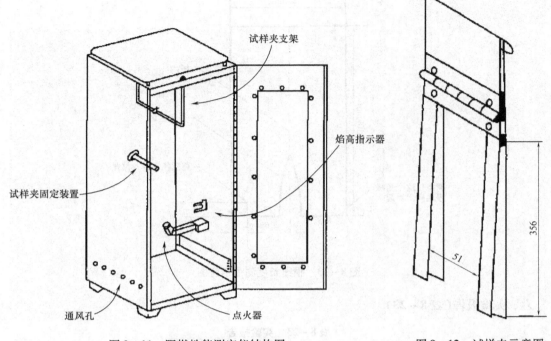

图 8 - 11 阻燃性能测定仪结构图   图 8 - 12 试样夹示意图

（5）试样点火时间为 12s,12s 后将点火器移开并熄灭火焰,同时打开计时器,记录续燃时间和阴燃时间,精确至 0.1s。如果试样有烧通现象,请记录。

（6）当测试熔融性纤维制成的织物时,如果被测试样在燃烧过程中有熔滴产生,则应在实验箱的箱底平铺上 10mm 厚的脱脂棉。记录熔融脱落物是否能引起脱脂棉的燃烧或阴燃。

（7）打开风扇,将实验中产生的烟气排出。

（8）打开实验箱,取出试样,沿试样长度方向上损毁面积内最高点折一直线,然后在试样下端一侧,距其底边及侧边各约 6mm 处,挂上选用的重锤（表 8 - 22）。用手缓缓提起试样下端的另一侧,让重锤悬空,再放下,测量并记录试样的撕裂长度即损毁长度,精确至 1mm（图 8 - 13）。对于燃烧后又熔融连接到一起的试样,测量损毁长度时应以熔融的最高点为准。

表 8 - 22　重锤的选择

织物单位面积质量（g/m²）	101 以下	101 ~ 207 以下	208 ~ 338 以下	339 ~ 650 以下	650 及以上
重锤质量（g）	54.5	113.4	226.8	340.2	453.6

（9）分别测定并计算经向、纬向五个试样的续燃时间、阴燃时间和损毁长度的平均值。

五、注意事项

（1）测试过程中,某些试样可能有被烧通的现象。

（2）测试应在温度为 10 ~ 30℃,相对湿度为 30% ~ 80% 的条件下进行。

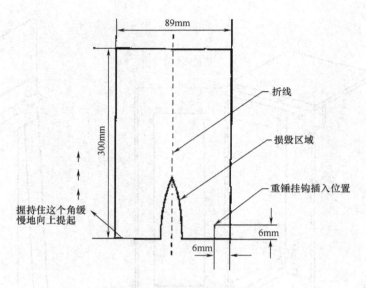

图 8-13 损毁长度测量示意图

六、实验报告(表 8-23)

表 8-23 实验报告

实验结果	试样编号	未经整理的试样	整理后试样	
			1#	2#
续燃时间(s)	经向			
	纬向			
阴燃时间(s)	经向			
	纬向			
损毁长度(mm)	经向			
	纬向			
阻燃效果评价				

任务三 氧指数法测定织物的燃烧性能

一、任务描述

用氧指数法测试织物经不同阻燃整理工艺整理后的阻燃效果。

二、实验准备

1. 仪器设备 氧指数测定仪。

2. 实验材料 未经阻燃整理和经过阻燃整理的纯棉织物(或涤棉混纺织物)共三块。

三、方法原理

将试样夹于试样夹上,垂直于燃烧筒内,在向上流动的氧氮气流中,点燃试样上端,观察其燃烧特性,并与规定的极限值比较其续燃时间或损毁长度。通过在不同氧浓度中一系列试样的实验,可以测得维持燃烧时的最低氧浓度值(用氧气百分含量表示),此时,燃烧能满足规定的续燃和阴燃时间及损毁长度,且氧浓度增加1%,上述两项指标中有一项不符合规定要求。

极限氧指数LOI(liminting oxygen index)是指在规定的实验条件下,氧氮混合物中材料刚好保持燃烧状态所需要的最低氧浓度。

四、操作步骤

(1)从距布边1/10幅宽的部位剪取试样,规格尺寸为150mm×58mm,经、纬向各取5块。试样需在恒温恒湿[温度(20±2)℃,相对湿度(65±2)%]环境中平衡8~24h,直至达到平衡,取出放入密闭容器内待测。

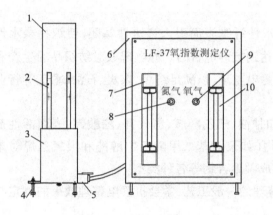

图8-14 氧指数测定仪外观示意图
1—燃烧玻璃筒 2—试样夹 3—底座
4—底脚 5—混合气体供应阀 6—控制箱
7—氮气流量计 8—氮气流量调节阀
9—氧气流量调节阀 10—氧气流量计

(2)将试样装入氧指数测定仪(图8-14)的试样夹中间,并加以固定,然后垂直安插在燃烧玻璃筒内的试样支座上。

(3)打开电源开关,启动测定仪,进入实验操作界面,选择"纺织实验、氧浓度步长(%)",输入氧浓度约20%,按回车键。

(4)选择"找初始氧浓度",当出现"请打开总气阀"时,打开氧气和氮气阀门,自动进入氧气和氮气流量调节。

(5)选择"点火供气"键,再选择"点火"键,电子打火器点燃火焰,待火焰稳定在15~20mm高度时,按下"点火器下行"键,确认试样已点燃时,按下"计时开始"键,注意观察点燃试样的火焰是否熄灭,若火焰熄灭,立即按下"计时停止"键。

(6)读取燃烧长度值(mm),输入后按回车键,该次实验数据全部被显示。根据测得的燃烧长度是否为40mm,决定增大或减小氧浓度,输入下次实验,直至找出燃烧长度为40mm时的初始氧浓度。

(7)根据初始氧浓度,测试"浓度升降实验"数据,经、纬向分别平行测试5块试样。实验结束后,计算机会自动给出试样的极限氧指数值(%)。

(8)分别测定阻燃前后,织物经、纬向的极限氧指数值(%)。

五、注意事项

(1)测试应在温度为10~30℃,相对湿度为30%~80%的条件下进行。

(2)测试过程中,应注意控制火焰高度在规定的范围内。

六、实验报告(表8-24)

表8-24 实验报告

实验结果 \ 试样编号		未经整理的试样	整理后试样	
			1#	2#
续燃时间(s)	经向			
	纬向			
阻燃效果评价				

项目五　抗静电整理

抗静电整理(antistatic finish)是通过在疏水性纤维表面引入亲水性基团,使织物亲水性提高,导电性增强,降低织物表面电荷积累,从而达到抗静电目的。静电现象对纺织品的生产和使用都会带来很大的影响,所以要对织物进行抗静电整理,以满足纺织、煤炭、石油、军工等行业对纺织品抗静电性能的要求。

抗静电整理剂包括非耐久性抗静电剂(如甘油、三乙醇胺、氯化锂、醋酸钾、表面活性剂类的吸湿剂)、耐久性的高分子量非离子型共聚物(如聚对苯二甲酸乙二醇酯和聚氧乙烯对苯二甲酸酯的嵌段共聚物、丙烯酸系共聚物)、交联成膜聚合物等各种类型。

本项目的教学目标是使学生掌握抗静电整理的一般工艺,学会抗静电整理效果的测定与评价方法。

任务一　织物抗静电整理

一、任务描述

参照下列工艺配方、工艺流程及条件对织物进行抗静电整理,用感观法比较整理前后织物的手感、白度或色泽变化,并根据本项目任务二和任务三所述,测试不同工艺的整理效果。

1. 工艺配方(表8-25)

表8-25 工艺配方

试样编号	1#	2#	试样编号	1#	2#
有机硅整理剂SD-5(g/L)	20	10	氯化镁(g/L)	20	20
醚化2D树脂(g/L)	100	100	渗透剂JFC(g/L)	2	2

2. 工艺流程及条件　织物→浸轧整理液(室温,二浸二轧,轧液率70%~75%)→预烘(80~90℃,5min)→焙烘(165℃,2min)。

二、实验准备

1. 仪器设备　小轧车、烘箱、焙烘定形小样机、电子天平、量筒(100mL)、烧杯(250mL)、刻度吸管(10mL)、搪瓷盘等。

2. 染化药品　氯化镁(含结晶水,化学纯),醚化 2D 树脂、有机硅整理剂 SD – 5、渗透剂 JFC(均为工业品)。

3. 实验材料　纯涤纶织物(或其他合成纤维织物)三块。

三、方法原理

用醚化 2D 树脂、有机硅整理剂 SD – 5 等处理织物,在高温下会在纤维或织物的表面,形成一层亲水性的薄膜,提高了纤维的吸湿性,表面比电阻大大降低,静电压半衰期缩短,从而达到防静电效果。

四、操作步骤

(1)按配制 200mL 整理液计算配方用量。

(2)分别称取氯化镁、渗透剂 JFC 于 50mL 烧杯中,加入适量的蒸馏水溶解完全。

(3)分别称取醚化 2D 树脂、有机硅整理剂 SD – 5 于 500mL 烧杯中,加入规定量的蒸馏水,再将溶解好的氯化镁溶液加入,搅拌均匀后备用。

(4)将纯涤纶织物置于整理液中,均匀浸渍 10 ~ 20s 后,在小轧车上轧去多余的溶液,再浸轧一次,然后绷在针框上,放入烘箱中预烘。

(5)将织物放入焙烘定形小样机中焙烘 2min 后,留作抗静电性能测试用。

五、注意事项

(1)织物在浸轧时要浸透均匀。

(2)使用的树脂要与有机硅具有相容性。

六、实验报告(表 8 – 26)

表 8 – 26　实验报告

实验结果＼试样编号	未经整理的试样	整理后试样	
		1#	2#
贴样			
手感			
白度或色泽变化			

任务二　测定织物的静电压半衰期

一、任务描述

通过测定织物的静电压半衰期,评价织物经不同整理工艺整理后的抗静电效果。

二、实验准备

1. 仪器设备　YG(L)432D 织物电压测定仪。

2. 实验材料　未经抗静电整理和经过抗静电整理的纯涤纶织物各一块。

三、方法原理

利用电晕放电机理使试样带电,记录稳定后试样上的静电电压值及该电压衰减至一半时所需的时间。

静电电压(electrostatic voltage)是指试样上积聚的相对稳定的电荷所产生的对地电位。静电压半衰期(half-life period)是指试样上静电电压衰减至原始值一半时所需的时间。

四、操作步骤

(1)取样规格尺寸为60mm×80mm,每三块一组,共测三组。并参阅YG(L)432D织物电压测定仪使用说明书进行下列操作。试样需在恒温恒湿[温度(20±2)℃,相对湿度(65±2)%]环境中平衡24h,不得沾污样品。

(2)打开电源开关,启动测定仪,静电压显示为0~5kV,计时器显示为30.0s。

(3)将试样夹入试样转盘,织物的正面向上(被测面),选择"自动/手动"开关处于"自动"位置,"停止/计时"开关处于"计时"位置,按下"减−/复位"按钮,使静电压显示为0。

(4)按下"启动"按钮,待转盘转动稳定后,按下高压控制中的"开"按钮,开始高压放电,并设定放电定时,此时显示静电压数值,计时器开始倒计时,30s后高压放电自动切断,并将静电电压值锁存,同时计时器开始进行半衰期的测量,当静电压衰减至1/2峰值时,1/2灯亮,转盘停止转动,计时器停止计时。

(5)记录该次试验的静电压和半衰期时间值,每次试验做一组试样(三块),每种织物各做三组试样,取三次测定值的平均值作为测试结果。

五、注意事项

(1)试样应先进行消静电处理,并且操作时应避免试样与手及其他可能沾污试样的物体相接触。

(2)测试应在温度为(20±2)℃,相对湿度为(35±5)%条件下进行,环境风速应在0.1m/s以下。

六、实验报告(表8−27)

表8−27　实验报告

试样编号　实验结果	未经整理的试样	整理后试样	
		1#	2#
平均静电压(V)			
平均半衰期(s)			
抗静电效果			

任务三　测定织物的摩擦电压半衰期

一、任务描述

通过测定织物的摩擦电压半衰期,评价织物经不同整理工艺整理后的抗静电效果。

二、实验准备

1. 仪器设备　YG(L)432M织物摩擦起电静电压测定仪。

2. 实验材料　未经抗静电整理和经过抗静电整理的纯涤纶织物各一块。

三、方法原理

当两种不同材料或相同材料以规定的实验方法和参数相互摩擦或紧密接触并分离后,两种材料分别带上等量异号的静电荷,当材料摩擦带电达到稳定后,记录其静电电压值及极性,以此评价试验材料的静电特性。

四、操作步骤

(1)随机取试样三组,每块试样的尺寸为 $4.5cm \times 4.5cm$ 或适宜尺寸。试样需在恒温恒湿[温度 $(20 \pm 2)℃$,相对湿度 $(65 \pm 2)\%$]环境中平衡24h,不得沾污样品。

(2)参阅 YG(L)432M 织物摩擦起电静电压测定仪使用说明书进行下列操作。

(3)打开电源开关,启动测定仪,静电压显示为 $0 \sim 5kV$,计时器显示为60.0s。

(4)将试样用螺丝刀固定在转盘上,抬起重锤,使磨料布紧夹在两夹之间,然后再放下重锤。

(5)选择"自动/手动"开关处于"自动"位置,"停止/计时"开关处于"计时"位置,按下"减-/复位"按钮,使静电压显示为0。

(6)按下"启动"按钮,使转头转动至稳定时间约为30s,用手将转动夹子抬起,使磨料布与回转头上的试样接触,此时显示静电压数值,计时器开始倒计时,60s后磨料与试样自动脱离,同时计时器开始进行半衰期的测量,当静电压衰减至1/2峰值时,1/2灯亮,回转头停止转动,计时器停止计时。

(7)同一块(组)试样进行两次实验,对三块(组)试样进行同样的实验,取六次测定值的平均值作为该样品的测试结果。

五、注意事项

(1)操作时应避免试样与手及其他可能沾污试样的物体相接触。

(2)测试应在温度为 $(20 \pm 2)℃$,相对湿度为 $(35 \pm 5)\%$ 的条件下进行,环境风速应在 $0.1m/s$ 以下。

六、实验报告(表8-28)

表8-28 实验报告

实验结果 \ 试样编号	未经整理的试样	整理后试样	
		1#	2#
平均静电压(V)			
平均半衰期(s)			
抗静电效果			

项目六 涂层整理

涂层整理(coating finish)是指在纺织物表面(单面或双面),均匀地涂布一层或多层成膜的高分子化合物,使织物正反面具有不同功能的表面加工。可以改变织物的外观,使织物呈珠光、双面效应、皮革外观等效果,还可改变织物的风格,使织物具有拒水、耐水压、透湿、透气、防污、反射和阻燃等效果。对衣料织物的涂层整理是以提高防水性为主要目的,同时为适应穿着舒适性的要求,还必须具有透气性(air permeability)和透湿性(water-vapour permeability)。

涂层整理剂有聚丙烯酸酯类、聚氨酯类、聚氯乙烯类、硅酮弹性体类、合成橡胶类等。但应用最多的是聚丙烯酸酯类和聚氨酯类。

本项目的教学目标是使学生掌握涂层整理工艺过程和织物透气性能的测定。

任务一　织物涂层整理

一、任务描述

参照下列工艺配方、工艺流程及条件对织物进行涂层整理,用感观法比较整理前后织物的手感、白度或色泽变化,并根据本项目任务二所述,测试不同工艺的整理效果。

1. 工艺配方(表8-29)

表8-29　工艺配方

试样编号	1#	2#	试样编号	1#	2#
PU 水乳液(g/L)	500	300	CT500E(g/L)	500	300

2. 工艺流程及条件　织物→刮刀涂布→预烘(80~90℃,5min)→焙烘(150℃,2min~3min)。

二、实验准备

1. 仪器设备　实验用立式涂层机、烘箱、焙烘定形小样机、电子天平、量筒(100mL)、烧杯(250mL)。

2. 染化药品　35%涂层剂PU水乳液、有机硅涂层剂CT500E(均为工业品)。

3. 实验材料　涤棉混纺织物三块。

三、方法原理

选用聚硅氧烷涂层剂和聚氨酯涂层剂按一定的比例混合后涂布于织物上,在高温下在织物的表面形成一层微细多孔性高分子化合物薄膜,得到令人满意的防水、透湿、透气效果。防水性取决于涂层连续膜的厚度和聚硅氧烷的拒水作用。而透湿、透气性能则依赖于聚硅氧烷良好的透气性和聚氨酯分子中亲水基团的作用。

四、操作步骤

(1)按配制200mL整理液计算配方用量。

(2)分别称取PU水乳液、CT500E涂层整理剂于250mL烧杯中,搅拌均匀后备用。

(3)将织物在立式涂层整理机上进行刮刀涂布,然后绷在针框上,放入烘箱中预烘。

(4)将织物放入焙烘定形小样机中焙烘后,留作透气性能测试用。

五、注意事项

（1）织物在涂层时要保持均匀性。

（2）使用的 PU 水乳液与有机硅涂层剂要具有相容性。

六、实验报告（表 8-30）

表 8-30　实验报告

实验结果 ＼ 试样编号	未经整理的试样	整理后试样	
		1#	2#
贴样			
手感			
白度或色泽变化			

任务二　测定织物的透气性能

一、任务描述

测定织物经不同涂层整理工艺整理后的透气性能和手感。

二、实验准备

1. 仪器设备　YG(B)461D 型数字式织物透气量仪。

2. 实验材料　涂层整理前后的涤棉混纺织物三块。

三、方法原理

在规定的压差条件下，测定一定时间内垂直通过试样给定面积的气流流量，计算出透气率。透气性的是指织物在两面存在压差的情况下，透通空气的能力。

四、操作步骤

（1）选取试验面积为 $20cm^2$，压强为 100Pa（服用织物）或 200Pa（产业用织物）。参阅 YG(B)461D 型数字式织物透气量仪说明书进行操作。

（2）选择试样定值圈并安装在仪器上，选择喷嘴并安装在气流量筒内，接通仪器电源，进行参数值设定（注意参数值应与定值圈、喷嘴相符）。

（3）将试样放在定值圈上，向左扳动压紧手柄，将试样压紧。测试点应避开布边及折皱处，夹样时采用足够的张力使试样平整而又不变形。为防止漏气在试样的低压一侧应垫上垫圈。

（4）按下"工作"键，仪器启动，开始试验，至达到设定压差时，仪器自动停止，透气量/压差显示屏自动显示出透气率（mm/s）。

（5）在同样的条件下，对每种织物（不同部位试样）测试五次，求取平均值即为测试结果。

五、注意事项

（1）夹样时不要使织物产生伸长或起皱。

（2）测试时应避免试样边缘处漏气。

六、实验报告(表8-31)

表8-31　实验报告

实验结果　　　试样编号	未经整理的试样	整理后试样	
		1#	2#
贴样			
透气率(mm/s)			
透气性能评价			
手感			

☞ 复习指导

1. 掌握功能整理实验的原理。
2. 掌握织物服用性能的测试标准与方法。
3. 掌握各种整理工艺过程的操作方法。
4. 掌握不同的整理溶液中,各种助剂的作用及不同用量对整理效果的影响。
5. 掌握不同的整理工艺条件对整理效果的影响。

☞ 思考题

1. 分析纤维素纤维制品经抗皱整理后折皱回复角增加的原因。
2. 抗皱整理会对纤维素纤维织物的其他性能产生什么影响?
3. 降低织物上游离甲醛含量的方法有哪些?
4. 影响织物拒水性能的主要因素有哪些?
5. 如何将抗渗水性效果(kPa)换算为水柱高度?
6. 拒水拒油整理还会影响织物的哪些其他性能?
7. 经有机硅抗静电整理的织物还具有哪些功能?
8. 经PU水乳液与有机硅涂层剂涂层的织物具有哪些功能?
9. 试分析影响织物缩水率的因素主要有哪些?怎样降低织物缩水率?

参考文献

[1]林杰.染整技术:第四册[M].北京:中国纺织出版社,2005.

[2]罗巨涛.纺织品有机硅及有机氟整理[M].北京:中国纺织出版社,1999.

[3]全国纺织品标准技术委员会基础标准分会.GB/T 18318.1—2009 纺织品 弯曲性能的测定 第1部分:斜面法[S].北京:中国标准出版社,2009.

[4]全国纺织品标准技术委员会基础标准分会。GB/T 23329—2009 纺织品 织物悬垂性的测定[S].北京:中国标准出版社,2009.

[5]中国纺织总会标准化研究所.GB/T 3819—1997 纺织品 织物折痕回复性的测定 回复角法[S].北京:中国标准出版社,1997.

[6]美国纺织化学家和染色家协会.AATCC 124—2014 织物经多次家庭洗涤后的外观平整度[M].中国纺织信息中心,编译.北京:中国纺织出版社,2014.

[7]全国纺织品标准技术委员会基础标准分会.GB/T 4745—2012 纺织品 防水性能的检测和评价 沾水法[S].北京:中国标准出版社,2013.

[8]全国纺织品标准技术委员会基础标准分会.GB/T 4744—2013 纺织品 防水性能的检测和评价 静水压法[S].北京:中国标准出版社,2014.

[9]全国纺织品标准技术委员会基础标准分会.GB/T 19977—2014 纺织品 拒油性 抗碳氢化合物试验[S].北京:中国标准出版社,2015.

[10]高铭.拒水拒油和易去污整理产品性能要求和评价[J].印染,2007(15):33 – 37.

[11]张济邦,袁德馨.织物阻燃整理[M].北京:纺织工业出版社,1987.

[12]全国纺织品标准技术委员会基础标准分会.GB/T 5455—2014 纺织品 燃烧性能 垂直方向损毁长度阴燃和续燃时间的测定[S].北京:中国标准出版社,2015.

[13]中国纺织总会标准化研究所.GB/T 5454—1997 纺织品 燃烧性能试验 氧指数法[S].北京:中国标准出版社,1997.

[14]全国纺织品标准技术委员会基础标准分会.GB/T 12703.1—2008 纺织品 静电性能的评定 第1部分:静电压半衰期[S].北京:中国标准出版社,2008.

[15]全国纺织品标准技术委员会基础标准分会.GB/T 12703.5—2010 纺织品 静电性能的评定 第5部分:摩擦带电电压[S].北京:中国标准出版社,2011.

[16]罗瑞林.织物涂层技术[M].北京:中国纺织出版社,2005.

[17]中国纺织总会标准化研究所.GB/T 5453—1997 纺织品 织物透气性的测定[S].北京:中国标准出版社,1997.

模块九　生态纺织品检测

随着人们对纺织品安全卫生意识的提高,纺织品经化学整理后的残留物越来越引起人们的重视。为了提高纺织品的安全性,纺织品国际贸易中许多国家相继颁布了相关法律和技术标准,以对纺织品上化学物质的限量作了严格规定,如酸碱值、甲醛、重金属、杀虫剂、含氯酚、增塑剂、各类有害染料及染色牢度等,这些都是非常重要的生态纺织品检测指标。

本模块的教学目标是使学生掌握生态纺织品重要指标及其检测方法,学会常规操作与结果评价。

项目一　测定纺织品的 pH

纺织品的酸碱值(即 pH)一般要求在弱酸性至中性,若超出皮肤适宜的 pH 范围,织物会对皮肤产生刺激和腐蚀作用,引发皮肤炎症,并对人体的汗腺和神经系统造成不同程度的危害。所以,对纺织品进行 pH 检测非常必要。

一、任务描述

某企业送检的两份纺织品(其中一份为成品,另一份为半制品),请分别测定其 pH,通过对照比较,评价被测试样是否满足生态纺织品要求或染整后序加工对 pH 的要求。

二、实验准备

1. 仪器设备　电子天平(精度为 0.01g)、pH 计(精度为 0.1)、机械振荡器(往复式速率至少 60 次/min,旋转式速率至少 30r/min)、具塞烧瓶(250mL)、烧杯(150mL)、量筒(100mL)、容量瓶(1000mL)等。

2. 染化药品　氯化钾、邻苯二甲酸氢钾、磷酸二氢钾、磷酸氢二钠、四硼酸钠十水化合物(均为分析纯),蒸馏水或去离子水(满足 GB/T 6682—2008 三级水要求,pH = 5.0 ~ 7.0)。

3. 实验材料　纯棉或涤棉混纺织物成品及半制品各一份。

4. 溶液准备

(1)0.1mol/L 氯化钾溶液。称取 7.35g 固体 KCl 放入烧杯中,加入少量蒸馏水使其溶解,然后转移至 1000mL 容量瓶中定容即可。

(2)0.05mol/L 邻苯二甲酸氢钾缓冲溶液(pH = 4.0)。称取 10.21g 邻苯二甲酸氢钾,放入 1L 容量瓶中,用去离子水或蒸馏水溶解后定容至刻度。该溶液 20℃的 pH 为 4.00,25℃的 pH 为 4.01。

（3）0.08mol/L 磷酸二氢钾—磷酸氢二钠缓冲溶液（pH = 6.9）。称取 3.9g 磷酸二氢钾和 3.54g 磷酸氢二钠，放入 1L 容量瓶中，用去离子水或蒸馏水溶解后定容至刻度。该溶液 20℃ 的 pH 为 6.87，25℃ 的 pH 为 6.86。

（4）0.01mol/L 四硼酸钠缓冲溶液（pH = 9.2）。称取 3.80g 四硼酸钠十水化合物，放入 1L 容量瓶中，用去离子水或蒸馏水溶解后定容至刻度。该溶液 20℃ 的 pH 为 9.23，25℃ 的 pH 为 9.18。

三、方法原理

首先将纺织品上的酸或碱萃取下来，测定前用已知 pH 的标准缓冲液对仪器进行定位，然后通过 pH 计的复合电极（传感和参比电极的复合体）测定萃取液，此时在被测溶液中会产生电位（即内部与外部离子电荷差），pH 计将所得的微小电极电压变化值（即响应值）自动换算为 pH 数据。

四、操作步骤

1. 水萃取液的制备

（1）将待测试样剪成约 5mm × 5mm 的碎片，精确称取（2.00 ± 0.05）g 三份。

（2）将试样分别放入三只锥形瓶中，加入 100mL 蒸馏水或去离子水，盖紧瓶塞，摇动烧瓶片刻，以使试样充分润湿。

（3）将烧杯置于机械振荡器上，在室温（10 ~ 30℃）条件下振荡 2h ± 5min（如果确认 2h 与 1h 结果无明显差异，可以采用 1h）。

（4）记录萃取温度，收集萃取液。

2. 仪器标定

（1）调节 pH 计的温度与萃取液温度一致，校正仪器的零位（参见模块一项目三任务三）。

（2）根据萃取液的酸碱性，选择两种已知 pH 的标准缓冲溶液对仪器进行定位，使读数恰好为标准缓冲溶液 pH。选用的标准缓冲溶液 pH 应尽可能与待测溶液 pH 接近。

3. pH 测定

（1）将第一份萃取液倒入烧杯，迅速把电极浸没到萃取液面下至少 10mm，用玻璃棒轻轻搅拌溶液，直到 pH 示值稳定（本次测定值不记录）。

（2）将第二份萃取液倒入另一只烧杯，迅速把电极（不清洗）浸没到萃取液面下至少 10mm，静置直到 pH 示值稳定，记录结果。

（3）将第三份萃取液倒入另一只烧杯，迅速把电极（不清洗）浸没到萃取液面下至少 10mm，静置直到 pH 示值稳定，记录结果。

4. 结果计算

（1）以第二、第三份水萃取液所测得的 pH 作为测量值。

（2）如果两个 pH 测量值之间差异（精确到 0.1）大于 0.2，则另取其他试样重新测试，直至得到两个有效的测量值，计算其平均值，结果保留小数点后一位。

五、注意事项

（1）当试样水萃取液测定结果发生争议或有疑义时，可采用氯化钾溶液作为萃取介质。

（2）更换缓冲液或样品萃取液前应充分洗涤电极，并吸干水分。

（3）标准缓冲液可保存2~3个月，但出现混浊、发霉、沉淀后就不能使用。

（4）不宜用手直接接触试样，避免污染而影响测试结果。

（5）测试过程中的操作细节，如蒸馏水的储存保管、测量环境与温度、pH计标定和电极的清洗次数等，都会导致pH测量结果的不稳定性。

（6）采用不同的测试标准，所得的pH没有可比性。几种测试方法的比较见表9-1。

表9-1　纺织品pH测定方法的比较

测试标准	中国标准 GB/T 7573—2009《纺织品　水萃取液 pH 的测定》	国际标准 ISO 3071—2005《纺织品　水萃取液 pH 的测定》	美国标准 AATCC 81—2012《湿处理纺织品水萃取液 pH 的测定》	日本标准 JIS L 1096—2010《机织物与针织物的测试方法》8.40 部分"萃取液的 pH"
试样质量(g)	2.00 ±0.05	2.00 ±0.05	10.0 ±0.1	5.0 ±0.1
试样尺寸(mm)	5 ×5	5 ×5	未要求	10 ×10
试样份数(份)	3	3	未要求	2
调湿处理	否	否	否	是
萃取试剂	100mL 蒸馏水或氯化钾溶液	100mL 蒸馏水或氯化钾溶液	250mL 蒸馏水煮沸10min 后使用	50mL 蒸馏水煮沸后使用
萃取方式	室温振荡，记录实测温度	室温振荡，记录实测温度	沸煮	放入煮沸的水中振荡
萃取时间(min)	120	120	10	30

六、实验报告（表9-2）

表9-2　实验报告

试样名称　　実验结果	成　品		半制品	
	第二份萃取液	第三份萃取液	第二份萃取液	第三份萃取液
测量 pH				
平均 pH				
评价				

项目二　测定纺织品上的甲醛含量

甲醛是纺织品上最常见的有害物质之一，特别是我国现行的各种印染后整理加工中，常用到含有甲醛的助剂，如固色剂、树脂交联抗皱整理剂、柔软剂等，这些无色的整理剂若甲醛含量超标，对人体有着极大的危害，同时在纺织品对外贸易中可能造成巨大的经济损失。因此，对纺织品进行甲醛含量的检测尤为重要。

任务一　水萃取法测定甲醛含量

一、任务描述

对某企业送检的经过不同整理剂处理的若干份织物试样,采用液相萃取法进行甲醛含量测定,通过对照比较,评价被测试样是否满足生态纺织品对甲醛指标的要求。

二、实验准备

1. 仪器设备　恒温水浴锅、722 型分光光度计、电子天平、量筒(10mL、50mL、100mL)、烧杯(250mL)、容量瓶(50mL、500mL、1000mL)、大肚吸管(1mL、5mL、10mL、25mL)、刻度吸管(5mL、10mL)、碘量瓶或锥形瓶(250mL)、玻璃砂芯坩埚过滤器(2#)、镊子、具塞试管及试管架等。

2. 染化药品　乙酸铵、冰乙酸、乙酰丙酮、37% 甲醛(质量浓度)、无水亚硫酸钠、硫酸、百里酚酞指示剂(均为分析纯)。

3. 实验材料　未经抗皱和经不同抗皱整理剂整理的纯棉织物各一块。

4. 溶液准备

(1)乙酰丙酮溶液(纳氏试剂)。称取乙酸铵 150g 置于 250mL 烧杯中,加入适量的蒸馏水使其溶解,再加 3mL 冰乙酸和 2mL 乙酰丙酮,然后转移至 1000mL 容量瓶中,以蒸馏水冲洗烧杯,并将洗液转移至容量瓶中,加蒸馏水至刻度。转移至棕色瓶避光储存,有效期为 6 周。

(2)约 1500μg/mL(或 mg/L)甲醛原溶液。用移液管吸取 37% 甲醛溶液 3.8mL,加入 1000mL 的容量瓶中,用蒸馏水稀释至刻度。待标定,有效期为 4 周。

(3)$c(Na_2SO_3) = 0.1mol/L$ 亚硫酸钠溶液。称取 12.6g 无水亚硫酸钠放入 1L 的容量瓶,用蒸馏水稀释至刻度,摇匀。

(4)$c(H_2SO_4) = 0.01mol/L$ 硫酸标准溶液(参照第一模块项目二任务二)。

(5)百里酚酞指示剂。将 1g 百里酚酞溶于 100mL 溶液中。

三、方法原理

将试样放在规定温度水浴中萃取一定时间,使释放的游离甲醛被水吸收。然后加入显色剂乙酰丙酮与甲醛反应,形成稳定的有色物质,在 412nm 波长下,用分光光度计测定显色液中甲醛的吸光度,对照标准甲醛工作曲线,计算出样品中的甲醛含量。

四、操作步骤

1. 甲醛原溶液的标定

(1)用移液管吸取 50mL $c(Na_2SO_3) = 0.1mol/L$ 亚硫酸钠溶液至碘量瓶中,加百里酚酞指示剂 2 滴,如溶液呈蓝色,加几滴 $c(H_2SO_4) = 0.01mol/L$ 硫酸标准溶液,直至蓝色刚好消失。

(2)吸取 10mL 甲醛原液至碘量瓶中,重新出现蓝色,用 $c(H_2SO_4) = 0.01mol/L$ 硫酸标准溶液滴定至蓝色消失(耗用硫酸溶液的体积约为 25mL)。

(3)重复上述操作程序一次,分别记录耗用酸的体积。计算两次结果的平均值。

(4)按下式计算甲醛的浓度(约为 1500μg/mL)。

$$甲醛质量浓度 = \frac{V_1 \times 0.6 \times 1000}{V_2}$$

式中:V_1 为滴定时耗用的硫酸标准溶液体积(mL);V_2 为甲醛原液体积(10mL);0.6 为与 1mL

$c(H_2SO_4) = 0.01mol/L$ 硫酸相当的甲醛的质量(mg/mL)。

2. 甲醛溶液标准曲线的绘制

(1)制备75μg/mL(或 mg/L)甲醛标准溶液。吸取10mL经标定的甲醛原液于200mL容量瓶中,用蒸馏水稀释至刻度。

(2)制备校正溶液。分别吸取75mg/L甲醛标准溶液1mL、2mL、5mL、10mL、15mL、20mL、30mL、40mL分别稀释至500mL,配制成0.15μg/mL、0.30μg/mL、0.75μg/mL、1.50μg/mL、2.25μg/mL、3.00μg/mL、4.50μg/mL 和6.00μg/mL 的甲醛标准溶液,相当于15mg 甲醛/kg 织物、30mg 甲醛/kg 织物、75mg 甲醛/kg 织物、150mg 甲醛/kg 织物、225mg 甲醛/kg 织物、300mg 甲醛/kg 织物、450mg 甲醛/kg 织物、600mg 甲醛/kg 织物。

(3)制备显色液。用移液管分别吸取上述标准溶液5mL 于试管中,加入乙酰丙酮溶液5mL,加盖并摇匀;再取另一只试管吸取5mL 蒸馏水和5mL 乙酰丙酮溶液,加盖并摇匀,作为参比溶液。

(4)显色。将试管置于(40±2)℃水浴中加热(30±5)min,反应完毕冷却30min。

(5)测定。用分光光度计在波长412nm 条件下分别测定显色后溶液的吸光度 A,并记录结果。

(6)绘制标准曲线。以甲醛标准溶液质量浓度(μg/mL 或 mg/L)为横坐标,相应的吸光度 A 为纵坐标,绘制甲醛溶液的标准曲线。

3. 织物上甲醛的萃取

(1)将待测试样剪碎后准确称取1g(精确到0.001g),放入250mL 碘量瓶中,再加100mL 蒸馏水,盖上瓶盖。

(2)将碘量瓶置于(40±2)℃水浴中振荡保温(60±5)min,每隔5min 摇瓶1 次。

(3)萃取结束待样品冷却到室温后,用玻璃砂芯坩埚进行过滤,得到萃取液。

4. 织物上甲醛释放量的测定

(1)用移液管吸取萃取液5mL 于试管中,再加入5mL 乙酰丙酮,加盖摇匀,置于(40±2)℃水浴中显色(30±5)min,取出冷却至室温备用。另以5mL 蒸馏水和5mL 乙酰丙酮作为空白参比溶液。

(2)用分光光度计在波长412nm 条件下测定萃取液的吸光度。如果不在测量范围内,即超出5μg/mL,可将萃取液稀释后再进行测定,但计算结果时应乘以稀释倍数。

(3)根据所测得的萃取液吸光度,从甲醛溶液标准曲线上查得对应的甲醛浓度,按下式计算从织物上萃取的甲醛含量(μg/g 或 mg/kg):

$$织物上萃取的甲醛含量 = \frac{c \times 100}{m}$$

式中:c 为在甲醛标准曲线上查得的甲醛浓度(μg/mL);m 为试样质量(g)。

(4)做两个平行试验,取两次检测结果的平均值作为试验结果,计算结果取整数。如果结果小于20mg/kg,实验结果报告记作"未检出"。

五、注意事项

(1)测试前样品应密封保存,如果织物上甲醛含量太低,可增加试样重量至2.5g,以确保测试的准确性。

（2）乙酰丙酮溶液配制好后储存开始12h颜色会逐渐变深，因此应储存12h后使用，有效期为6周。经长期储存后灵敏度会稍有变化，所以最好每周作一次校正曲线。若溶液严重变黄，则不能使用。

（3）吸光度读数应控制在0.1～0.7之间，以免产生较大误差。

（4）显色后出现的黄色暴露于阳光下一定时间会造成褪色，所以测定过程中应避免在强烈阳光环境下操作。

六、实验报告（表9-3）

表9-3　实验报告

试样名称 实验结果	未经整理试样		A整理剂试样		B整理剂试样	
	1#	2#	1#	2#	1#	2#
吸光度 A						
c(μg/mL)						
甲醛含量(μg/g 或 mg/kg)						
评　价						

任务二　蒸汽吸收法测定游离甲醛

一、任务描述

对某企业送检的经过不同整理剂处理的若干份织物试样，采用气相萃取法进行甲醛含量测定，通过对照比较，评价被测试样是否满足生态纺织品对甲醛指标的要求，同时比较水萃取法和蒸汽吸收法对测试结果的影响。

二、实验准备

1.仪器设备　恒温水浴锅、烘箱、722型分光光度计、电子天平、量筒（10mL、50mL、100mL）、烧杯（250mL）、容量瓶（50mL、100mL、250mL、500mL、1000mL）、移液管（1mL、5mL、10mL、15mL、20mL、50mL）、装有悬挂织物装置的磨口广口瓶（1000mL）、具塞试管及试管架等。

2.染化药品　乙酸、乙酸铵、乙酰丙酮、37%甲醛（质量浓度）、亚硫酸钠、硫酸、百里酚酞指示剂（均为分析纯）。

3.实验材料　未经抗皱整理和经过不同抗皱整理剂整理的纯棉织物各一块。

三、基本原理

将一定质量的织物试样悬挂于密封广口瓶中的水面上，置于恒温烘箱内一定时间，织物上释放的游离甲醛被水吸收，然后经乙酰丙酮显色剂与甲醛发生反应，形成稳定的有色物质。利用分光光度计比色法测定显色液的吸光度，对照标准甲醛工作曲线，计算出样品中释放出的甲醛含量。

四、操作步骤

溶液制备、甲醛原溶液的标定、甲醛溶液标准曲线的绘制均参照本项目任务一。

1. 织物上甲醛的蒸汽吸收

(1)精确量取 50mL 蒸馏水加入磨口广口瓶中,将待测试样剪成 1g 左右(精确到 0.001g),悬挂于广口瓶中,要保证试样不接触水面和瓶壁,盖紧瓶盖。

(2)将装有试样的广口瓶放入烘箱内,在(49±2)℃下保温 24h±15min。

(3)取出广口瓶,冷却(30±5)min 后,从瓶中取出试样,盖紧瓶盖,摇动瓶子,使瓶壁各处冷凝物充分混合得到吸收液。

2. 织物上甲醛释放量的测定

(1)用移液管吸取吸收液 5mL 于试管中,再加入 5mL 乙酰丙酮,加盖摇匀,置于(40±2)℃水浴中显色(30±5)min,取出冷却至室温备用。另以 5mL 蒸馏水和 5mL 乙酰丙酮做空白参比溶液。

(2)用分光光度计在波长 412nm 下测定吸收液的吸光度,如果不在测量范围内,可调整吸收液的浓度后再进行测定,但计算结果时应乘以稀释倍数。

(3)根据所测得的吸收液吸光度,从甲醛溶液标准曲线上查得对应的甲醛浓度(μg/mL),按下式计算织物上释放的甲醛含量(μg/g 或 mg/kg):

$$织物上释放的甲醛含量 = \frac{c \times 50}{m}$$

式中:c 为在甲醛标准曲线上查得的甲醛浓度(μg/mL);m 为试样质量(g)。

(4)做两个平行试验,取两次检测结果的平均值作为试验结果,计算结果取整数。如果结果小于 20mg/kg,试验结果报告记作"未检出"。

五、注意事项

参照本项目任务一。

六、实验报告(表 9-4)

表 9-4 实验报告

试样名称	未经整理试样		A 整理剂试样		B 整理剂试样	
实验结果	1#	2#	1#	2#	1#	2#
吸光度 A						
c(μg/mL)						
甲醛含量(μg/g 或 mg/kg)						
评 价						

项目三 测定纺织品上的重金属离子

染整加工过程中使用的部分染料、助剂或多或少的含有或在使用过程中分解产生对人体有害的重金属离子,如铬、铅、铜、镍等,这些残留在纺织品中的重金属离子超过一定浓度后,经常接触会导致人们皮肤过敏或对人体健康造成危害。因此,重金属的测定是生态纺织品检测的重要指标之一。

任务一 原子吸收分光光度法测定重金属离子

一、任务描述

某企业送检一份纺织品,要求对织物上的重金属进行分析,通过检测,确认被测试样中含有哪种重金属离子,通过对照比较,评价被测试样是否满足生态纺织品对重金属指标的要求。

二、实验准备

1. 仪器设备 石墨炉原子吸收分光光度计、火焰原子吸收分光光度计、恒温水浴振荡器、具塞锥形瓶(150mL)、容量瓶(100mL、1000mL)、烧杯(100mL、250mL)等。

2. 化学药品 L-组氨酸盐酸盐一水合物、氯化钠、磷酸二氢钠二水合物、氢氧化钠、氯化镉($CdCl_2 \cdot 5/2H_2O$)、硫酸钴($CoSO_4 \cdot 7H_2O$)、重铬酸钾($K_2Cr_2O_7$)、硫酸铜($CuSO_4 \cdot 5H_2O$)、硫酸镍($NiSO_4 \cdot 6H_2O$)、硝酸铅[$Pb(NO_3)_2$]、酒石酸锑钾($C_4H_4KO_7Sb \cdot 1/2H_2O$)、硫酸锌($ZnSO_4 \cdot 7H_2O$)、硝酸、盐酸(均为优级纯)。

3. 实验材料 酸性媒染染料染色的毛织物(或中性染料染色的锦纶织物)一块。

4. 溶液准备

(1)酸性汗液。按表9-5所示配方用,蒸馏水现配现用。

表9-5 酸性汗液制备配方

药品名称	用量(g/L)
L-组氨酸盐酸盐一水合物	0.5
氯化钠	5
磷酸二氢钠二水合物	2.2
0.1mol/L 氢氧化钠溶液	调节 pH = 5.5

(2)单元素标准储备溶液。

①100μg/mL 镉标准储备溶液。称取 0.203g 氯化镉,溶于蒸馏水中,移入 1000mL 容量瓶中,稀释至刻度。

②1000μg/mL 钴标准储备溶液。称取 2.630g 无水硫酸钴(用硫酸钴于 500~550℃灼烧至恒重),加 150mL 蒸馏水,加热至溶解,冷却后移入 1000mL 容量瓶中,稀释至刻度。

③100μg/mL 铬标准储备溶液。称取 0.283g 重铬酸钾,溶于蒸馏水中,移入 1000mL 容量瓶中,稀释至刻度。

④100μg/mL 铜标准储备溶液。称取 0.393g 硫酸铜,溶于蒸馏水中,移入 1000mL 容量瓶中,稀释至刻度。

⑤100μg/mL 镍标准储备溶液。称取 0.484g 硫酸镍,溶于蒸馏水中,移入 1000mL 容量瓶中,稀释至刻度。

⑥100μg/mL 铅标准储备溶液。称取 0.160g 硝酸铅,用 10mL 硝酸溶液(1+9)溶解,移入

1000mL 容量瓶中,用蒸馏水稀释至刻度。

⑦100μg/mL 锑标准储备溶液。称取 0.274g 酒石酸锑钾,溶于 10% 盐酸溶液中,移入 1000mL 容量瓶中,用 10% 盐酸溶液稀释至刻度。

⑧100μg/mL 锌标准储备溶液。称取 0.440g 硫酸锌,溶于蒸馏水中,移入 1000mL 容量瓶中,稀释至刻度。

(3)10μg/mL 标准工作溶液。根据需要,分别移取适量单元素标准储备液中的一种或几种,置于加有 5mL 浓硝酸的 100mL 容量瓶中,用蒸馏水稀释至刻度,摇匀后制成单标或混标标准工作曲线。

三、方法原理

用酸性汗液萃取试样,在对应的原子吸收波长下,用石墨炉原子吸收分光光度计测量萃取液中镉、钴、铬、铜、镍、铅、锑的吸光度,用火焰原子吸收分光光度计测量萃取液中铜、锑、锌的吸光度,对照标准工作曲线,确定相应重金属离子的含量,然后计算出纺织品中酸性汗液可萃取的重金属含量。

四、操作步骤

1. 萃取液的制备

(1)取有代表性的样品,剪成 5mm×5mm 的碎片,混合均匀后称取 4g(精确至 0.01g)试样两份,供平行试验用。

(2)将试样置于具塞锥形瓶中,加入 80mL 酸性汗液,盖上瓶盖,摇动,使试样充分浸湿。

(3)将锥形瓶放入恒温水浴振荡器中,在(37±2)℃、60 次/min 的条件下振荡 60min。

(4)取出锥形瓶,静置冷却至室温,过滤收集样液待用。

2. 工作曲线的绘制

(1)将标准工作溶液用蒸馏水逐级稀释成适当浓度的系列工作溶液。

(2)分别在 228.8nm(镉)、240.7nm(钴)、357.9nm(铬)、324.7nm(铜)、232.0nm(镍)、283.3nm(铅)、217.6nm(锑)、213.9nm(锌)波长下,用石墨炉原子吸收分光光度计,按浓度由低到高的顺序测定系列工作溶液中镉、钴、铬、铜、镍、铅、锑的吸光度。或用火焰原子吸收分光光度计,按浓度由低到高的顺序测定系列工作溶液中铜、锑、锌的吸光度。

(3)以吸光度 A 为纵坐标,元素浓度(μg/mL)为横坐标,绘制工作曲线。

3. 织物上可萃取重金属含量的测定

(1)分别按镉、钴、铬、铜、镍、铅、锑、锌所设定的仪器与相应的波长,测定空白溶液和样液中各待测元素的吸光度。

(2)由工作曲线得到各待测元素的浓度。

4. 结果计算

(1)按下式计算试样中可萃取重金属元素 i 的含量:

$$X_i = \frac{(c_i - c_{i0}) \times V \times F}{m}$$

式中:X_i 为试样中可萃取重金属元素 i 的含量(mg/kg);c_i 为样液中被测元素 i 的浓度(μg/mL);

c_{i0} 为空白溶液中被测元素 i 的浓度(μg/mL);V 为样液的总体积(mL);m 为试样的质量(g);F 为稀释因子。

（2）试验结果取两次平行测定结果的算术平均值,并保留小数点后两位。

（3）采用上述方法测定可萃取重金属离子的低限值参见表9-6。

表9-6　可测定重金属离子的低限值

元素	测定低限(mg/kg)	
	石墨炉原子吸收分光光度法	火焰原子吸收分光光度法
镉(Cd)	0.02	—
钴(Co)	0.16	—
铬(Cr)	0.06	—
铜(Cu)	0.26	1.03
镍(Ni)	0.48	—
铅(Pb)	0.16	—
锑(Sb)	0.34	1.10
锌(Zn)	—	0.32

五、注意事项

（1）一般情况下,单元素标准储备溶液可在常温(15~25℃)下保存六个月,标准工作溶液有效期为一周,当出现混浊、沉淀或变色等现象时,均应重新制备。

（2）不同仪器的检出限会有一定的差异。

六、实验报告(表9-7)

表9-7　实验报告

实验参数 \ 金属元素	镉(Cd)	钴(Co)	铬(Cr)	铜(Cu)	镍(Ni)	铅(Pb)	锑(Sb)	锌(Zn)
c_i(μg/mL)								
c_{i0}(μg/mL)								
V(mL)								
m(g)								
F								
X_i(mg/kg)								
综合评价								

任务二　分光光度法测定六价铬离子

一、任务描述

某企业送检一份纺织品,经定性分析已知是六价铬离子,请用分光光度法定量分析,并评价被测试样是否满足生态纺织品对重金属指标的要求。

二、实验准备

1. 仪器设备 分光光度计、恒温水浴振荡器、具塞锥形瓶(150mL)、容量瓶(1000mL)、烧杯(100mL、250mL)等。

2. 化学药品 L-组氨酸盐酸盐一水合物、氯化钠、磷酸二氢钠二水合物、氢氧化钠、磷酸($\rho = 1.69g/mL$)、重铬酸钾、二苯基碳酰二肼、丙酮、冰醋酸(均为优级纯)。

3. 实验材料 酸性媒染染料染色的毛织物(或中性染料染色的锦纶织物)两块。

4. 溶液准备

(1)酸性汗液。按本项目任务一中表9-5所示制备配方,用蒸馏水现配现用。

(2)(1+1)磷酸溶液。磷酸与蒸馏水等体积混合即可。

(3)1000mg/L 六价铬标准储备溶液。将重铬酸钾在(102 ± 2)℃下干燥(16 ± 2)h 后,称取2.83g 溶于蒸馏水中,移入1000mL 容量瓶中,稀释至刻度。

(3)1mg/L 六价铬标准工作溶液。取1mL 标准储备液于1000mL 容量瓶中,用蒸馏水稀释至刻度。需当天配制。

(4)显色剂。称取1g 二苯基碳酰二肼,溶于100mL 丙酮中,滴加1滴冰醋酸,将溶液移入棕色瓶中于4℃条件下保存。有效期为两周。

三、方法原理

用酸性汗液萃取试样,将萃取液在酸性条件下用二苯基碳酰二肼显色,用分光光度计测定显色后的萃取液在540nm 波长下的吸光度,然后计算纺织品中六价铬的含量。

四、操作步骤

1. 标准工作曲线的绘制

(1)分别取六价铬标准工作溶液0、0.5mL、1.0mL、2.0mL、3.0mL 置于50mL 的容量瓶中,加蒸馏水至刻度,配制成浓度为0、0.01μg/mL、0.02μg/mL、0.04μg/mL、0.06μg/mL 的溶液。

(2)分别取上述不同浓度的溶液20mL,加入1mL 显色液和1mL 磷酸溶液,摇匀。另取20mL 蒸馏水,加入1mL 显色液和1mL 磷酸溶液作为空白参比溶液。

(3)室温下显色15min,在540nm 波长下测定吸光度 A。

(4)以吸光度 A 为纵坐标,六价铬离子浓度(μg/mL)为横坐标,绘制标准工作曲线。

2. 萃取液的制备 参照本项目任务一操作步骤中萃取液的制备。

3. 织物上可萃取重金属含量的测定

(1)移取20mL 萃取液,加入1mL 磷酸溶液,再加入1mL 显色液,混合均匀。另取20mL 蒸馏水,加1mL 显色液和1mL 磷酸溶液,作为空白参比溶液。

(2)室温下放置15min,在540nm 波长下测定显色后萃取液的吸光度 A_1。

(3)考虑到样品溶液的不纯和褪色,另取20mL 萃取液,加2mL 蒸馏水混合均匀。以蒸馏水作为空白参比溶液,在540nm 波长下测定显色后萃取液的吸光度 A_2。

4. 结果计算与表示

(1)按下式计算每个试样的校正吸光度 A:

$$A = A_1 - A_2$$

式中:A_1为显色后试样溶液的吸光度;A_2为空白试样溶液的吸光度。

(2)用校正后的吸光度值,通过标准工作曲线查出六价铬的浓度。

(3)按下式计算试样中可萃取的六价铬含量(mg/kg):

$$可萃取的六价铬含量 = \frac{c \times V \times F}{m}$$

式中:c为试样溶液中六价铬浓度(mg/L);V为试样溶液的体积(mL);m为试样的质量(g);F为稀释因子。

(4)以两个平行试样测试结果的平均值作为实验结果。本方法的测定低限为0.20mg/kg。

五、注意事项

(1)一般情况下,六价铬标准储备溶液可在常温(15~25℃)下保存六个月,当出现混浊、沉淀或变色等现象时,均应重新制备。

(2)试样掉色严重并影响到测试结果时,可用硅镁吸附剂吸附或用其他合适的方法去除颜色干扰后再测定,并在实验报告中应加以说明。

六、实验报告(表9-8)

表9-8 实验报告

实验结果 \ 试样编号	1#	2#
A_1		
A_2		
A		
c(mg/L)		
可萃取的六价铬含量(mg/kg)		
评价		

项目四 测定纺织品的色牢度

染色牢度种类繁多,在模块四项目三中对部分染色牢度已作介绍。而生态纺织品检测主要涉及四个牢度,即耐水色牢度、耐摩擦色牢度、耐汗渍色牢度和耐唾液色牢度。本项目主要针对耐水色牢度、耐汗渍牢度和耐唾液牢度进行介绍,耐摩擦色牢度的测定参照第四模块项目三任务二进行,在此不再赘述。

任务一 测定耐水色牢度

一、任务描述

某企业送检两份纺织品,其中一份为内衣面料,一份为外衣面料,请分别对其进行耐水色牢度的测定,通过对照比较,评价被测试样是否满足生态纺织品对耐水色牢度指标的要求。

二、实验准备

1.仪器设备 汗渍牢度仪(含试验仪和烘箱)、烧杯(200mL)、评定变色用灰色样卡、评定沾色用灰色样卡等。

2.实验材料 多纤维标准贴衬织物(任选一种)或单纤维标准贴衬织物(表9-9)、待测试样各两块。

表9-9 单纤维标准贴衬织物

第一块贴衬	第二块贴衬	第一块贴衬	第二块贴衬
棉	羊毛	黏胶纤维	羊毛
羊毛	棉	聚酰胺纤维	羊毛或棉
丝	棉	聚酯纤维	羊毛或棉
麻	羊毛	聚丙烯腈纤维	羊毛或棉

注 第一块用与试样同类的纤维制品,第二块用与第一块织物相对应的纤维制品。如试样为混纺或交织品,则第一块用主要含量的纤维制品,第二块用次要含量的纤维制品。

三、方法原理

纺织品试样与标准贴衬织物缝合成组合试样,浸入水中,挤去水分后,置于专用试验装置内按规定压力、温度、时间处理。由于水的作用,染料会发生不同程度的褪色与沾色。组合试样经干燥后,用灰色样卡评定原样变色和贴衬织物沾色。

四、操作步骤

1.试样准备

(1)织物试样。取40mm×100mm试样一块,正面与一块40mm×100mm多纤维贴衬织物相接触,沿一短边缝合,形成一个组合试样。或取40mm×100mm试样一块,夹于两块40mm×100mm单纤维贴衬织物之间,沿一短边缝合,形成一个组合试样。

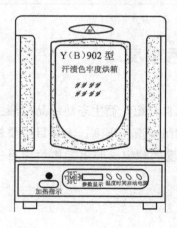

图9-1 Y(B)902型汗渍色牢度烘箱外形图

(2)纱线或散纤维试样。取纱线或散纤维约等于贴衬织物总质量一半,夹于一块40mm×100mm多纤维贴衬织物及一块40mm×100mm染不上色的织物(如聚丙烯纤维织物)之间,沿四边缝合,组成一个组合试样。或取纱线或散纤维约等于贴衬织物总质量的一半,夹于两块40mm×100mm规定的单纤维贴衬织物之间,沿四边缝合,形成一个组合试样。

2.仪器调试

(1)接通汗渍牢度仪烘箱电源,按下电源开关(图9-1)。

(2)设定所需要的测试温度和时间(表9-10),一般选用普通烘干模式。

表9-10 测试温度与时间

模 式	温 度	精 度	烘干时间	停止测试	提 示
普通烘干	37℃	±2℃	4h	自动	警音
快速烘干	70℃	±2℃	1h	自动	警音

（3）按下"启动"键，仪器开始加热（加热指示灯亮），达到所设定温度后，加热指示灯灭。恒温2min后，仪器响起警示音，提醒放试样。

3. 牢度测定

（1）将预先准备好的组合试样平放在平底容器中，用蒸馏水完全浸湿，浴比为1:50，在室温下放置30min，不时揿压与拨动使试样渗透均匀。取出试样，倒去残液，用玻璃棒夹去组合试样上过多的试液。将组合试样夹放在试样板（塑料夹板）中间，然后一起放入座架和弹簧压架之间，随即在弹簧板上放置重锤，紧钉螺钉拧紧后，移去重锤（图9-2）。

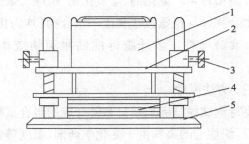

图9-2 YG（B）631型汗渍色牢度仪结构示意图
1—重锤 2—弹簧压架 3—紧钉螺钉 4—夹板 5—座架

（2）打开烘箱仓门，将带有组合试样的装置放入接水盘，再一起放入烘箱中，关好仓门。按下"启动"键，仪器开始计时。

（3）在规定条件下[（37±2）℃，12.5kPa]压放组合试样4h后，仪器报警并自动停止，取出组合试样，展开后将其悬挂在不超过60℃的空气中干燥。

（4）用灰色样卡评定试样的变色等级和贴衬织物的沾色等级。

五、注意事项

（1）若干燥温度与时间等控制不当，可能会出现风干的试样，这时必须弃去重做。

（2）如组合试样尺寸不足40mm×100mm，重块施加于试样的压力仍应为12.5kPa。

（3）耐汗渍色牢度仪主要用于各类纺织材料和纺织品的耐汗渍色牢度试验，也可用于测定耐水、耐海水、耐唾液色牢度等。

六、实验报告（表9-11）

表9-11 实验报告

实验结果　　　　　　试样名称		
原样变色（级）		
白布沾色（级）		
评　价		

任务二　测定耐汗渍色牢度

一、任务描述

某企业送检一份针织 T 恤面料,请测定其耐汗渍色牢度,通过对照比较,评价被测试样是否满足生态纺织品对耐汗渍色牢度指标的要求。

二、实验准备

1. 仪器设备　汗渍牢度仪(含试验仪和烘箱)、烧杯(200mL)、评定变色用灰色样卡、评定沾色用灰色样卡等。

2. 染化药品　氯化钠、氢氧化钠、磷酸二氢钠二水合物、磷酸氢二钠十二水合物或磷酸氢二钠二水合物、*L*–组氨酸盐酸盐一水合物(均为化学纯)。

3. 实验材料　多纤维标准贴衬织物或单纤维标准贴衬织物(表9–9)、待测试样各两块。

三、方法原理

将待测试样与标准贴衬布缝合成的组合试样在人工汗液中浸渍,并按规定压力、温度、时间处理后,织物上的染料由于受化学药剂、温度等各种因素的影响,发生变(褪)色,同时沾污白色贴衬织物。组合试样经干燥后,用灰色样卡评定原样变色和贴衬织物沾色等级。若原样变(褪)色和贴衬织物沾色越严重,表明该试样的耐汗渍色牢度(colour fastness to perspiration)越差。

四、操作步骤

1. 人工汗液的制备　人工汗液分酸液与碱液两种,按表9–12所示配方,用蒸馏水现配现用。

表9–12　人工汗液制备配方

药品名称 ＼ 人工汗液种类	酸液	碱液
L–组氨酸盐酸盐一水合物(g/L)	0.5	0.5
氯化钠(g/L)	5	5
磷酸氢二钠十二水合物(g/L) 或磷酸氢二钠二水合物(g/L)	—	5 (或2.5)
磷酸二氢钠二水合物(g/L)	2.2	—
0.1mol/L 氢氧化钠溶液	调节 pH = 5.5 ± 0.2	调节 pH = 8.0 ± 0.2

2. 试样准备

(1)素色织物。取 100mm × 40mm 试样一块,夹在两块单纤维贴衬织物之间,或与一块多纤维贴衬织物相贴合并沿一短边缝合,形成一个组合试样。每个实验需要两个组合试样。

(2)印花织物。正面与两块单纤维贴衬织物每块的一半相接触,剪下其余一半,交叉覆于背面,缝合两短边。或与一块多纤维贴衬织物相贴合,缝一短边。如不能包括全部颜色,需用多个组合试样。

（3）纱线或散纤维。取质量约为贴衬织物总量的一半夹于两块单纤维贴衬织物之间，或夹于一块 100mm×40mm 多纤维贴衬织物和一块同尺寸染不上色的织物之间，缝合四边。每个实验需要两个组合试样。

3. 牢度测定

（1）组合试样称重后，以 1∶50 浴比配制酸液或碱液。

（2）将组合试样平放在平底容器内，倒入酸液或碱液，在室温下放置 30min，并不时揿压与拨动，使试样渗透均匀。

（3）取出组合试样，用两根玻璃棒夹去多余的试液，或把组合试样放在试样板上，用另一块试样板刮去过多的试液，并把试样夹放在两块试样板中间（参见本项目任务一中的操作）。

（4）将带有组合试样的装置放在烘箱中，在规定条件下［温度（37±2）℃，压强 12.5kPa］压放 4h。若采用快速试验法，试验条件为（70±2）℃压放 1h。

（5）取出组合试样，拆去一条短边外的所有缝线，并展开组合试样，将其悬挂在温度不超过 60℃的空气中干燥。

（6）用灰色样卡评定每一试样的变色等级和贴衬织物的沾色等级。

五、注意事项

（1）若酸性汗渍牢度与碱性汗渍牢度同时测试，所用实验仪器应分开。

（2）应分别评定酸、碱溶液中试样的变色等级和每种贴衬织物的沾色等级，并选出最严重的一个变色、沾色等级作出实验报告。

六、实验报告（表 9 – 13）

表 9 – 13　实验报告

测试项目 实验结果	耐酸汗渍色牢度	耐碱汗渍色牢度
原样变色（级）		
白布沾色（级）		
评　价		

任务三　测定耐唾液色牢度

一、任务描述

某企业送检两份纺织品，其中一份为毛绒玩具面料，一份为小学生校服面料，请分别对其进行耐唾液色牢度的测定，通过对照比较，评价被测试样是否满足生态纺织品对耐唾液色牢度指标的要求。

二、实验准备

1. 仪器设备　汗渍牢度仪（含试验仪和烘箱）、烧杯（200mL）、评定变色用灰色样卡、评定沾色用灰色样卡等。

2. 染化药品 氯化钠、氯化钾、硫酸钠、氯化铵、尿素(均为化学纯),乳酸(分析纯)。

3. 实验材料 多纤维标准贴衬织物或单纤维标准贴衬织物(表9-9)、待测试样各两块。

三、方法原理

将待测试样与标准贴衬织物缝合成的组合试样在人造唾液中浸渍,并按规定压力、温度、时间处理后,织物上的染料由于受化学药剂、温度等各种因素的影响,发生变(褪)色,同时沾污白色贴衬织物。组合试样经干燥后,用灰色样卡评定原样变色和贴衬织物沾色等级。若原样变色和贴衬织物沾色越严重,表明该试样的耐唾液色牢度(colour fastness to saliva)越差。

四、操作步骤

1. 人造唾液的制备 参照表9-14所示配方配制。

表9-14 人造唾液制备配方

药品名称	用量(g/L)	药品名称	用量(g/L)
乳酸	3.0	氯化钾	0.3
尿素	0.2	硫酸钠	0.3
氯化钠	4.5	氯化铵	0.4

2. 试样准备 参照本项目任务二。

3. 牢度测定

(1)组合试样称重后,按1∶50浴比配制人造唾液。

(2)将组合试样放入人造唾液中,使其完全润湿(必要时可稍加压和搅拌),在室温下放置30min。

(3)取出组合试样,用两根玻璃棒夹去多余的试液,或把组合试样放在试样板上,用另一块试样板刮去过多的试液,并把试样夹放在两块试样板中间(参见本项目任务一测定耐水色牢度操作)。

(4)将带有组合试样的装置放在烘箱中,在规定条件下[温度(37±2)℃,压强12.5kPa]压放4h。

(5)取出组合试样,拆去一条短边外的所有缝线,并展开试样,将其悬挂在温度不超过60℃的空气中干燥。

(6)用灰色样卡评定试样的变色等级和贴衬织物的沾色等级。

五、实验报告(表9-15)

表9-15 实验报告

试样名称 实验结果		
原样变色(级)		
白布沾色(级)		
评　价		

项目五　分析纺织品上的禁用染料

禁用染料主要包括三类,即能分解出有毒芳香胺的染料、直接致癌染料、致敏染料,本项目重点介绍第一类禁用染料的检测方法。

某些偶氮染料具有很大的危害性,在一定条件下,可分解还原出二十多种有毒芳香胺,它们与人体长期接触,并经过活化作用能改变人体的 DNA 结构,引起病变和诱发恶性肿瘤。它除了伤害人体健康外,在生产禁用偶氮染料的过程中还会大量排污,由此造成严重的环境污染。所以,纺织品上的禁用染料尤其应该引起我们的重视。

任务一　定性分析纺织品上的禁用染料

一、任务描述

某企业送检两份纺织品,要求定性分析禁用染料,通过检测,确认被测试样中含有哪种禁用染料成分。

二、实验准备

1.仪器设备　硬质玻璃管状反应器(具密闭塞,约 60mL)、恒温水浴锅、提取柱(内径为 20cm×2.5cm 的玻璃柱或聚丙烯柱)、真空旋转蒸发器、气相色谱仪(配有质量选择检测仪 MSD)、容量瓶(10mL、1000mL、)、烧杯(50mL、250mL)、圆底烧瓶等。

2.染化药品　乙醚、甲醇、柠檬酸、氢氧化钠、连二亚硫酸钠(含量≥85%)、无水亚硫酸钠、24 种已知禁用芳香胺(表 9－16)等(均为分析纯)。

表 9－16　24 种禁用芳香胺

序号	化学名称	CAS 编号	特征离子(amu)
1	4－氨基联苯	92－67－1	169
2	联苯胺	92－87－5	184
3	4－氯邻甲苯胺	95－69－2	141
4	2－萘胺	91－59－8	143
5	邻氨基偶氮甲苯	97－56－3	—
6	5－硝基－邻甲苯胺	99－55－8	—
7	对氯苯胺	106－47－8	127
8	2,4－二氨基苯甲醚	615－05－4	138
9	4,4′－二氨基二苯甲烷	101－77－9	198
10	3,3′－二氯联苯胺	91－94－1	252
11	3,3′－二甲氧基联苯胺	119－90－4	244
12	3,3′－二甲基联苯胺	119－93－7	212

序号	化学名称	CAS 编号	特征离子(amu)
13	3,3′-二甲基-4,4′-二氨基二苯甲烷	838-88-0	226
14	2-甲氧基-5-甲基苯胺	120-71-8	137
15	4,4′-亚甲基-二-(2-氯苯胺)	101-14-4	266
16	4,4′-二氨基二苯醚	101-80-4	200
17	4,4′-二氨基二苯硫醚	139-65-1	216
18	邻甲苯胺	95-53-4	107
19	2,4-二氨基甲苯	95-80-7	122
20	2,4,5-三甲基苯胺	137-17-7	135
21	邻氨基苯甲醚	90-04-0	123
22	4-氨基偶氮苯	60-09-3	
23	2,4-二甲基苯胺	95-68-1	121
24	2,6-二甲基苯胺	87-62-7	121

注 1. 经本方法检测,邻氨基偶氮甲苯分解为邻甲苯胺,5-硝基-邻甲苯胺分解为2,4-二氨基甲苯,4-氨基偶氮苯分解为苯胺和(或)1,4-苯二胺。

2. 苯胺的特征离子为93amu,1,4-苯二胺的特征离子为108amu。

3.实验材料　待测染色织物两块。

4.溶液准备

(1)0.06mol/L柠檬酸盐缓冲溶液(pH=6.0)。取12.526g柠檬酸和6.320g氢氧化钠,溶于水中,定容至1000mL。

(2)200mg/mL连二亚硫酸钠溶液。临用前取干粉状连二亚硫酸钠200g,溶于水中,定容至1000mL,新鲜制备。

(3)1000mg/L芳香胺标准储备溶液。用甲醇或其他合适的溶剂将已知芳香胺标准物质(表9-16)分别配制成1000mg/L的储备溶液,置于棕色瓶中,放入少量无水亚硫酸钠,保存于冰箱冷冻室中,有效期一个月。

(4)20mg/L芳香胺标准工作液。从芳香胺标准储备溶液中吸取0.20mL置于容量瓶中,用甲醇或其他合适的溶剂定容至10mL。现配现用,也可根据需要配制成其他合适的浓度。

三、方法原理

纺织品在柠檬酸盐缓冲溶液介质中用连二亚硫酸钠还原分解以产生可能存在的致癌芳香胺,用适当的液—液分配柱提取溶液中的芳香胺,经浓缩后,再用合适的有机溶剂定容,然后用气相色谱仪(GC/MSD)进行分析。必要时,可选用另一种或多种方法对异构体进行确认。

四、操作步骤

1.试样制备与处理

(1)取有代表性的试样,将其剪成5mm×5mm的碎片,混合均匀后称取1.0g(精确至0.01g)。

（2）将试样置于玻璃管状反应器中,加入 17mL 预热至(70 ±2)℃的柠檬酸盐缓冲溶液,密闭反应器,用力振摇,使所有试样浸没于液体中。

（3）将反应器置于(70 ±2)℃水浴中保温 30min,使所有试样充分润湿。

（4）打开反应器,加入 3.0mL 连二亚硫酸钠溶液,立即密闭并振摇后,继续置于(70 ±2)℃水浴中保温 30min。取出后,在 2min 内冷却至室温。

2. 萃取与浓缩

（1）用玻璃棒挤压反应器中的试样,将反应液全部倒入提取柱内,任其吸附 15min,并用 4 × 20mL 的乙醚分四次洗提反应器的试样,将乙醚洗液淹入提取柱中。

（2）控制流速,收集乙醚提取液于圆底烧瓶中。

（3）将盛有收集液的圆底烧瓶置于真空旋转蒸发器上,在 35℃左右浓缩至近 1mL。

（4）用缓氮气流驱除乙醚溶液,使其浓缩至近干。

3. 气相色谱/质谱定性分析

（1）准确移取 1.0mL 甲醇或其他合适的溶剂,加入已浓缩至近干的圆底烧瓶中,混合均匀,制成试样溶液,静置待用。

（2）分别取 1μL 芳香胺标准工作液与试样溶液注入色谱仪,按下列分析条件操作:

毛细管色谱柱:DB－5MS(30m ×0.25mm ×0.25μm),或相当者。

进样口温度:250℃。

柱温:60℃(1min) $\xrightarrow{12℃/min}$ 210℃ $\xrightarrow{15℃/min}$ 230℃ $\xrightarrow{3℃/min}$ 250℃ $\xrightarrow{25℃/min}$ 280℃。

质谱接口温度:270℃。

质量扫描范围:35 ~350amu。

进样方式:不分流进样。

载气:氦气(≥99.999%),流量为 1.0mL/min。

进样量:1μL。

离化方式:EI。

离化电压:70eV。

溶剂延迟:3.0min。

（3）通过比较试样与标准的保留时间及特征离子进行定性分析。必要时,选用另外一种或多种方法对异构体进行确认。致癌芳香胺标准物 GC/MS 总离子流图见图 9－3。

五、注意事项

（1）连二亚硫酸钠溶液要求新鲜,现配现用。

（2）采用不同的试样前处理方法,其实验结果没有可比性,若采用先经萃取,然后再还原处理的方法,在实验报告中应加以注明。

（3）测试结果取决于所使用的分析仪器,所以应尽可能按规定的分析条件操作,以减少误差。

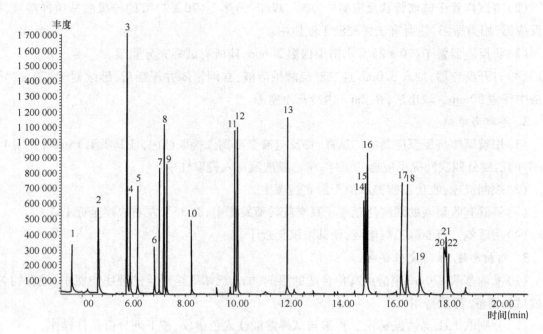

图9-3 致癌芳香胺标准物 GC/MS 总离子流图

1—苯胺 2—邻甲苯胺 3—2,4—二甲基苯胺、2,6—二甲基苯胺 4—邻氨基苯甲醚

5—对氯苯胺 6—1,4—苯二胺 7—2—甲氧基—5—甲基苯胺 8—2,4,5—三甲苯胺

9—4—氯邻甲苯胺 10—2,4—二氨基甲苯 11—2,4—二氨基苯甲醚 12—2—萘胺

13—4—氨基联苯 14—4,4′—二氨基二苯醚 15—联苯胺 16—4,4′—二氨基二苯甲烷

17—3,3′—二甲基—4,4′—二氨基二苯甲烷 18—3,3′—二甲基联苯胺 19—4,4′—二氨基二苯硫醚

20—3,3′—二氯联苯胺 21—4,4′—亚甲基—二—(2—氯苯胺) 22—3,3′—二甲氧基联苯胺

六、实验报告(表9-17)

表9-17 实验报告

实验结果	试样名称		
可能存在的禁用染料成分			

任务二 定量分析纺织品上的禁用染料

一、任务描述

某企业送检两份纺织品,要求定量分析禁用染料及其成分,通过检测,评价被测试样是否满足生态纺织品对禁用染料指标的要求。

二、实验准备

1.仪器设备 硬质玻璃管状反应器(具密闭塞,约60mL)、恒温水浴锅、提取柱(内径为20cm×2.5cm的玻璃柱或聚丙烯柱)、真空旋转蒸发器、高效液相色谱仪(配有二极管阵列检测器)、气相色谱仪(配有质量选择检测器)、容量瓶(10mL、1000mL)、烧杯(50mL、250mL)、圆底烧瓶等。

2. 染化药品 乙醚、甲醇、柠檬酸、氢氧化钠、连二亚硫酸钠（含量≥85%）、无水亚硫酸钠、磷酸二氢铵、磷酸氢二钠、24 种已知芳香胺（表 9 – 16）、萘 – D8、蒽 – D10、2,4,5 – 三氯苯胺等（均为分析纯）。

3. 实验材料 待测染色织物两块。

4. 溶液制备 0.06mol/L 柠檬酸—盐缓冲溶液（pH = 6.0）、200mg/mL 连二亚硫酸钠溶液、1000mg/L 芳香胺标准储备溶液、20mg/L 芳香胺标准工作液的制备参照本项目任务一。

（1）10μg/mL 混合内标溶液。用合适的溶剂将内标化合物萘 – D8、2,4,5 – 三氯苯胺、蒽 – D10 配制成浓度约为 10μg/mL 的混合溶液。

（2）10μg/mL 混合标准工作液。用混合内标溶液将已知芳香胺标准物质（表 9 – 16）分别配制成 10μg/mL 的混合标准工作液。现配现用，也可根据需要配制成其他浓度。

三、方法原理

纺织品在柠檬酸—盐缓冲溶液介质中用连二亚硫酸钠还原分解以产生可能存在的致癌芳香胺，用适当的液—液分配柱提取溶液中的芳香胺，经浓缩后，再用合适的有机溶剂定容，用配有质量选择检测器的气相色谱仪（GC/MSD）进行测定。必要时，选用另一种或多种方法对异构体进行确认，用配有二极管阵列检测器的高效液相色谱仪（HPLC/DAD）或气相色谱/质谱仪进行定量分析。

四、操作步骤

试样制备与处理、萃取与浓缩参照本项目任务一。

1. 定量分析

（1）HPLC/DAD 定量分析法。

①准确移取 1.0mL 甲醇或其他合适的溶剂，加入已浓缩至近干的圆底烧瓶中，混合均匀，制成试样溶液，静置待用。

②分别取 1μL 芳香胺标准工作液与试样溶液注入色谱仪，按下列分析条件操作：

色谱柱：ODS C_{18}（250mm × 4.6mm × 5μm），或相当者。

流量：0.8 ~ 1.0mL/min。

柱温：40℃。

进样量：10μL。

检测器：二极管阵列检测器（DAD）。

检测波长：240nm、280nm、305nm。

流动相 A：甲醇。

流动相 B：0.575g 磷酸二氢铵 + 0.7g 磷酸氢二钠，溶于 1000mL 蒸馏水中，pH = 6.9。

梯度：起始时用 15% 流动相 A 和 85% 流动相 B，然后在 45min 内成线性地转变为 80% 流动相 A 和 20% 流动相 B，保持 5min。

③外标法定量：致癌芳香胺标准物 HPLC 色谱图见图 9 – 4。

（2）GC/MSD 定量分析法。

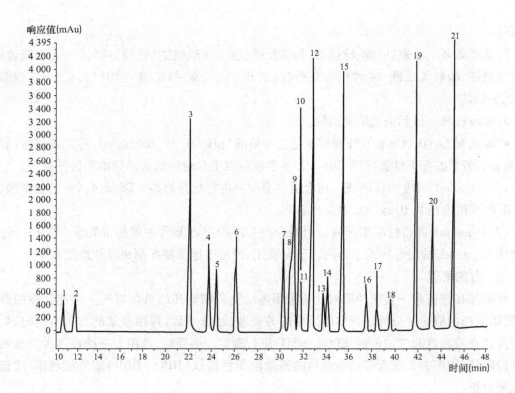

图9-4 致癌芳香胺标准物 HPLC 色谱图

1—2,4-二氨基苯甲醚 2—2,4-二氨基甲苯 3—联苯胺 4—4,4′-二氨基二苯醚

5—邻氨基苯甲醚 6—邻甲苯胺 7—4,4′-二氨基二苯甲烷 8—对氯苯胺

9—3,3′-二甲氧基联苯胺 10—3,3′-二甲基联苯胺 11—2-甲氧基-5-甲基苯胺

12—4,4′-二氨基二苯硫醚 13—2,6-二甲基苯胺 14—2,4-二甲基苯胺 15—2-萘胺

16—4-氯邻甲苯胺 17—3,3′-二甲基-4,4′-二氨基二苯甲烷 18—2,4,5-三甲基苯胺

19—4-氨基联苯 20—3,3′-二氯联苯胺 21—4,4′-亚甲基-二-(2-氯苯胺)

①准确移取 1.0mL 混合内标溶液,加入已浓缩至近干的圆底烧瓶中,混合均匀,制成试样溶液,静置待用。

②分别取 1μL 混合标准工作液与试样溶液注入色谱仪,按本项目任务一纺织品上禁用染料的定性分析中气相色谱/质谱定性分析条件操作。

③选择离子方式进行定量,内标定量分组见表 9-18。

2. 结果计算

(1)外标法。

$$X_i = \frac{A_i \times C_i \times V}{A_{is} \times m}$$

式中:X_i 为试样中分解出芳香胺 i 的含量(mg/kg);A_i 为样液中芳香胺 i 的峰面积(或峰高);c_i 为标准工作溶液中芳香胺 i 的浓度(mg/L);V 为样液最终体积(mL);A_{is} 为标准工作液中芳香胺 i 的峰面积(或峰高);m 为试样量(g)。

表 9 – 18　内标定量分组

序号	化学名称	所用内标	序号	化学名称	所用内标
1	邻甲苯胺		12	4 – 氨基联苯	
2	2,4 – 二甲基苯胺		13	4,4′ – 二氨基二苯醚	
3	2,6 – 二甲基苯胺		14	联苯胺	
4	邻氨基苯甲醚		15	4,4′ – 二氨基二苯甲烷	
5	对氯苯胺	萘 – D8	16	3,3′ – 二甲基 – 4,4′ – 二氨基二苯甲烷	蒽 – D10
6	2,4,5 – 三甲基苯胺				
7	2 – 甲氧基 – 5 – 甲基苯胺		17	3,3′ – 二甲基联苯胺	
8	4 – 氯邻甲苯胺		18	4,4′ – 二氨基二苯硫醚	
9	2,4 – 二氨基甲苯		19	3,3′ – 二氯联苯胺	
10	2,4 – 二氨基苯甲醚	2,4,5 – 三氯苯胺	20	3,3′ – 二甲氧基联苯胺	
11	2 – 萘胺		21	4,4′ – 亚甲基 – 二 – (2 – 氯苯胺)	

（2）内标法。

$$X_i = \frac{A_i \times C_i \times V \times A_{iSC}}{A_{iS} \times m \times A_{iSS}}$$

式中：X_i 为试样中分解出芳香胺 i 的含量（mg/kg）；A_i 为样液中芳香胺 i 的峰面积（或峰高）；c_i 为标准工作溶液中芳香胺 i 的浓度（mg/L）；V 为样液最终体积（mL）；A_{iSC} 为标准工作液中内标的峰面积；A_{iS} 为标准工作液中芳香胺 i 的峰面积（或峰高）；m 为试样量（g）；A_{iSS} 为样液中内标的峰面积。

（3）结果表示。分别表示各种芳香胺的检测结果，计算结果表示到个位数，若检测结果低于 5mg/kg 时，结果表示为"未检出"。

五、注意事项

（1）连二亚硫酸钠溶液要求新鲜，现配现用。

（2）采用不同的试样前处理方法，其实验结果没有可比性，若采用先经萃取，然后再还原处理的方法，在试验报告中应加以注明。

（3）分析仪器对测试结果的影响较大，应尽可能按规定的分析条件操作，以减少误差。

六、实验报告（表 9 – 19）

表 9 – 19　实验报告

实验结果　　　　　试样名称		
禁用染料成分及含量（mg/kg）		

☞ **复习指导**

1. 了解生态纺织品的基本概念及相关法规与技术标准。

2. 掌握生态纺织品基本安全技术要求与适用范围。

3. 学会生态纺织品重要指标,如 pH、甲醛、重金属、染色牢度及禁用偶氮染料的检测方法、操作规范与评价标准。

4. 熟悉各类大型分析仪器的用途与基本操作。

☞ 思考题

1. 影响纺织品 pH 测定结果准确性的主要因素有哪些?

2. 水萃取法和蒸汽吸收法测定纺织品上的甲醛含量分别模拟何种应用环境? 测定结果分别与哪些因素有关?

3. 纺织品上金属铬和铜含量的测定方法分别有哪几种? 请比较它们的基本原理。

4. 分析耐摩擦色牢度的影响因素。

5. 禁用偶氮染料检测的基本原理是什么? 哪些因素会影响分析结果?

参考文献

[1] 全国纺织品标准化技术委员会基础标准分会. GB/T 7573—2009 纺织品 水萃取液 pH 的测定[S]. 北京:中国标准出版社,2010.

[2] 蔡苏英. 半制品 pH 的测定[J]. 印染,2013(7):39-42.

[3] 全国纺织品标准化技术委员会基础标准分会. GB/T 2912.1—2009 纺织品 甲醛的测定 第1部分:游离和水解的甲醛(水萃取法)[S]. 北京:中国标准出版社,2010.

[4] 全国纺织品标准化技术委员会基础标准分会. GB/T 2912.2—2009 纺织品 甲醛的测定 第2部分:释放的甲醛(蒸汽吸收法)[S]. 北京:中国标准出版社,2010.

[5] 全国纺织品标准化技术委员会基础标准分会. GB/T 17593.1—2006 纺织品 重金属的测定 第1部分:原子吸收分光光度法[S]. 北京:中国标准出版社,2006.

[6] 全国纺织品标准化技术委员会基础标准分会. GB/T 17593.3—2006 纺织品 重金属的测定 第3部分:六价铬 分光光度法[S]. 北京:中国标准出版社,2006.

[7] 全国纺织品标准化技术委员会基础标准分会. GB/T 5713—2013 纺织品 色牢度试验 耐水色牢度[S]. 北京:中国标准出版社,2014.

[8] 全国纺织品标准化技术委员会基础标准分会. GB/T 3920—2008 纺织品 色牢度试验 耐摩擦色牢度[S]. 北京:中国标准出版社,2009.

[9] 全国纺织品标准化技术委员会基础标准分会. GB/T 3922—2013 纺织品 色牢度试验 耐汗渍色牢度[S]. 北京:中国标准出版社,2014.

[10] 全国纺织品标准化技术委员会基础标准分会. GB/T 18886—2002 纺织品 色牢度试验 耐唾液色牢度[S]. 北京:中国标准出版社,2003.

[11] 全国纺织品标准化技术委员会基础标准分会. GB/T 17592—2011 纺织品 禁用偶氮染料的测定[S]. 北京:中国标准出版社,2012.

模块十 印染车间快速测定

为了加强印染产品质量控制,生产车间需要对各道工序的工作液、在制品或半制品等进行实时监控,传统试化验分析方法虽然操作规范、结果可靠,但测试效率较低,不适用于生产现场及未经专业训练的操作工人。在日常生产中,为了有效控制产品质量,需要快速测定,保证在第一时间掌握工艺参数,采取积极有效的措施,以减少不必要的损失。

项目一 快速测定前处理工作液的浓度

任务一 测定烧碱的浓度

一、任务描述

某印染企业购回一批工业烧碱,用于前处理丝光等加工。请对这批烧碱进行浓度检测,同时对练漂车间退煮和丝光工作液烧碱浓度进行快速测定,确认其是否满足工艺要求。

二、实验准备

1. 仪器设备 滴定架、滴定管(50mL)、容量瓶(500mL)、锥形瓶(250mL)、量筒(100mL)、移液管(5mL、10mL)、单标移液管(5mL、25mL)。

2. 染化药品 酚酞指示剂、98%硫酸(均为分析纯),烧碱(工业品)。

3. 溶液准备 $c\left(\dfrac{1}{2}H_2SO_4\right) = 0.125\,mol/L$ 硫酸标准溶液、$c\left(\dfrac{1}{2}H_2SO_4\right) = 1.25\,mol/L$ 硫酸标准溶液、1%酚酞指示剂、待测烧碱及其工作液。

三、方法原理

用标准硫酸溶液测定未知烧碱的浓度时,用酚酞作指示剂,烧碱与硫酸发生中和反应,待测液碱性逐渐降低,酚酞由碱性下的粉红色渐变为无色,粉红色刚消失即为终点。

四、操作步骤

1. 工业品烧碱浓度的常规测定

(1)用单标移液管准确吸取工业品烧碱溶液25mL,置于500mL容量瓶中,用蒸馏水稀释至刻度,摇匀待用。

(2)用单标移液管准确吸取5mL上述稀释液于250mL锥形瓶中,加入蒸馏水50~100mL、1%酚酞指示剂2~3滴,摇匀待测。

(3)用 $c\left(\dfrac{1}{2}H_2SO_4\right) = 0.125\,mol/L$ 硫酸标准溶液滴定,最后一滴硫酸标准溶液滴入粉红色

消失即为终点,记录所耗用的硫酸标准溶液的体积(mL)。平行测定三次,取平均值。

(4)用下式计算烧碱的浓度(g/L):

$$c_{NaOH} = \frac{c_{H_2SO_4} \times V_{H_2SO_4} \times 40}{V_{NaOH} \times \frac{25}{500}} = 20 \times V_{H_2SO_4}$$

2. 车间退煮工作液烧碱浓度的快速测定 吸取退煮工作液 5mL,用 $c\left(\frac{1}{2}H_2SO_4\right)=$ 0.125mol/L 硫酸标准溶液,蒸馏水、指示剂的添加及滴定操作参照上述常规测定方法。所耗用的硫酸标准溶液的体积(mL)即为退煮工作液中烧碱的质量浓度(g/L)。

3. 丝光工作液烧碱浓度的快速测定 吸取丝光工作液5mL,用 $c\left(\frac{1}{2}H_2SO_4\right)=1.25mol/L$ 硫酸标准溶液,蒸馏水、指示剂的添加及滴定操作参照上述常规测定方法。所耗用的硫酸标准溶液体积(mL)的 10 倍即为丝光工作液中烧碱的质量浓度(g/L)。

五、注意事项

(1)快近终点时需用蒸馏水冲洗锥形瓶瓶壁,最后一滴硫酸标准溶液滴下后,粉红色消失即为终点。

(2)常规测定时,平行试验三次的相对误差不能超过1%,必要时多测几次,取有效数计算平均值。快速测定时,一般滴定一次,必要时可再重复滴定一次。

六、实验报告(表10 −1)

表10 −1 实验报告

试样编号 实验结果	工业品烧碱			退煮工作液			丝光工作液		
	1#	2#	3#	1#	2#	3#	1#	2#	3#
实际耗用 H_2SO_4 量(mL)									
平均耗用 H_2SO_4 量(mL)									
NaOH 质量浓度(g/L)									
是否满足工艺要求									

任务二 测定双氧水的浓度

一、任务描述

某印染企业购回一批工业双氧水,用于前处理氧漂加工。请对这批双氧水进行浓度检测,同时对练漂车间氧漂工作液双氧水浓度进行快速测定,确认其是否满足工艺要求。

二、实验准备

1. 仪器设备 滴定架、滴定管(50mL)、容量瓶(500mL)、锥形瓶(250mL)、碘量瓶(250mL)、量筒(100mL)、移液管(5mL、10mL)、单标移液管(5mL、10mL)。

2. 染化药品 高锰酸钾、98%硫酸、酚酞指示剂(均为分析纯),双氧水(工业品)。

3. 溶液准备

(1) $c\left(\frac{1}{5}KMnO_4\right) = 0.1mol/L$ 高锰酸钾标准溶液。精确称取高锰酸钾 3.161g,用煮沸过冷的蒸馏水溶解,转入 1L 容量瓶中,加蒸馏水至刻度,摇匀转入带磨口瓶塞的棕色瓶中,放在暗处静置。

(2) $c\left(\frac{1}{5}KMnO_4\right) = 0.294mol/L$ 高锰酸钾标准溶液。精确称取高锰酸钾 9.293g,用煮沸过冷的蒸馏水溶解,转入 1L 容量瓶中,加蒸馏水至刻度,摇匀转入带磨口瓶塞的棕色瓶中,放在暗处静置。

(3) $c\left(\frac{1}{2}H_2SO_4\right) = 6mol/L$ 硫酸标准溶液、1% 酚酞指示剂、待测双氧水及其工作液。

三、方法原理

双氧水是氧化剂,在一定条件下转化为还原剂,例如在酸性介质中可以把高锰酸钾还原成二价的锰,其反应式如下:

$$2KMnO_4 + 5H_2O_2 + 3H_2SO_4 = 2MnSO_4 + K_2SO_4 + 8H_2O + 5O_2$$

四、操作步骤

1. 工业品双氧水浓度的常规测定

(1) 用单标移液管准确吸取工业品双氧水溶液 10mL,置于 500mL 容量瓶中,用蒸馏水稀释至刻度,摇匀待用。

(2) 用单标移液管准确吸取 5mL 上述稀释液于 250mL 锥形瓶中,加入蒸馏水 100mL、$c\left(\frac{1}{2}H_2SO_4\right) = 6mol/L$ 硫酸标准溶液 5mL,摇匀待测。

(3) 用 $c\left(\frac{1}{5}KMnO_4\right) = 0.1mol/L$ 高锰酸钾标准溶液滴定,当溶液变为微红色,并几秒钟内不消失即为终点,记录所耗用的高锰酸钾标准溶液的体积(mL)。平行测试三次,取平均值。

(4) 用下列公式计算双氧水的浓度(g/L)。

$$c_{H_2O_2} = \frac{c_{KMnO_4} \times V_{KMnO_4}}{V_{H_2O_2} \times \frac{10}{500}} \times 17.01 = 17.01 \times V_{KMnO_4}$$

2. 氧漂工作液双氧水浓度的快速测定　吸取氧漂工作液 5mL,用 $c\left(\frac{1}{5}KMnO_4\right) = 0.294mol/L$ 高锰酸钾标准溶液,蒸馏水、指示剂的添加及滴定操作参照上述常规测定方法。所耗用的高锰酸钾标准溶液的体积(mL)即为氧漂工作液中双氧水的质量浓度(g/L)。

五、注意事项

(1) 最后一滴高锰酸钾标准溶液滴下后,几秒钟内微红色不消失即为终点。

(2) 常规测定时,平行测试三次的相对误差不能超过 1%,必要时多测几次,取有效数计算平均值。快速测定时,一般滴定一次,必要时可再重复滴定一次。

（3）必要时还可选用双氧水检测试纸（又称过氧化氢检测试纸）测定残液中双氧水的浓度。

六、实验报告(表10-2)

表10-2 实验报告

试样编号　　　实验结果	工业品双氧水			氧漂工作液		
	1#	2#	3#	1#	2#	3#
实际耗用 KMnO$_4$ 量(mL)						
平均耗用 KMnO$_4$ 量(mL)						
H$_2$O$_2$ 质量浓度(g/L)						
是否满足工艺要求						

任务三 测定次氯酸钠的有效氯浓度

一、任务描述

某印染企业购回一批工业次氯酸钠,用于前处理氯漂加工。请对这批次氯酸钠进行有效氯浓度检测,同时对练漂车间氯漂工作液进行有效氯浓度快速测定,确认其是否满足工艺要求。

二、实验准备

1. 仪器设备 滴定架、滴定管(50mL)、容量瓶(500mL)、锥形瓶(250mL)、碘量瓶(250mL)、量筒(100mL)、移液管(5mL、10mL)、单标移液管(10mL、25mL)。

2. 染化药品 硫代硫酸钠、碘化钾、冰醋酸、淀粉指示剂(均为分析纯),次氯酸钠(工业品)。

3. 溶液准备

（1）0.141mol/L硫代硫酸钠标准溶液。精确称取34.996g硫代硫酸钠,溶解于1L新煮沸并冷却的、加有0.1g无水碳酸钠的蒸馏水中,搅拌溶解后摇匀,移入带瓶塞的棕色大瓶中保存,瓶口盖紧。

（2）6mol/L醋酸标准溶液。精确量取冰醋酸360mL,用蒸馏水稀释至1L,摇匀,转入带瓶塞的棕色瓶中。

（3）0.1mol/L硫代硫酸钠标准溶液、10%碘化钾溶液、0.5%淀粉指示剂、待测次氯酸钠及其工作液。

三、方法原理

次氯酸钠是强氧化剂,能在酸性条件下将碘化钾氧化成碘,碘在酸性条件下又能被硫代硫酸钠还原,其反应式如下:

$$NaClO + 2KI + H_2SO_4 == NaCl + K_2SO_4 + I_2 + H_2O$$

$$I_2 + 2Na_2S_2O_3 == 2NaI + Na_2S_4O_6$$

碘遇淀粉变蓝色,蓝色消失表示溶液中的碘全部被硫代硫酸钠还原,因此蓝色刚消失即达终点,从而计算出次氯酸钠液的有效氯含量。

四、操作步骤

1. 工业品次氯酸钠有效氯浓度的常规测定

（1）用单标移液管准确吸取工业品次氯酸钠溶液10mL，置于500mL容量瓶中，用蒸馏水稀释至刻度，摇匀待用。

（2）用单标移液管准确吸取25mL，上述稀释液于250mL锥形瓶中，加入蒸馏水50mL、10%碘化钾溶液20mL、6mol/L醋酸标准溶液15mL，在阴暗处放置5min。

（3）用0.1mol/L硫代硫酸钠标准溶液滴定析出的碘，当溶液变为微黄色时，加入0.5%淀粉指示剂2～3mL，试液变蓝，继续滴定至蓝色褪去，若半分钟内不再呈现蓝色即为终点，记录所耗用的硫代硫酸钠标准溶液的体积（mL）。平行测试三次，取平均值。

（4）用下式计算次氯酸钠的有效氯浓度（g/L）。

$$有效氯浓度 = \frac{c_{Na_2S_2O_3} \times V_{Na_2S_2O_3} \times 35.5}{V_{NaClO} \times \frac{10}{500}} = 7.1 \times V_{Na_2S_2O_3}$$

2. 氯漂工作液有效氯浓度的快速测定　吸取氯漂工作液5mL，用0.141mol/L硫代硫酸钠标准溶液，蒸馏水、碘化钾溶液、醋酸溶液的添加及滴定操作参照上述常规测定方法。所耗用的硫代硫酸钠标准溶液的体积（mL）即为氯漂工作液有效氯的质量浓度（g/L）。

五、注意事项

（1）注意最后一滴硫代硫酸钠标准溶液滴下后，蓝色消失的终点判断。

（2）常规测定时，平行测试三次，相对误差不超过1%，必要时多测几次，取有效数计算平均值。快速测定时，一般滴定一次，必要时可再重复滴定一次。

六、实验报告（表10－3）

表10－3　实验报告

试样编号 实验结果	工业品次氯酸钠			氯漂工作液		
	1#	2#	3#	1#	2#	3#
实际耗用 Na$_2$S$_2$O$_3$ 量（mL）						
平均耗用 Na$_2$S$_2$O$_3$ 量（mL）						
有效氯质量浓度（g/L）						
是否满足工艺要求						

项目二　快速测定染色工作液的浓度

任务一　测定游离碱的浓度

一、任务描述

请对某印染企业染色车间的还原染料还原液高位槽和浸轧槽工作液分别进行游离碱浓度

检测,确认其是否满足工艺要求。

二、实验准备

1.仪器设备 滴定架、滴定管(50mL)、容量瓶(500mL)、锥形瓶(250mL)、电子天平(1/1000)、量筒(100mL)、移液管(10mL)、单标移液管(10mL)。

2.染化药品 酚酞指示剂、98%硫酸(均为分析纯),中性酒精(工业品)。

3.溶液准备 $c(\frac{1}{2}H_2SO_4) = 0.25$ mol/L 硫酸标准溶液、1% 酚酞指示剂、待测工作液。

三、方法原理

用标准硫酸溶液测定未知烧碱的浓度时,用酚酞作指示剂,烧碱与硫酸发生中和反应,待测液碱性逐渐降低,酚酞由碱性下的粉红色渐变为无色,粉红色刚好消失即为终点。

四、操作步骤

(1)用单标移液管准确吸取还原液 10mL,注入事先干燥的锥形瓶中。

(2)加入 100mL 酒精,1% 酚酞指示剂 2~3 滴,摇匀待测。

(3)用 $c(\frac{1}{2}H_2SO_4) = 0.25$ mol/L 硫酸(或盐酸)标准溶液滴定至红色消失为止,所耗用的硫酸标准溶液的体积(mL)即为还原液中游离碱的质量浓度(g/L)。

五、注意事项

(1)临近终点时需用蒸馏水冲洗锥形瓶壁,最后一滴硫酸滴下后,粉红色刚好消失即为终点。

(2)必要时可重复滴定一次。

六、实验报告(表10-4)

表10-4 实验报告

试样编号 / 实验结果	高位槽工作液			浸轧槽工作液		
	1#	2#	3#	1#	2#	3#
实际耗用 H_2SO_4 量(mL)						
平均耗用 H_2SO_4 量(mL)						
游离碱质量浓度(g/L)						
是否满足工艺要求						

任务二 测定保险粉的浓度

一、任务描述

请对某印染企业染色车间的还原染料还原液高位槽和浸轧槽工作液分别进行保险粉浓度检测,确认其是否满足工艺要求。

二、实验准备

1. 仪器设备　玻璃漏斗、滴定架、容量瓶(100mL)、移液管(10mL)、锥形瓶(250mL)。

2. 染化药品　甲醛、氯化钡、醋酸、碘、碘化钾、淀粉指示剂(均为分析纯)。

3. 溶液准备

(1) $c(\frac{1}{2}I_2) = 0.115$mol/L 碘标准溶液的制备。精确称取碘 14.597g,另取一只烧杯,用 50mL 蒸馏水溶解碘化钾 43.791g 制成浓溶液,将碘加入碘化钾溶液中,小心搅拌使碘完全溶解(烧杯壁上没有细小的颗粒),然后移入 1L 容量瓶中,用水稀释至刻度,摇匀。

(2) 37%甲醛溶液、20%氯化钡溶液、$c(HAc) = 6$mol/L 醋酸溶液、0.5%淀粉指示剂、待测工作液。

三、方法原理

先用甲醛将性质不稳定、易分解、难以滴定的保险粉转化为性质较稳定、便于滴定的次硫酸氢钠甲醛,去除还原染料及其隐色体的干扰后用碘标准溶液滴定。主要化学反应如下:

$$Na_2S_2O_4 + 2CH_2O + H_2O = NaHSO_3 \cdot CH_2O + NaHSO_2 \cdot CH_2O$$

$$NaHSO_2 \cdot CH_2O + 2I_2 + 2H_2O = NaHSO_4 + 4HI + CH_2O$$

四、操作步骤

(1) 在 100mL 容量瓶中,加入 37%甲醛溶液 10mL 和染液 50mL。

(2) 放置 10min 后加入 20%的氯化钡溶液 20mL 和 6mol/L 醋酸溶液 10mL,混合后加水至刻度。

(3) 静置 20min 左右,待染料沉淀后,吸取 10mL 上层澄清液,置于 250mL 锥形瓶中,加入 0.5%淀粉指示剂 2~3mL,用 $c(\frac{1}{2}I_2) = 0.115$mol/L 碘标准溶液滴定,滴定至蓝色出现即为终点。所耗用的碘标准溶液的体积(mL)即为保险粉的质量浓度(g/L)。计算公式如下:

$$保险粉质量浓度(g/L) = \frac{c_1 \times V_1 \times \frac{174.1}{4 \times 1000}}{V_2 \times \frac{50}{100}} \times 1000 = \frac{0.115 \times V_1 \times 174.1}{5 \times 4} = V_1$$

式中:c_1 为碘标准溶液浓度(mol/L);V_1 为所耗用的碘标准溶液的体积(mL);V_2 为吸取的稀释后的还原液体积(mL)或沉淀后的染液上层澄清液体积(mL)。

五、注意事项

(1) 用碘标准溶液滴定至蓝色出现后,应保持振荡数秒钟,若蓝色消失应继续滴定,直至蓝色出现且不消失为止。

(2) 待测工作液应随取随测,不宜在空气中放置太久,以免保险粉分解而影响测定结果。

(3) 测定高位槽还原液中的保险粉浓度时,可省略加氯化钡溶液静置沉淀染料步骤,而直接测定保险粉浓度即可。

六、实验报告(表10-5)

表10-5　实验报告

实验结果　＼　试样编号	高位槽工作液			浸轧槽工作液		
	1#	2#	3#	1#	2#	3#
实际耗用碘溶液量(mL)						
平均耗用碘溶液量(mL)						
保险粉质量浓度(g/L)						
是否满足工艺要求						

项目三　快速测定生产现场的前处理半制品

任务一　综合测评半制品的质量

一、任务描述

某印染企业练漂车间生产两个批号的棉布,其中一个用于活性染料染色,另一个用于涂料印花。请分别对其进行半制品质量综合评价,确认其是否满足后序加工的要求。

二、实验准备

1.仪器设备　直径大于10cm的圆形绷架、钢板尺或钢卷尺、圆珠笔。

2.染化药品　碘指示剂(分析纯)。

3.实验材料　待测半制品两块。

四、操作步骤

(1)拉出待测半制品布头,取中间部位,且离布头5cm处,向内侧置放绷架,将布向四周拉平绷紧。

(2)左手托平绷架,右手把吸满指示剂的滴管尖嘴口抬高到离绷架布面中心10cm的高度。

(3)以每秒钟1滴的速度连续滴10滴指示剂,观察20s左右,立即用圆珠笔沿经纬向水圈边缘做标记。

(4)量取并纪录水圈经向直径(cm),逐一评价下列指标:

①毛效。水圈直径4cm为及格、5cm为良好、6cm为优秀。

②退浆效果。观察滴液扩散边缘颜色变化情况,呈淡黄色(或水色)为好、轻微泛淡青色(或淡粉红色)为较好、呈青色(或浅粉红色)为一般、呈蓝色(或红色)为较差、呈藏青色(或红色)为差。

③蜡质情况。观察滴液整体扩散状况,经向呈白色拒水线点状为蜡丝,布面呈不规则白色拒水块状为蜡斑。

五、注意事项

(1)待测半制品一定要绷紧、绷平,保证四周受力均匀。

(2)本实验方法仅适用于布面上以淀粉浆为主的织物。

六、实验报告(表10-6)

表10-6　实验报告

试样编号 实验结果	1#	2#
水圈经向直径(cm)		
滴液扩散边缘颜色		
滴液整体扩散情况		
综合评价		
是否达到半制品质量要求		

任务二　快速测定半制品的布面 pH

一、任务描述

某印染企业练漂车间有两个批号的棉织物半制品,请分别检测其布面 pH,然后判断哪个更适用于活性染料印花,哪个更适用于涂料印花。

二、实验准备

1. 仪器设备　容量瓶(1000mL)、烧杯(250mL)、量筒(100mL)、移液管(10mL)、pH 对色板(1~14)。

2. 染化药品　酚酞、溴代麝香草酚酞、麝香草酚酞、甲基红、氢氧化钠(均为分析纯),工业酒精(70%~80%)。

3. 实验材料　待测半制品两块。

4. 溶液准备

(1)万能指示剂。按表10-7配方分别称取药品,置于烧杯中用酒精溶解。加入 0.1mol/L NaOH 溶液,使溶液刚变绿色即可。将溶液移于棕色玻璃瓶中备用。

表10-7　万能指示剂的制备配方

药品名称	酚酞	溴代麝香草酚酞	麝香草酚酞	甲基红
用量(g/L)	1.3	0.9	0.2	0.4

(2)0.1mol/L 氢氧化钠溶液。

四、操作步骤

(1)拉出待测半制品布头,取中间部位,且离布头 5cm 处。

(2)取 1~2 滴万能指示剂,从 2cm 高处滴在待测半制品上,15s 后用 pH 对色板(1~14)对色。

颜色:深红　红　橙　黄　绿　青　蓝　紫　深紫

pH：1~3　4　5　6　7　8　9　10　11~14

（3）分别观察渗圈中间和外缘的颜色，渗圈中间的颜色表示织物表面的 pH，渗圈最外缘的颜色一般较深，表示织物内部的 pH，此处 pH 与织物萃取液的 pH 接近。

（4）用"$x \rightarrow y$"记录 pH，其中 x 为织物表面的 pH，y 为织物内部的 pH。pH 应控制在 6~8 范围内，超出此范围为不合格。

五、注意事项

（1）一般每一个批号出第一箱布时必须测定，对于大批量的加工单，由轮班主任根据具体情况确定测定次数。

（2）滴液后应及时观察与记录现象。

六、实验报告（表 10-8）

表 10-8　实验报告

实验结果　　试样编号	1#	2#
渗圈中间的颜色		
渗圈外缘的颜色		
半制品 pH		
评价		

☞ 复习指导

1. 了解各类工作液快速测定的基本原理。

2. 掌握生产现场常见工作液及半制品快速测定的操作规范。

3. 能综合运用所学知识和掌握的技能分析测试结果的影响因素，提出改进措施。

☞ 思考题

1. 请分析烧碱、双氧水、保险粉等的常规测定与快速测定方法有何联系和区别。

2. 如何保证车间工作液快速测定结果的准确性？

3. 前处理半制品生产现场快速测定方法有何特点？能否替代常规的半制品质量考核？

参考文献

[1]上海印染工业行业协会，《印染手册》（第二版）编修委员会. 印染手册[M].2 版. 北京：中国纺织出版社，2003.

[2]孙国瑞，钱进南. 生产中织物 pH 快速测定与控制方法[J].印染，2007(7):29-30.

附录

附录一　常用市售酸、碱浓度对照表

试剂名称	相对密度	质量分数(%)	物质的量浓度(mol/L)
浓硫酸	1.84	95~96	18
浓盐酸	1.19	36~38	12
浓硝酸	1.4	65	14
浓磷酸	1.7	85	15
冰醋酸	1.05	99~100	17.5
浓氢氧化钠	1.36	33	11
浓氨水	0.88	35	18

附录二　常用稀酸和稀碱溶液的配制

名　称	浓度(mol/L)	配制方法
盐酸 HCl	3	将258mL 12mol/L浓盐酸(36% HCl)用水稀释至1L
硝酸 HNO_3	3	将195mL 15mol/L浓硝酸(69% HNO_3)用水稀释至1L
硫酸 H_2SO_4	3	将168mL 18mol/L(95% H_2SO_4)缓慢加入约700mL水中,然后用水稀释至1L
醋酸 HAc	3	将172mL 17.5mol/L浓醋酸(99~100% HAc)用水稀释至1L
磷酸 H_3PO_4	3	将205mL 15mol/L浓磷酸(85% H_3PO_4)用水稀释至1L
氢氧化钠 NaOH	3	溶解126g氢氧化钠(95% NaOH)于水中,用水稀释至1L
氢氧化钙 $Ca(OH)_2$	0.02	即石灰水,是氢氧化钙的饱和溶液(20℃左右),每升含$Ca(OH)_2$1.5g。用稍过量的氢氧化钙配制,滤掉其中的碳酸钙,并保护溶液不受空气中的二氧化碳的影响
氢氧化钡 $Ba(OH)_2$	0.2	是氢氧化钡的饱和溶液,每升含$Ba(OH)_2 \cdot 8H_2O$ 63g。用稍过量的氢氧化钡配制,滤掉碳酸钡,并保护溶液不受空气中的二氧化碳的影响
氢氧化钾 KOH	3	溶解176g(95%氢氧化钾)于水中,稀释至1L
氨水 $NH_3 \cdot H_2O$	3	将209mL浓氨水(14.3mol/L,27% NH_3)用水稀释至1L

附录三 常用酸、碱溶液浓度对照表

一、盐酸

波美度(°Bé)	质量分数(%)	质量浓度(g/L)	波美度(°Bé)	质量分数(%)	质量浓度(g/L)
0.5	1	10.03	14.2	22	243.8
1.2	2	20.15	15.4	24	268.5
2.6	4	40.72	16.6	26	293.5
3.9	6	61.67	17.7	28	319.0
5.3	8	83.01	18.8	30	344.3
6.6	10	104.7	19.9	32	371.0
7.9	12	126.9	21.0	34	397.5
9.2	14	149.5	22.0	36	424.4
10.1	16	172.4	23.0	38	451.6
11.7	18	195.8	24.0	40	479.2
12.9	20	219.6			

二、硫酸

波美度(°Bé)	质量分数(%)	质量浓度(g/L)	波美度(°Bé)	质量分数(%)	质量浓度(g/L)
1	1.15	11	15	16.49	185
2	2.20	22	16	17.66	199
3	3.34	34	17	18.82	213
4	4.39	45	18	19.94	227
5	5.54	57	19	21.16	243
6	6.67	71	20	22.45	261
7	7.72	82	21	23.60	277
8	8.77	93	22	24.76	292
9	9.78	105	23	26.04	310
10	10.90	117	24	27.32	328
11	12.07	130	25	28.58	346
12	13.13	144	26	29.84	364
13	14.35	158	27	31.23	384
14	15.48	169	28	32.40	402

波美度（°Bé）	质量分数（%）	质量浓度（g/L）	波美度（°Bé）	质量分数（%）	质量浓度（g/L）
29	33.66	420	50	62.53	957
30	34.91	441	51	63.99	990
31	38.17	460	52	65.36	1021
32	37.45	481	53	66.71	1054
33	38.85	504	54	68.28	1091
34	40.12	523	55	69.89	1128
35	41.50	548	56	71.57	1170
36	42.93	572	57	73.02	1207
37	44.28	596	58	74.66	1248
38	45.61	619	59	76.44	1293
39	46.94	643	60	78.04	1334
40	48.36	669	61	80.02	1387
41	49.85	697	62	81.86	1435
42	51.15	721	63	83.90	1489
43	52.51	747	64	86.30	1549
44	53.91	775	65	90.05	1639
45	55.35	804	65.2	90.80	1656
46	56.75	833	65.4	91.70	1676
47	58.13	862	65.6	92.75	1700
48	59.54	893	65.8	94.60	1739
49	61.12	926	66	97.70	1799

三、氢氧化钠

波美度（°Bé）	质量分数（%）	质量浓度（g/L）	波美度（°Bé）	质量分数（%）	质量浓度（g/L）
1	0.59	6.0	10	6.58	70.7
2	1.20	12.0	11	7.30	79.1
3	1.85	18.9	12	8.07	88.0
4	2.50	25.7	13	8.78	96.6
5	3.15	32.6	14	9.50	105.3
6	3.79	39.6	15	10.30	114.9
7	4.50	47.3	16	11.06	124.4
8	5.20	55.0	17	11.84	134.0
9	5.86	62.5	18	12.69	145.0

波美度(°Bé)	质量分数(%)	质量浓度(g/L)	波美度(°Bé)	质量分数(%)	质量浓度(g/L)
19	13.50	155.5	35	28.83	380.6
20	14.35	166.7	36	30.00	399.6
21	15.15	177.4	37	31.20	419.6
22	16.00	188.8	38	32.50	441.0
23	16.91	201.2	39	33.73	462.1
24	17.81	213.7	40	35.00	484.1
25	18.71	226.4	41	36.36	507.9
26	19.65	239.7	42	37.65	530.9
27	20.60	253.6	43	39.66	556.2
28	21.55	267.4	44	40.47	582.0
29	22.50	281.7	45	42.02	610.6
30	23.50	296.8	46	43.58	639.8
31	24.48	311.9	47	45.16	669.7
32	25.50	327.7	48	46.73	700.0
33	26.58	344.7	49	48.41	732.9
34	27.65	361.7	50	50.10	766.5